中國思維的根係

研究筆記

萧延中 —— 著

图书在版编目（CIP）数据

中国思维的根系：研究笔记／萧延中著．—北京：中央编译出版社，2020.10（2025.1 重印）
ISBN 978-7-5117-3687-1

Ⅰ．①中… Ⅱ．①萧… Ⅲ．①思维方法-研究-中国-古代 Ⅳ．①B804

中国版本图书馆 CIP 数据核字（2020）第 169376 号

中国思维的根系：研究笔记

责任编辑	郑永杰
责任印制	李 颖
出版发行	中央编译出版社
网　　址	www.cctpcm.com
地　　址	北京市海淀区北四环西路 69 号（100080）
电　　话	（010）55627391（总编室）　（010）55627312（编辑室） （010）55627320（发行部）　（010）55627377（新技术部）
经　　销	全国新华书店
印　　刷	廊坊昌能印刷有限公司
开　　本	880 毫米×1230 毫米　1/32
字　　数	283 千字
印　　张	14.25
版　　次	2020 年 10 月第 1 版
印　　次	2025 年 1 月第 5 次印刷
定　　价	68.00 元

新浪微博：@中央编译出版社　　微　　信：中央编译出版社（ID: cctphome）
淘宝店铺：中央编译出版社直销店（http://shop108367160.taobao.com）
（010）55627331

本社常年法律顾问：北京市吴栾赵阎律师事务所律师　闫军　梁勤
凡有印装质量问题，本社负责调换。电话：（010）55627320

献辞

谨将此书献给我尊敬的大姑肖淑云老师

鸣谢

值此习作付梓之际——

学生要敬谢我的导师林茂生教授和杨云若教授！要敬谢我的导师刘泽华教授和阎铁铮老师！

对多年以来给予本人指导、帮助和批评的诸多中外好友，一并表示真诚的谢意！

面对我天马行空式不靠谱的思维方式和生活方式，我的妻子和女儿给予了始终如一的关爱和宽容，没有她们的理解和支持就没有一切！

萧西末承担了本书全部图表的绘制工作，特此致谢！

中央编译出版社贾宇琰副总编辑，王琳和郑永杰责任编辑，为本书付出了大量辛勤的心血，对她们一并表示真诚的敬意！

写在前面的话

这是一本名副其实的研究笔记。

时隔 8 年以后，1998 年我重上讲台。原先的课程已由其他教师替代，于是我就为政治学系本科生开设了带有补缺性质的"中国传统政治思想导论"的专题课程。面对本不是自己从本科到硕士所研习的专业，必须从头学起，困难重重，疑惑多多。于是借助于一点点残留的古代汉语常识和时兴的若干中国古典文献之白话粗译，恶补了一些先秦至两汉的基础文献。这样，边学边讲边梳，逐渐积攒下了若干知识和不少问题。既然是授课，总不能过分地"以其昏昏，使人昭昭"，而且课堂上还有几位欧洲留学生，于是就干脆开放式地展开师生间互动式的讨论。

这些课堂讨论，给我留下了终生难以磨灭的印象。在此我必须要感谢那些挑战"无知"教师的同学们。是他们直率的问题和善意的"逼供"，促使我留下了这样的一本研究笔记。

记得当时我把《尚书·洪范》（战国作品）、《大戴礼记·曾子天圆》和《春秋繁露·人副天数》等自己看来十分古怪奇特、不可思议的篇目拿出来跟学生们一起阅读分享，本想以此活跃课堂气氛。

例如，我挑出鸿儒董子一本正经地"抠"论"肚脐眼"在大政治系统中具有界标性意义的文本，试图逗大家一笑。董子一本正经地论证说："肚脐眼"以上是谓"清"，由于"脑袋"与"天"接近，越往上走就越重要，所以"明君"为首，他的支配权力就拥有毋庸置疑的自明正当性；而"肚脐眼"以下是谓"浊"，越往下走就越不那么靓丽，实现排泄功能也；当然，虽有"清""浊"之分，但从有机体的整体而论，必须"阴阳"协调，君、臣、民各司其职，彼此互动。由是，"肚脐眼"这个"中"就成了至为重要的关键。"五行"之"中"统辖"四方"，"中国"之所以叫"中"国，而不叫"东""西""南""北"国，核心要义就在于这个"中"。是故，"中"，衡也，重也。初识韦伯关于"权威—合法性"论述的人都知道，董氏的这套论辩在理论上会有多么的"原始"。

第二天，正当我沉浸在为自己"高超的授课技巧"而自鸣得意之时，一位欧洲留学生找我"约谈"了一次。记得那天他一脸严肃，甚至有点忧郁，其大意是说，"你很轻佻，不负责任"，董仲舒先生的思想不像你解释得那样浅薄，不懂就别讲，不要误人子弟。随后他建议我读一读福柯（Michel Foucault）的书，并把英文书名抄录给我。这时莫伟民教授翻译的《词与物——人文科学考古学》刚刚出版，其书开篇就引述了博尔赫斯（Borges）关于"中国分类"的怪异图式。涉猎之余，我大为震惊，深深地感谢这位留学生，也为自己的"无知无畏"而脸红。

再例如，我在课堂上讲，在以男性遗传基因线索为准则的中国血缘氏族文化系统中，一家一姓之男子可以"三妻六妾"，而女子必须恪守贞操，这是"他们"为了保证种姓遗传之最优的一种"理性选择"。当堂听课的几位女生愤然离场，严重抗议这种公然宣扬吃人礼教的"混蛋学说"。其实我只是想复原已流行几千年的某种社会制度的思维逻辑，当然不赞成这种赤裸裸的"男权话语"。显然，这几位女生误解了我的意思，声言要以道歉了结。为此我还专门安排了一次跟她们几位的专题讨论，那辩论的场景之惨烈可想而知，简直就是一塌糊涂。

还有，我被深深刺激的一个例子是，中国典籍中关于在现代政治思想中属于重中之重的"人"的概括。在《大戴礼记》中，曾子把广大的生物物种界定为"毛""羽""介""鳞""倮"之五种"虫"，并由此一路演绎，最终推导出"圣人"就当至高无上、统役万物的结论来。

曾子说，世界上的生物可以被总括为长长毛的（"毛虫"）、添羽翅的（"羽虫"）、生介壳的（"介虫"）和有鳞质的（"鳞虫"），以及什么都不长之光溜溜的（"倮虫"）五种。因阴阳之气，"毛虫"和"羽虫"是好奔跑和向上飞的，所以属性于"阳"；而"介虫"和"鳞虫"是缓爬的和潜水的，因此属性于"阴"；唯独"倮虫"特别，他既属"阳"，又属"阴"，是阴阳合体的唯一生物，此种生物就是"人"。而每一类"虫"中又有被称为"精"的代表性物种："毛虫之精者曰麟，羽虫之精者曰凤，介虫之精者曰龟，鳞虫之精者曰龙"，而"倮虫之精者曰圣人"。进而推论说："龙非风不举，龟非火不兆，此皆阴阳之际也。"由于它们都必须"阳"借"阴"生,"阴"依"阳"起,所以必然且"应当"被自身就含有阴阳双性的"圣人"所"役使"。其最后的结论是:"是故,圣人为天地主,为山川主,为鬼神主,为宗庙主。"

论述的目标都是"人",但曾子的论证既不同于《圣经·创世纪》的亚当受造说,也不同于现代西方政治思想的"人权"理论,在思维形式上却构成了某种相对自洽的"话语"系统。

这些课堂上的讨论和课下的质疑,特别是福柯的书,使我强烈地意识到了"现代性"话语的在场性,我们不能把古人的论说一股脑地归结为反逻辑或非理性的"原始思维"。①

"中国传统政治思想导论"经过几轮讲授之后,出于求实的需求(提升知识层次)和颜面的虚荣(晋升正高职称),我觉得找个"合法化"的路径以验明正身,于是报考了南开大学历史学院刘泽华先生的专门史博士生,研究方向是先秦政治思想史。在读博的数年中,导师刘泽华教授不嫌不弃,耳提面命,

---

① 当年涉及关于本项研究笔记之专题的,有两本外国学者的著作:一本是列维-斯特劳斯(Lévi-Strauss)的《野性的思维》,商务印书馆 1987 年版;另一本是列维-布留尔(Lévy-Bruhl)的《原始思维》,商务印书馆 1981 年版。前者是著名的人类学著作,此处不论。后者则留有比较明显的现代性话语痕迹。该作者 1910 年出版了《低级社会中的智力机能》(*Les Fonctions Mentales dans les Sociétés Inférieures*)一书,虽然作者在该书导论中对"原始的"一词做过特别解释,但其进化主义的色彩仍然十分浓厚。但搁置这些价值判断,该书对中国古代与现代西方不同思维方式的概括和分析,还是值得参考的。中国学者对该书有一定的批评,参阅叶舒宪:《"原始思维"说及其现代批判》(载《江苏社会科学》2003 年第 4 期)。

给予了我多方面的教诲。我还选修了其他导师的不少课程，恶补了若干先秦思想的基础文献，并有计划地对原有的研究笔记进行梳理和增补。本来博士论文想拖，可室友劝导说你这一拖就无边无际，无影无踪了。遵从他的开导，我立即集中全力，一鼓作气，系统地整理这些积攒多年的研究笔记，除了发表了几篇论文外，就以急就章的形式，"骗"过了导师，"蒙"过了评委，一路上颠三倒四，呈上了博士论文。答辩时有位古典文献学专家提问，你引证和解释的《史记》中"为国者必贵三五"之"三"和"五"的含义，只是一家之言，其他几家的解释说来听听。我当场就被问懵了，只能狡辩性地搪塞一通。只见提问导师瞥了我一眼，未再深究，博士论文就这样侥幸通过了。当天晚上，我就提着茅台，到这位刀下留人的导师家登门拜谢去了。

这篇论文就成了现在这本研究笔记的基础模板。

像我这样出生于 20 世纪 50 年代中期的人，既无深厚的国学功底，又无系统的西学训练，按当初轰动一时的"星星美展"之题词的说法就是，"老一辈说我们是没出壳的鸡，新一代嫌我们是被腌过了的蛋"，其原有知识系统就是一套现代革命意识形态的装置，后来至多是在这套装置上做加减乘除法，补充一些"反思"的润滑剂而已。面对中国延亘数千年固有的文教传统，其实满是尴尬的。且不说古文识读本身就是一道硕大关口，不识字和读白字是家常便饭，更为重要的是，先贤们所关涉的问题、议题以及思维路径和解释方式，经常让我等人瞠目结舌，鲜得其解。

这个研究笔记之所以在计算机里沉睡了 15 年，说句实话，我真的不知道究竟该不该拿它出来"示众"？好在还有若干专家的鼓励，笔者抗压能力也超强，迎候方家读者无情批判。

在史华慈（Benjamin I. Schwartz）六十大寿时（史氏生于 1916 年 12 月 21 日），他的学生、同事和朋友编辑了一册诙谐的油印本纪念小册子，每个人写一句或一段话，以概括史氏的经典话语和传神形象。这本小册子的题目就叫《史夫子论语》（*The Schwartzian Analects*）。我摘引其中的一句，以结束这个为解困意的开场白。

这句有趣的语录被冠以"论东方人的不可思议性"（On Oriental Inscrutability），其语曰：

> 我们真的是比他们（东方人）更可思议（理解）吗？这要看由谁来进行此项解读。（Are we really more scrutable than they? It depends on who is doing the scruting.）[①]

套用史华慈的质疑（problématique），我们今天仍然不禁要对自己发问：经过现代性洗礼的我们，与先贤思维的差异，究竟意味着什么？

[①] 参见 *Some Polarities in Schwartzian Thought*, in *The Schwartzian Analects*, complied by his students and colleagues and friends, January 29, 1977（自制油印本）。

目 录

导论：问题意识与研究旨要 / 1
　　一、问题与困惑 / 1
　　二、"中国思维"的双层论域 / 4
　　三、探讨"中国思维"的"语法" / 7
　　四、融入世界主义视角的"中国思维" / 11

第一部分　认知 / 33
　第一章　"中国思维"的"分类"路径 / 35
　　一、"关联性思维"与"统属性思维" / 36
　　二、隐喻性逻辑与推理 / 49
　　三、"有机整体论"的思维建构 / 72

　第二章　"中国思维"的身体隐喻 / 81
　　一、"身体隐喻"的认知视域 / 81
　　二、中国思维建构的"身体"基础 / 86
　　三、"身体"有机体的政治意涵 / 101
　　四、"身体隐喻"的政治认知后果 / 118

第三章 "中国思维"的象征与仪式/ 126
　　一、象征仪式之于"中国思维"/ 126
　　二、先祖祭祀与共同体象征/ 135
　　三、血缘共同体的突破与转换/ 140
　　四、政治象征霸权的争夺/ 145
　　五、"一统":共同体的文化认同/ 155

第二部分　路径/ 159
第四章　宗法:种群维系的枢纽/ 161
　　一、中国早期"共同体"的生成路径/ 161
　　二、宗法制原理及其功能/ 167
　　三、宗法精神与公共政治/ 182
第五章　"天命":宇宙秩序的政治意涵/ 190
　　一、"天象"的图景/ 196
　　二、"天数"之推演/ 202
　　三、"天意"与政治/ 217
第六章　德性:群族禀赋的精神象征/ 243
　　一、德性本质/ 245
　　二、"以德配天"与"敬慎厥德"/ 255
　　三、"德性"与"德行"的融合/ 263
第七章　崇圣:政治精神的神圣符号/ 269
　　一、圣王与"正"/ 269
　　二、"圣"之概念、内涵与性质/ 272

三、崇"圣"的符号支配／287

第八章 礼治：中国式"政治宗教"／314

一、"礼"之释义／314

二、"礼治"秩序／321

三、"礼治"运作：德化／336

结 语／363

附录1：中国思想研究的独特视角
——从《知识与文化》看"中国思想"研究之方法论问题／370

一、在"知识差异"的比较中"发现"中国／371

二、在"社会适应"的框架中寻求"理由"／382

三、凸显"中国思想"之特质／389

附录2："知识论"在"中国思维"研究中的意义／399

一、"知识是什么"的追问／400

二、以"方法论"替代"知识论"的误区／406

附录3：汉语与"中国思维"之社会认知功能的随笔／413

参考书目／432

导论：问题意识与研究旨要

一、问题与困惑

思考和书写这些关于中国古代思维特质的研究笔记，其动力源头，或称"问题意识"，总的来说，来自两个不同层次的困惑。

在一个比较具体的层面上，"问题"源于中国古代思想史文献的阅读经验。姑且不谈古今汉语的差别问题，就古人提出问题的角度和提出问题的方式，与今人就不尽相同。

其一，他们"为什么提**这样**的问题，而不是提**那样**的问题"就引发了笔者的强烈好奇。例如，在古代中国，天文作为政治的一个直接依据是一个常识，这与现代人的认知观念显示出巨大的差异。这里就涉及古今之人概括事物的基本方式的不同。在古人的脑际中，整体宇宙是合为一体的，其中的各个要素彼此相连，相互影响，密不可分，所以"天"与"人"，动物与植物，是处于一体之中的不同部分，就本质的意义上讲就是一个东西。在这样的预设下，"天视民听""罪遭天谴"就成为一种很自然的状况。而在经过启蒙洗礼之后的今天，"人"变成了大写，被视为世间万物的中心，宇宙则成为被人类所驭使去创造消费价值的"物质","天"与"人"成为性质完全不同的两种属类,如果再在其中寻求直接的相关性,就属于"思维混乱"之类的妄念。

其二,古人"为什么**这样地提问题**,而不是**那样地提问题**",这里的意思是,同样的问题,可以以这样的方式提出,也可以以那样的方式提出。例如,同样是涉及身体健康的问题,人们既可以从生理和心理各系统的角度予以解释,也可以从阴阳协调、内外平衡的角度给予关照。前者依据的是形式逻辑推理,而后者则更多地依据隐喻式类比的演化联想。起码在政治思想的范围内,中国古人反反复复地在论述君、臣、民之间的关系问题,就管理和控制技术的角度讲,已相当发达。但至迟到黄宗羲,论述上述议题时仍然没有超出"权力均衡"的框架,所谓批判专制君权的意识,并未超出改朝换代式的"革命"范畴。

笔者不是一个进化论的信奉者,不相信今人的智商就一定高于古人,那么,究竟是什么约束和规定了他们的"问题"性质?固然,古人的这种"问题意识"是由诸多因素所构成的,有制度的,也有文化的,更多的是与具体的历史情境紧密联系。可是在一个大传统中,数千年来这些问题被反反复复以同样的方式提出,这本身就暗示着在其背后可能存在着某种力量"使之然也"。这种超越制度,或者参与制度建构的因素究竟是什么?换言之,奠定中国古代社会—政治秩序的不可忽略的要素究竟是什么?这些就成了躲不过去的"问题"。

在一个比较宏大的层面上,西方思想传入以来,虽然经中国思想精英反复推介，如严复及其后人的大量译著，可这些思想除了停留在高级知识人的头脑中，它们始终未能在普通中国人的思维深处真正扎根。尽管如现代法国思想、经由日本转口的德国思想，以及日本思想本身，特别是当代俄国思想，对近现代中国影响巨大；但盎格鲁-撒克逊一脉的思想基因，如约翰·洛克（John Locke）关于个体之"生命""财产"和"自由"之自然权利与生俱来，不可剥夺，不可让渡，是达成社会契约之基础条件的论述①，虽然逻辑清晰，论证明确，但却始终游离于近代中国人的日常思维之外，甚至在中国知识界，其思想影响也远不及卢梭、罗伯斯庇尔和列宁。至于作为洛克学说之基本预设的"个人主义"（individualism），则极其自然地被理解成"自私自利"而遭到蔑视和贬斥。诚如辩者曰，在一般大众的认知常识中，"家"或"家族"毋庸置疑地被高高安置在"个人"之上，即便知识人也会自觉地把"整体"置于"个体"之上。对此，学界早已给出过"救亡"压倒"启蒙"等外部性解释，但问题仍然是：

一方面，如诸多现代中国思想先贤所反复提及的，中国人的国家意识淡漠，多有一己之"私"，少有国家之"公"。而作为社会细胞的"家"，特别是以男性血缘传递为基础的"族"（家）则

---

① 参阅洛克在《政府论》中说："人们既然都是平等和独立的，任何人就不得侵害他人的生命、健康、自由或所有物。"（《政府论》下篇，叶启芳、瞿菊农译，商务印书馆1964年版，第6页。）另，国内洛克思想研究专家霍伟岸教授提醒笔者注意参阅《政府论》下篇第二章、第四章和第五章的开头部分，以及《论宗教宽容——致友人的一封信》等。特此致谢。

特别发达，以至于政治、经济、管理、教育等一系列社会制度安排都围绕着它而展开。可另一方面，以"等贵贱，均贫富"为召唤旗帜，把废除私有制奉为要旨，最终走向"世界大同"的某些思想学说，却能大行其道，很容易地赢得社会下层的理解、认可和拥戴。这样，中国人的"自利"不仅未导出经典的"个人主义"，恰恰相反，中国人的"家族"原则不算困难地掉进了以"废家"为始，以"灭私"致终的"公"的框架之中。简言之，中国近代以来的社会事实和思想逻辑，正是在追求"家族之利"的基本预设下，竟与要实现"天下为公"的终极渴望发生了内在关联。在"自利"与"大公"之间，以足够非逻辑的反差，呈现出巨大张力，至少在表达层面上，这两个思想命题水火不容。

为什么会是这样？各大学科已经给出了自己的解释，那么，思想史研究者还能就此说点什么？

二、"中国思维"的双层论域

在阅读中国古典文献的有限经验中，笔者的脑海中逐渐浮现出了两种不同的言说论域，笔者把它们界定为"史问论域"（历史和问题）和"认知论域"。在文献整体中，二者紧密相关，水乳交融；但在思维取向上，二者又呈现明显差异。①

---

① 英国著名汉学家、哲学家葛瑞汉（Angus C. Graham）在名著《论道者》（*Disputers of the Tao: Philosophical Argument in Ancient China*）中，也把中国古代早期思想文献分为"道德哲学"和"方术"两类。当笔者读到他的这一深刻洞见之时，真是对其独特的体悟和敏锐透视感佩不已。

第一域：史问论域。

中国传统的知识系统是以经、史、子、集的分类方式呈现的，这一分类方式的核心旨要在于"寓理于事"。史部无须赘述，即使经、子、集各部，虽然分别通过各自的路径和方式"志"其所要，但无论如何都浸淫于整体的"叙事建构"之中。换言之，我们很难在形式上看到古希腊式假设—推理的"逻各斯"（Logos）身影。中国传统的知识系统按时间、人物、事件等诸"事实"逐一排列，在"讲故事"之具体、生动的过程中，显出"道理"（价值），带出"问题"（规则），以启于世，铭鉴后人。纵观"中国图书目录学"的分类框架①，其知识的表达、储存和传递之方式，"叙事"形式占有压倒性的重要位置。我们把这种知识呈现的方式称为"中国思维"的"第一域"。

与此相适应，"中国思维"的研究就形成了通过历史文献（地上）和考古文物（地下）所显示出的中国古代思想者的具体论述，呈现或是在特定语境下之时空脉络中对具体事实所做的考据与阐发；或是透过（假借）某些史实而言说普遍性原则与秩序之问题。总之，这一"思想史"路径主要表达和研究的是"思想过程"，特别是"思想的结果"。因之，"第一域"研究的目的是要显示古人之言说的内涵，即这些言说的确切语义，彰显其事实背后的历史脉络，以及这些言说对社会政治所产生的影响。对各家思想者和思想流派的分析，也大多以"主

---

① 参见高路明：《古籍目录与中国古代学术研究》，江苏古籍出版社 1997 年版。

张"（propositions）的概括形式，整体地反映时代之"源"与"流"的主导倾向。毋庸置疑，"第一域"的思想史研究积累丰厚，成果硕硕，它是中国思想史研究的主流类型。

第二域：认知论域。

所谓"中国思维"的"第二域"，是指中国古代思想者论证具体问题时所持有的一般性认知规则、推理形式和思维路径。它是指思想者之所以"这样思想"而不"那样思想"的认知规则、视角预设和思维约束。可以说，正是由于受到这一思维规则的约束，"中国思维"从未提出过西方思想体系的某些核心命题。就古代而论，在中国思想史上，不同朝代的各派思想者都有自己关于人性问题的论证理路，但无论持"性善论"，还是持"性恶说"，其基本论式大体一致。由于这些学说都建立在"天人合一"的预设基础之上，所以反复出现的是诸如"天命""三统""阴阳""五行""祭祀""正朔"和"礼仪"等议题。深入地体察这一现象，就会发现，这些命题的论证过程均呈循环模式。由于"中国思维"的根系中本不存在"逻各斯"推理或"原罪"（sin）精神，因此，现代西方思想中诸多今人耳熟能详的核心议题，如"宪政"（constitutionalism）、"政教分离"（separation of church and state）以及"多数暴政"（tyranny of majority）等，都不可能从"中国思维"中自然推出。正是上述那些"不可直译"的中国古老词汇，恰恰反映出"中国思维"的特质。因之，本书大胆地假设：一切由"不可直译"之词汇所构成的价值体系、理论假设和推理形式，都应包括在"中国思维"的"第二域"之中。

在中国思想史研究中,"第二域"的透视作品,或者穿插在"第一域"的研究系列之中,或者作为专题的知识研究单独成章,但就整体的认知体系而言,除少数著述外①,并未得到学术界的普遍关注,更未被放到"根系性"的基础地位。

尽管在历史文献中"史问论域"和"认知论域"是混合交叉在一起的,但从二者不同性质的表述中,我们还是能明显地将其差异识别出来。例如,不管传统帝制的朝代如何更迭,支撑其"革命"的正统性理据(legitimacy)都来自"天命说",而这一学说所依据的又是中国古代历算模型和阴阳术数的推演。② 有鉴于此,我们可以在连续性的资料中看到,中国古代思想者无论在"第一域"中持何种观点,也无论其具体争论多么激烈,他们在"第二域"中共享着同一套知识体系。这套知识体系规定了他们或明显或潜在的前提预设,而正是这些前提预设,规定了他们之"问题意识"的性质。因此,笔者认为中国思想的"第二域",是规定"中国之所以为中国"的关键要素。

三、探讨"中国思维"的"语法"

为了更清楚地表达上述对"中国思维"两种形态的区分,

---

① 参见张东荪:《知识与文化》,商务印书馆1946年版。
② 参见江晓原:《天学真原》,辽宁教育出版社1991年版;冯时:《中国天文考古学》,社会科学文献出版社2001年版。

我们借用现代语言学家索绪尔（Ferdinand de Saussure）的术语，把"第一域"称为"言语"，而把"第二域"称为"语言"。在这个意义上，"第二域"之性质就相当于"中国思维"的"语法"。

在《普通语言学教程》中，索绪尔首次明确把"言语"（parole/speech）与"语言"（langue/language）区分开来。通俗地说，前者指即席或随机的"说话"；而后者则指当人们"说话"时所遵循的"规则"。在"言语"的层次上，人们将要说什么，选择哪些词汇，具有"任意性"，用索绪尔的话说，这叫做"没有正面的规定，只有差别"；但在"语言"的层次上，人们无论说什么，都必须在一个系统总体或"格式塔整体"（Gestalt einheit）中获得它的异质规定性。通俗地说，就是说话必须遵循语法，否则就会"语无伦次"。索绪尔之前的语言学家，大多以研究"言语"为重心，而索绪尔自己则"一开始就站在语言的阵地上，把它当作言语活动的其他一切表现的准则"[①]，把研究的重点放到了"语言"上。索绪尔说，相对而言，"言语"是属于一个更大范围的社会存在范畴，它的性质更复杂，横贯于个人与社会、物理与心理多重领域，而"语言是一种准则，是言语活动的一个主要部分"，是一个独立的系统总体或"一个分类的原则"。由于"言语"是变动不拘的，所以呈现"历时性"

---

① ［瑞士］索绪尔：《普通语言学教程》，高名凯译，商务印书馆1980年版，第30页。

(diachronic);而"语言"则是相对稳定的,所以呈现"共时性"(synchronic)。假如"言语"是一种"个人的意志和智能的行为"的话,那么,"语言就是言语活动减去言语,它是使一个人能够了解和被人了解的全部语言习惯"[①]。如果用并不专业的通俗解释表达,索绪尔实际上是说:"语法"[langue,"能指"(signifier)与"所指"(signified)的系统结构]应当成为语言学研究的主要方面。

在"中国思维"的研究视域中,索绪尔思想的启示在于激发研究者对于人类思维规则的关注。"流动"是"历史"一词的核心规定,如果事物(包括人际关系、自然事物和思维状态)处于一种凝固和僵死的状态,"历史"也就消亡了。所以,"历史"的本质在于"变化"。这就相当于索绪尔的"言语"层面。

依据索绪尔原理,"言语"是"任意的"。我们不能断定在一小时之后我们将要说什么,甚至我们也不能确切地预测下一句话中我们将使用哪些具体的词汇。运用到"中国思维"的研究中,我们没有办法规定前一个思想家的断语将在后一代思想家那里得到怎样的必然回应,也不能预测某一朝代必然地就一定要被另外的某一确切朝代所替代。例如,人们事先不会想象,作为在人口、武力、疆域和文化方面都远不能与"大殷"相比

---

① [瑞士]索绪尔:《普通语言学教程》,高名凯译,商务印书馆1980年版,第115页。

的"小周",如何可能毁前者于一旦;某一皇子如何处于法统上弱势的地位,居然可能凭借所谓"谋略"而得以称帝。笔者把这些具体的历史事件看作"言语",其中由于历史情境的极端复杂性而呈现偶然和随机的无序状态。所谓"总结规律"原则上其实都只是"马后炮",并不具有严格逻辑和理论意义上的预测和推论功能。我们不可能确切地知道今后30年世界和中国将会发生什么事件,如果可以必然地导出一个确定性的结果,那么就意味着"史学"将被"科学"所取代而彻底死亡。有鉴于此,我们才说"历史事件"(包括思想史论说),实际上相当于不断流动着的、无序的、自由的"言语"。

然而,索绪尔同时告诉我们,任何无序的"言语"背后都离不开"语言"的支配,在此,"语法"的统治不仅是"专制的",而且是"绝对的"。失去了一套必须遵循的规则,虽不能说"言语"因此就失去了存在的理由,但却会严重地损害其意义的表达,以至于产生致命的错误。例如,"我吃了"和"吃了我",在词汇角度上是三个同样的字符,只是由于排列组合不同而使其意义大相径庭。在这里"我"的位置的调换,意味着主语和宾语的倒置,其本质是因果关系的颠覆。所以,索绪尔认为,语言学研究的对象不能仅仅停留在对"言语"的把握上,更为关键的是要花功夫探讨那些"持续""稳定"和"有序"的"语言"。这就是我们所说的"思维语法"的意思。

令人惊叹且意味深长的是,相对于任意性的"言语",作为有序、稳定和带有支配性的"语法",恰恰是最容易被"遗忘"的部分。语言常识告诉我们,人们对其所使用的词汇含义,往往比运行于其中的语法规则更加敏感。原因在于"语法"太稳定、太枯燥了,以至于人们对它已熟悉到了"遗忘"的程度。某人越是下意识地纯熟使用母言,他就越会把"语法"规则"忘"得一塌糊涂,因为,这些规则已成为他的本能、身体、认同和"灵魂"不可或缺的组成部分。然而,只缘身在此山中,"认知陷阱"恰恰就隐藏在这个最为熟悉的地方。在"熟悉性遗忘"的机制背后,至少存在着两种潜移默化的惯性后果:其一是"非其所知"却"自以为是"的习惯因素;其二是已被自己固有"知识"彻底地吞噬和支配,以至丧失了反思意识。我们把前者称为现代人的"解释霸权主义",而把后者称为自己的"思维帝国主义"。

唤醒和再现这些"语法"规则,我们就能对某种"病句",不仅"知其然"(语句不通),还能"知其所以然"(结构错误),而要进一步追究的,则是语法规则生成要素的"所以然"。简而言之,相对于"言语"来说,"语言"可能呈现出相对稳定的"思想秩序",而把握和探讨这种"秩序"的形态学,则不是毫无意义的多余和臆想。

四、融入世界主义视角的"中国思维"

周有光老人集百年阅历之沉思,在106岁高寿之际振聋发聩地提出"要从世界看中国,而不是从中国看世界"的睿智名言。① 表面上看,"从世界看中国"还是"从中国看世界"类似于语言游戏的语序颠倒,但却反映出两种截然不同的视野、格局、秩序链和世界观。仅在"中国思维"透视的学术角度上,这一视角调整也饱含着丰富的经验价值。②

  这里所说的"世界主义视角"有两个意思:一是只有在世界历史的体系中显示中国,这个"中国"的位置和意义才全面;二是,中国人出于"默会知识"(tacit knowledge)③ 的习惯,

---

 ① 参见周有光著,张森根、向珂编:《从世界看中国:周有光百岁文萃》,生活·读书·新知三联书店 2015 年版。

 ② 资中筠先生在解读周有光老先生这句话时说:"我想起我在清华上学的时候,上雷海宗先生的《西洋通史》课——实际上就是欧洲史,从古希腊、罗马开始,然后整个欧洲的变化。雷海宗先生每讲到一个事情的时候,比如说公元前多少年古希腊发生了什么事,他就在黑板上写:×××BC 鲁×公×年(按《春秋》的年代:例如鲁庄公、鲁哀公,等等)。现在他讲的很多课的内容我已经忘了,但是我学会了这样一种习惯,就是把中国的历史和世界的历史串起来看,每当说到中国的事情的时候就想到当时世界其他地方处于什么状况。比如说满清入关是 1644 年,我会想到那时候英国正好发生光荣革命,这一段时间就是克伦威尔时期。这样一对照,你就知道当时中国是什么状况,欧洲发展到了什么地步,这样,我们的心胸就不一样了。"(资中筠:《为什么周有光一再强调要从世界看中国》,在《周有光百年文萃》出版座谈会上的讲话,2015 年 6 月。)

 ③ "默会知识"是匈牙利裔英国哲学家波兰尼(Michael Polanyi,1891—1976)在《个体知识》一书中提出的概念。相对于那些"显性知识"(explicit knowledge),即可以用语言表达,用文字和数字表述的客观知识,"默会知识"(又称隐性的知识),则是指某一类我们知道但难以言传的知识,这些人们"自以为知的'无知'",实际上在认知领域里发挥着不可或缺的重要作用。用波兰尼的名言表达就是:"我们所知道的要比我们所能言传的多"(We can know more than we can tell)。参见 [英] 波兰尼:《个体知识——迈向后批判哲学》,许泽民译,贵州人民出版社 2000 年版。

对自身的思想特性反而缺乏敏感,相对而言,在陌生化的语境中,非母语文化的域外视角反而往往更加容易凸显问题。在这两种意义上,中国学人要反思自己所熟悉的文化语境,必须跳出自己的文化语境,通过与西方汉学对话的路径,突破"理所应当"的认知障碍,在新的视角下重新透视先人们的历史境况和思想逻辑。

最早引发对于"中国思维"之独特性关注的,恰恰是西方传教士,进而是专业的西方汉学家。由于中西思想在"问题意识"和表达方式等方面的不同,西方汉学家们不得不在识读汉语的同时,厘清中国人思想的逻辑构造。这种从异质文化的视角考察中国知识的进路,本来只是一种不得已而为之的选择,但却避免了"日用而不知"的认知障碍,还原并凸显了那些中国本土研究者"自以为知"的许多盲点。

在"中国思维"的研究领域,法国汉学家兼社会学家葛兰言(Marcel Granet)特别值得注意。1934年,他发表了著名的小册子《中国思维》[①],在该著中提出关于中国思想之所谓"关联性思维"(correlative thinking)的规则。葛兰言认为,中国人的思维方式与西方人通常的逻辑思维方式不同,前者并不是按因果关系的程式对事物之间的关系做"统属性思维"

---

① Marcel Granet, *La Pensée Chinoise*, Paris: Albin Michel, 1934. 由于葛兰言该书没有英译本,笔者不懂法语,故此按英文著作转述进行概括。时至今日,中国已有葛兰言著述的大部分中译本,而唯独没有这核心著作的中译本,不能不说是件十分遗憾的事情。

（subordination thinking）的推导，在概念与概念之间并不形成相互隶属的关系，而是在一个更大的"图式"（pattern）中，使这些概念处于平等的地位。这些概念之间也并非呈现机械的"因"支配"果"的决定论逻辑，而是形成相互影响的交织"感应"（induction）。在葛兰言看来，在这个整体性的宇宙"图式"中，各种在"统属性思维"角度看来没有强因果的要素（如"天文现象"与"朝代更迭"），通过"感应"和"共鸣"的方式被联结为一个有机的系统，彼此作用而产生社会功能。葛兰言还敏感地注意到中国思维里的"数字"，在《中国思维》的第四章第三节 Les Nombres 中，他专门对中国的"数字"做了分析，认为"数字"在中国思维中具有一种与西方"数学"（mathematics）不完全相同的性质，具有明显的特质。① 葛兰言以此观点为基础，透视中国传统的"阴阳""五行"和《周易》等一系列观念和著作，形成了自己关于中国文化的独到见解。葛兰言的"问题意识"很明确，那就是"中国思维"有着一套与西方思维迥异的理路，这一思维形态并不是所谓"原始思维"，而是某种特殊认知理路所导致的直接结果。

葛兰言的研究虽然没有得到中国学术界的应有重视，但却深深地影响了后来两位杰出的英国汉学家——李约瑟和葛

---

① Marcel Granet, *La Pensée Chinoise*, Paris: Albin Michel, 1934, p.179.

瑞汉。①

李约瑟首先从科学技术史的角度，对中国为什么没有发生西方意义上的科学革命展开探讨。在多卷本的《中国的科学与文明》中，他分门别类地对涉及"科学"的"中国思维"基础进行了详细的研究，特别是在其第二卷《中国古代科学思想史》中，集中探讨了这一问题。在该卷的第六章"中国科学之基本观念"中，李约瑟从最重要的中国古代关键语源入手，逐渐推演至"阴阳"观念和"五行"学说的形成及意义，最后解释《周易》的运思法则。经过系统研究，他指出，这些思想虽为西方科学所陌生，但是，"这种思想背后隐含的意思是：宇宙自身乃一庞大的有机体，在其内中的分子有时此占优势，有时彼占优势（何者占优势皆出于自然），各分子都以完全自由的服务精

---

① 这里忍不住要说的是，作为大社会学家涂尔干（Émile Durkheim）和大汉学家沙畹（Edouard Chavannes）共同的学生，葛兰言杰出的学术贡献和卓越的学术地位，无论在汉语学术界还是在西语学术界，都被严重地低估了。其法语名著《中国思维》由于没有英译本，至少对于中国学界而言，仍然知之甚少，著名社会学家弗里德曼（Maurice Freedman）在其离世的1975年，将葛兰言《中国人的宗教》一书英译本放在"解释社会学探究"丛书中出版，并撰长篇绪论介绍葛兰言的学术思想，重申葛氏著作是"涂尔干派社会学年度文献中的重要文本"。（Maurice Freedman, "Marcel Granet, 1884－1940, Sociologist", in *Marcel Granet, The Religion of the Chinese People*, Maurice Freedman (trans.), Oxford: Black-well, 1975, pp.1－29.）中国社会—人类学家王铭铭认为，造成葛兰言学术影响的这种尴尬状况，是由于他被安置在社会学普遍关怀和汉学家特殊领域之间的学科边缘地带。其实，正是这一跨学科的宽阔视域，造就了葛氏的学术价值，而学界对他的忽视则无意中透露了现代学术体制的局限性。（参见王铭铭：《葛兰言（Marcel Granet）何故少有追随者?》，载《民族学刊》2010年第1期。）

神互相合作……在这系统内，因果关系是呈有层次的变动性（hierarchically fluctuating），而不是'质点式'和单向的。我的意思是中国人对于大自然所持之因果概念，有点像比较生理学家在研究腔肠动物之神经网，或研究哺乳动物之分泌系统（音乐队）时，所形成的概念"①。

李约瑟认为，葛兰言注意到中国古代思维中"数量的性质"是一个关键性的发现，并对怀特海（Whitehead）关于"几何学是希腊数学的特质，而代数则为中国数学的特质"的观点给予了高度评价。作为生物学研究出身的李约瑟，他对中国文化特质研究的最大贡献之一，或许是以生物有机体观念解释中国思维中"大宇宙"（Macrocosm）与"小宇宙"（Microcosm）的同构关联性。正是在此视角下，李约瑟的探讨涉及中国传统中的"国家类比"问题。他引用董仲舒、葛洪和郭象，以及《淮南子》中的论点证实自己的判断。② 这在一定意义上已具有了"身体政治"的含义。

与李约瑟同时，英国伦敦大学亚非学院的著名汉学家葛瑞汉（Angus C. Graham），在1958年出版的成名作《中国的两位哲学家：二程兄弟的新儒学》的序文中，表示赞成李约瑟关于中国古代"有机哲学"（philosophy of organism）的分析，他

---

① ［英］李约瑟：《中国古代科学思想史》，陈立夫主译，江西人民出版社1990年版，第385—386页。
② 参见［英］李约瑟：《中国古代科学思想史》，陈立夫主译，江西人民出版社1990年版，第393—407页。

说:"总的来说,我赞同这种概况,而且本书就有许多例子,证明中国人看待世界的思维方式倾向于:相互依存,而不是各自孤立;整中有分,而不是部分的集合;对立的双方相互补充,而不是相互矛盾;认为万物是变化的(周而复始的循环变化,并非向前发展),而不是静止的;看重物之用,而不是物之质;关心相互感应,而不是因果关系。"① 尽管葛瑞汉明确地对李约瑟关于中国科学在"理论上"超越了(在"实践上"落后了)欧洲的说法表示怀疑,认为"以相互依存而不是各自孤立的观点进行思维的习惯,本身并不是科学的。作为一种方法,毫无疑问,在二十世纪它取得的成果越来越多;但是,作为一种思维习惯,可以想象到,它可能在科学发展的某些阶段起过负面作用",但在西方"格式塔"学派(Gestalt school)整体论出现以前,"有机哲学"在中国已流行了几千年。这种与欧洲思维"异质"的思维形式,并非就是"一种原始与现代互掺的不调和的大杂烩","强调中国与欧洲'异'而不是'同'会更有益些"。② 在其最重要的代表作《论道者:中国古代哲学论辩》中,葛瑞汉承袭葛兰言的脉络,在哲学的层次上对"中国思维"展开了更为细腻和更为专业的探讨。

葛瑞汉说:"葛兰言看到的中西思想的区别,今天看来是一

---

① [英]葛瑞汉:《中国的两位哲学家:二程兄弟的新儒学》,程德祥等译,大象出版社2000年版,第17页。

② 参见[英]葛瑞汉:《中国的两位哲学家:二程兄弟的新儒学》,程德祥等译,大象出版社2000年版,第17—18页。

种在原始科学与现代科学间的超文化（transcultural）区别。关联宇宙建构最宜于仅处理为每个人都用的相关思维的异域事例，其潜存于语言运用之中。"①紧接着，在语言学家索绪尔的框架下，他对"五行"思想体系进行了出类拔萃的杰出论证。葛瑞汉把中国古代早期思想文献分为两类，一类是"道德哲学"，而另一类则是方术。"在古代中国，与哲学家不同，统治者和政治家很早便对自然现象产生出浓厚兴趣，他们当然不是出于对科学的好奇，而是为了预知国家大事的凶吉"，而这正是中国古代宇宙观发达的主要原因："从把人与共同体和宇宙联系起来的系统的方向看，一种关联的世界观开启了一个有益得多的层面。基本的社会制度、语言，与关联世界观充分共享了它的结构，而且，关联思维又完美适应于社会制度和语言；虽然也许人们必须分析聚合体和结构段以便学习一种语言，但人们只有当关联而非分析它们的时候，才能够脱口而出。制度一般需要我们大部分时间自动地调整模式，只有面对选择的机会时才需要分析。"②

这里不能对这一论证进行详细复述③，但是我们必须说，

---

① ［英］葛瑞汉：《论道者：中国古代哲学论辩》，张海晏译，中国社会科学出版社2003年版，第365页。

② ［英］葛瑞汉：《论道者：中国古代哲学论辩》，张海晏译，中国社会科学出版社2003年版，第402页。

③ 参阅《论道者：中国古代哲学论辩》第四章。另，该文也以《阴阳与关联思维的本质》为题，被收入艾兰、汪涛、范毓周主编的《中国古代思维模式与阴阳五行说探源》（江苏古籍出版社1998年版，第1—57页）。

葛瑞汉的研究不仅达到了一般学者难以企及的程度，而且也影响了几代学人。

在葛瑞汉以后的著名学者有艾兰（Sarah Allan）、郝大维（David L. Hall）和安乐哲（Roger T. Ames）等。由于篇幅所限，此处不再展开讨论这些学者的具体观点[①]，我们想要说明的是，在葛瑞汉传统之下，当代西方汉学已形成一个影响渐大的学派。我们可以用以下的断语概括这一学派的研究旨趣、重要观念和精神核心："在较为表面的、不大有趣的生理或其他明显的非文化意义上的相通现象（如一个头、两只耳朵）背后，有着深刻而奇异的差别。这些差别来自受文化制约的思维方式和生活方式。一些人认为不视人类共同性为最重要的特性，就是否认中国人的人性；另一些人则认为强调这种本质化的共同性，就是否认中国人的特殊性。……中国文化作为一种人类社会秩序迥异于西方文化。……中国文明在成长和发展过程中，一直有一套不同于西方的预存观念（presupposition）在起作用。由于在翻译中未能发现和承认这种差异，致使我们对中国

[①] 参见［英］艾兰：《龟之谜：商代神话、祭祀、艺术和宇宙观研究》，汪涛译，四川人民出版社1992年版；《世袭与禅让：古代中国的王朝更替传说》，孙心菲、周言译，北京大学出版社2002年版；《水之道与德之端》，张海晏译，上海人民出版社1992年版。［美］郝大维、安乐哲：《孔子哲学思微》，蒋弋为、李志林译，江苏人民出版社1996年版；《汉哲学思维的文化探源》，施忠连译，江苏人民出版社1999年版；还有安乐哲的早期著述《主术：中国古代政治艺术之研究》，滕复译，北京大学出版社1995年版。

的世界观有种似曾相识的错觉。"① 特别是《汉哲学思维的文化探源》一书，几乎涉及传统中国思想观念的所有重要方面，已成为目前研究"中国思维"的经典之作。

无独有偶，就在葛兰言讨论中国文化的特殊构造时，中国杰出哲学家张东荪也提出了在深层构造方面探讨中国思维的理路。1934年，他发表了《从中国言语构造上看中国哲学》和《思想言语与文化》两文，对语言与思想和文化的关系做了详尽的专门阐述。"二战"结束后，张东荪将积存多年的思想整理出来，于1946年出版了《知识与文化》一书。这是他思想力作四部曲中的第一部②，具有相对完整的论说体系。在笔者看来，这是中国思想史研究中，第一部直接涉及"中国思维"形式的重要篇章，具有相当重要的方法论意义。③ 由于本书附录了笔者关于《知识与文化》一书的读书笔记，这里仅就其思想做一最概要的介绍。张东荪认为，要评价某种思想体系，必须首先考察其"知识系统"的性质与格局。所谓"知识系统"又可划

---

① ［美］郝大维、安乐哲：《孔子哲学思微》，蒋弋为、李志林译，江苏人民出版社1996年版，第5—7页。

② 张氏的其他三部重要著作是《思想与社会》《理性与民主》和《民主主义与社会主义》。

③ 20世纪30—40年代，冯友兰完成了其中国哲学体系的全面建构，当时就受到了张东荪的批评，张指出冯作本质上是西方流行的"新实证主义"（Neo-Positivism）的翻版。（参见张耀南：《新理学：张东荪对冯友兰的超越》，见陈明主编：《原道》第2辑，团结出版社1995年版。）用本书关于"思想语言"与"思想言语"的框架分析，则可以说其实两位哲学大家所论问题的方式并不一样：冯友兰所侧重研究的是思想的内容，而张东荪侧重研究的则是思想的形式。

分为"文化轨型"（cultural pattern）和"思想轨型"（thinking pattern）两种，社会学研究侧重于前者，而思想史分析侧重于后者。

张东荪说："在思想上这些轨道却就是概念。详言之，即是用作左右其他思想时的概念。这些概念在人们心中潜伏着。其潜伏是由于习惯与社会熏染。人们作思想时其潜伏的格局便起来，作为轨型，使思想在其中进行着。这些概念即上文所谓等于尺度的，专用以衡量其他。"①

这就是说，有什么样的范畴建构，就会产生什么样的思想格局。如果说，思想史研究并不仅是前人"事件评论"的言论汇编，更是某种概括"意义世界"的视角与方法，那么，概念和范畴本身以及它们之间的联系方式，就将成为思想史研究的重要方面。通过这些不同概念和范畴的比较，才能展现出各种思想体系之间的差别。而这些"差别"正是某种思想体系的特色之所在。

在宏观的角度上，西方文明是主智的文明（intellectual civilization），这种文明的特征是要追问终极实在，本质上是一种物理学，探讨自然界的物之内在法则，目的在于理解和支配自然；中国文明则以人事（homocentric）和伦理（ethicocentric）为中心，其突出特征是强调人类自身的状况和人际差属的关系。历史文化的高度发达，本身就极其鲜明地透露出这种特质的信

---

① 张东荪：《知识与文化》，商务印书馆1946年版，第125页。

息。叙述历史上的故事，整理先人们的事迹，言说以往的记忆，其目的"并不在于求真，其真实的功能乃是在于垂训"，"所以中国人的历史学在其初只是伦理学的应用方面"①。"中国思想"的设置格局之所以如此，在知识论方面的原因则是概念与范畴的建构有所不同。

此后，在某种意识形态和唯科学主义思潮的指导下，中国思想形式的探讨从退入边缘到彻底沉默，几乎在学术界没有任何反映。关于"阴阳""五行""天命"和《周易》思维方式的研究，即使在纯学术领域也不多见。这种状况一直持续到20世纪80年代的"中国文化热"。

1989年，身为南京中医学院教师的谢松龄发表了奇书《天人象：阴阳五行学说史导论》，从一个全新的，同时也是传统的角度，重新解读中国文化，特别是其思维形式中的要素"阴阳五行学说"。谢松龄完全回避了西方学术理路的影响，径直地以"言""象""意"三层次概括中国文化的内涵，从文字讲到天文，从天文推到伦理，从伦理再到人身。他把中国文化的这种整体性特质概括为"统象"，包括"天象""地象""人象"和"命象"，可谓匠心独运。按谢松龄的解释，人类文化都发源于某种不可言说的"体验"，即所谓"道可道，非常道"是也。不同的"体验"通过不同的形式显现出来，这种显现就是"象"。中西方文化之所以不同，是由于社会共同体对于世界具有不同

---

① 张东荪：《知识与文化》，商务印书馆1946年版，第104—105页。

的"体验",所以必然表现出不同的"象",诸如语言、服饰、饮食、习惯等,而最为重要的"象"就是思维方式。

> 古代中国文化,虽有着儒、道两大传统,但却控摄于同一体验世界所显现的基本原生象之下,表现为大一统形态。这个基本象,是用阴阳五行表达的。这个一统的宇宙——人生象,既不是机械的、也不是活力的;因此,当有人试图用近代西方的观念与之进行比较时,便发现其中既有点"机械",也有点"活力";于是往往按照西方模式,人为地将一统的宇宙——人生之象,一分为二。然而,正像无法将近代西方的两个体验世界强行捏合为一一样,现代人也不可能按自己的想法,将古代人生活其中的统一的体验世界,分裂为二。①

笔者认为,具有深厚文史家学背景的谢松龄,尽管其论证中存在诸多需要完善的方面,但其"体验"的把握无疑是敏锐的。仅将"象"之概念提炼出来,就足以证明其对中国文化精髓的深刻领悟。加之其中医专业的知识背景,更使其研究的穿透力带有深沉的色彩,这是80年代中国学人对中国文化研究的一大贡献。

---

① 谢松龄:《天人象:阴阳五行学说史导论》,山东文艺出版社1989年版,第136页。

进入 90 年代，"国学热"的兴起使中国文化的特质再次成为学界议论的主题。随着法国思想家福柯著作的翻译出版，特别是其《词与物》和《知识考古学》的影响，思想史研究中的"知识论"受到了重视。葛兆光两大卷本的《中国思想史》（第 1 卷为《七世纪前中国的知识、思想与信仰世界》，第 2 卷为《七世纪至十九世纪中国的知识、思想与信仰》），则是其重要代表。不管他人对葛兆光有志于"重写思想史"持怎样的态度①，笔者认为，他从知识论角度对中国思想史进行拓展性探讨都是应当被倡导的。葛兆光认为：

> 我所说的"一般知识与思想"，是指的最普遍的、也能被有一定知识的人所接受、掌握和使用的对宇宙现象与事物的解释，这不是天才智慧的萌发，也不是深思熟虑的结果，当然也不是最底层的无知识人的所谓"集体意识"，而是一种"日用而不知"的普遍知识和思想，一种普遍认可的知识与思想，这些知识与思想通过最基本的教育构成人们的文化底色，它一方面背靠人们不言而喻的终极的依据和假设，建立起一套有效的理解，一方面在日常生活中起着解释与操作的作用，作为人们生活的规则和理由。②

---

① 关于对葛著进行批评的文章，参见林川：《葛兆光〈中国思想史〉写法漫议》，载《浙江学刊》2002 年第 2 期。

② 葛兆光：《七世纪前中国的知识、思想与信仰世界：中国思想史·第一卷》，复旦大学出版社 1998 年版，第 14 页。

导论：问题意识与研究旨要

应当看到，由于葛著的涉及面极宽，是一部试图全面重构的"思想史"，所以该书必然对中国思维形式的阐述予以高度重视，以至于在长篇"导论"中进行了系统阐发和讨论。这些研究都大大扩展了中国思想史研究的学术疆域和视野，留下了广泛和长久的启迪。

这里还必须提及的是，宗教社会学家李向平的大作《信仰、革命与权力秩序》[①] 一书，以跨学科的交叉视野，对"中国宗教"的性质、表达和呈现，做出了令人信服的全面解读，其中涉及的问题与本书的主题息息相关。在社会学的视角上，李向平把中国人独有的信仰形态概况为"关系—信仰模式"，"中国人有的是宗族之宗、教化之教、伦理之教，根本不认一神教排他性崇拜之理。排他性的神人关系在中国人这里，无法存立"。而导致这一后果的基本原因：

> 是因为中国人无法构成一个独立的信仰群体，无法以一种独立的信仰群体而构成一个宗教体系。同时，也是因为中国人的信仰依据于各种关系而萌生，神伦关系、天人关系、人际关系……它们的交叉重叠，它们的相互利用，它们的相生相克，或为天下公有的关系，或为私人神秘的关系，再或为公有、私人双重双向的关系……它们能够产

---

① 参见李向平：《信仰、革命与权力秩序——中国宗教社会学研究》，上海人民出版社2006年版。

生信仰，却无法完全定义信仰。天下公有关系的拥有者，他可能就是天下信仰；一介书生，他可能就是独善其身的私人信仰。①

总之，在笔者看来，李著表层上是在解释"中国宗教"的独特性问题，但实际上，全书是一部阐述"中国秩序"之**精神基础**的政治社会学专著，在一定意义上它也成为研究"中国思维"的全面的必读参考书。

相比之下，方朝晖的《"中学"与"西学"：重新解读现代中国学术史》（河北大学出版社2002年版）、吴刚的《知识演化与社会控制：中国教育知识史的比较社会学分析》（教育科学出版社2002年版）和刘建军的《中国现代政治的成长：一项对政治知识基础的研究》（天津人民出版社2003年版），则从哲学、教育学和政治学角度，直接涉及思想建构的知识论问题了。

方朝晖强烈批评生硬引进西方学术体系，以此肢解"国学"的"学术帝国主义"倾向，认为："一百多年来，中国学者正是由于在对几千年西方学术传统尚无深刻了解的前提下，出于种种功利需要而'囫囵吞枣般地'引进了几乎所有的西方现代学科范畴，才导致了国人对西方学术的本质长期停留在'只见树木，不见森林'的状态。"而他自己的主要论点之一则是：

---

① 李向平：《信仰、革命与权力秩序——中国宗教社会学研究》，上海人民出版社2006年版，第2页。

导论：问题意识与研究旨要

西方人文社会科学正因为是以"求知"为内在理路，所以才会形成哲学、伦理学、政治学、经济学、社会学、法学、史学……一整套学科划分体系；中国古代儒家学术正因为以"做"为内在理路，所以自然会形成以"六艺"为核心及按经、史、子、集分部的学术分类体系。内在理路的不同，决定了中学和西学的分类上必然彼此分别，并且从其自身角度看均是合理的；无论以西学的分类方法衡量、肢解中学，还是以中学的分类体系去衡量、统摄西学（如马一浮）均是错误的。[1]

与方朝晖持相同的态度，吴刚则主要从"知识建构""知识生产及再生产"以及"知识生产与社会控制"的角度，对中国传统知识论进行归纳和梳理。特别是其著作的第三章"知识分类与知识生产原则"，具体从古代图书版本目录学的角度，区分了中西不同的知识分类取向和推理原则。虽然他的研究显示出过于明显套用福柯理论框架的痕迹，但其视角和进路是新颖的。

在政治学的知识分析方面，刘建军做出了出色的成绩。在众多知识论研究的著述中，对"政治知识"进行定义和较系统研究的，此书是唯一的。刘建军首先系统地对"知识"做出界定，认为"知识代表的是一种理解的能力，一种发自

---

[1] 方朝晖：《"中学"与"西学"：重新解读现代中国学术史》，河北大学出版社 2002 年版，第 9 页。

人内心深处的势能","知识不仅仅是静止的文字组合和沉淀下来的技术累积,更是一种能力,一种体验,一种展开。它在规定生命与行为的同时,也赋予了生命动态的意义"。① 最后,刘建军对他理解的"政治知识"做了三重规定:

> 一是指赋予社会政治以存在理由的合法化知识,二是指始终与政治权力保持着一种张力并以权力眼睛自居的规范知识,三是指传授生活方法和技术并以此维系社会存续的一般知识。三种知识体系存在的基础各异:合法化知识基于人们的承认和接纳,规范知识基于其勇敢的反思能力,一般知识基于对实用的满足和对生命意义的通俗化理解。②

毋庸赘言,这位青年学者的解释是有说服力的。由于刘建军的焦点是讨论中国现代政治的来源和基础,所以,在概括中国传统政治知识的方面采取了简化的形式。

我们也惊喜地看到,中国主流历史学界最近也开始参与相对抽象的关于人类"精神考古"方面的探讨。历史学家晁福林在福柯《知识考古学》的框架下,将中国早期的神话和传说等内容纳入分析范围,认为"精神考古研究的题中应有之义之一,

---

① 刘建军:《中国现代政治的成长:一项对政治知识基础的研究》,天津人民出版社2003年版,第3—4页。
② 刘建军:《中国现代政治的成长:一项对政治知识基础的研究》,天津人民出版社2003年版,第22—23页。

就是对于人类思维方式的研究",而"天国神灵世界的构建,实际上意味着人的自身理念的开始觉醒,意味着'人'开始把自己和自然('天')区别开来。当然,这时候还没有作为个体的'人'的观念出现,但却有了神异的人,即古代传说中的'神人'"。① 如果按此一逻辑推演,我们似乎也可以说,中国人类早期的神话传说,甚至以后的纬书,其实都包含着精神—思想的意义,理当成为知识类型的具体分析对象。

英文文献中直接涉及文化认知的专题属于心理学范畴。2001年,国际权威学术杂志《心理学评论》(*Psychological Review*)第108卷第2期,发表了尼斯贝特(Richard E. Nisbett)、帕戈(Kaiping Peng)、崔仁川(Incheol Choi)和洛伦萨扬(Ara Norenzayan)四人合著的论文《文化与思想系统:历史的认知与分析的认知》(*Culture and Systems of Thought: Holistic vs. Analytic Cognition*)。论文由"导言""古代希腊的社会与古代中国的社会""古希腊与个人代理""古代中国人与和谐""中国与希腊的科学、数学和哲学""形式逻辑与经验知识""社会认知的思想方式"等部分组成。其主要观点是:东亚思想与西方思想具有实质上的差别。东亚思想更具**历史性**,关注整体领域并在相互作用领域的基础上把握对象要素的因果关系。东亚思想相对缺乏范畴认知和形式逻辑的运用,更关注于对象之

---

① 晁福林:《从精神考古看文明起源研究问题》,载《天津社会科学》2005年第3期。

间的关系，更侧重于基于经验的推理策略，更依赖于"辨证"思维，这是一种设法在相反见解之间寻求"中间路线"的思维方式。西方思想则更侧重于**分析性**，把主要注意力放在对象上，并用对象自身的属性去确定对象，把明确规则运用于事物的分类，主要确认对象自身的因果关系，这依赖于形式逻辑和不矛盾原则。上述两种思想方法（mentality）深深根植于不同的本然性（naïve）形而上系统和自明性（tacit）认识论，这种"本然性"和"自明性"规定着运用不同的思想律去解决同样的问题。我们推断这两种不同思想律的本源可归因于社会系统的显著差别，很可能肇始于政治和经济诸多因素的历史差别，并且被日常生活中的无数社会实践所支撑。①

这表明，在国际学术界，关于中西文化和思维差异的研究已进入认知心理学的前沿领域。

在粗疏地对前人的相关研究成果做一检索之后，我们看到，以往关于"中国思维"的主题，一般倾向于在哲学的范围内讨论，而在政治学和政治思想角度的研究，则偏重于对思想内容的分析，而对于形成这些观念"之所以然"的深究，则相对薄弱。在一般研究者的思考中，所谓"思想形式"是由"思想内容"所决定的，在此"形式"一词实际上被理解为外在于事物本质的 shape 和 form，而不是 formulation（可译为"塑造"或

---

① Richard E. Nisbett, Kaiping Peng, Incheol Choi and Ara Norenzayan, "Culture and Systems of Thought: Holistic vs Analytic Cognition", *Psychological Review*, Vol. 108 (2), 2001, pp. 199—215.

"塑型")。

有鉴于此，笔者认为，在一个没有学科界限的空间内，探讨"中国思维"之特质，或者说，探讨"中国思想"之思维形式，以及这种形式对其内容的规定性，进而挖掘"中国思维"对其制度建构的影响，将是一个既具有挑战性又富有意义的研究课题。

※　　　　※　　　　※

本书的结构由两大部分八个章节构成。

第一部分以论说为主，主要阐述所谓中国政治思想之"第二域"的基本特征，由三章组成。其中：第一章主要讨论中国思维"分类"的独特路径、隐喻性逻辑推理方式和"有机整体论"的思维建构；第二章分析中国传统思维中"身体认知"的主要内容和基本功能；第三章提出"中国思维"之象征与仪式的意义。本应属于这一部分重要内容的"汉语与中国思维"，由于论述不充分而暂时放入附录之中。

第二部分则聚象于中国政治思想之"第二域"的呈现形态，进一步对上述宏观问题展开考察。分别由"宗法""天命""德性""崇圣"和"礼治"五章组成。

附录由三篇习作组成，其中一篇研读张东荪先生《知识与文化》一书的体会，其他两则短论，则保留了笔者研究中的心路历程。

第一部分

认知

第一章 "中国思维"的"分类"路径

> 同声相应，同气相求……各从其类。
>
> ——《易传·系辞上》

法国现代思想家福柯在《词与物》一书的开篇，就引用阿根廷作家博尔赫斯（Jorges Luis Borges）为中国古代关于动物的分类所撰的段落解读。这个关于"动物"的分类体系是：

（1）属于皇帝的动物，（2）有芬芳香味的动物，（3）驯顺的动物，（4）乳猪式动物，（5）鳗螈式两栖动物，（6）传说中的动物，（7）自由行走之的狗式的动物，（8）包括在目前分类中的动物，（9）发疯和烦躁不安的动物，（10）数不清的动物，（11）浑身有十分精致的骆驼毛刷之毛式的动物，（12）刚刚打破水罐的动物，（13）远看像苍蝇的动物。①

---

① ［法］米歇尔·福柯：《词与物：人文科学考古学》，莫伟民译，上海三联书店2001年版，第1页。

对这样的一种"怪异"的分类，福柯并没有付之一笑，而是从中发现了人类认知的某些"路径"。他认为这个分类的要害在于，"动摇了我们习惯于用来控制种种事物的所有秩序井然的表面和所有的平面，并且将长时间地动摇并让我们担忧我们关于同（le Même）与异（l'Autre）的上千年的作法。……在这个令人惊奇的分类中，我们突然间理解的东西，通过寓言向我们表明为另一种思想具有的异乎寻常魅力的东西，就是我们自己的思想的限度，即我们完全不可能那样思考。"①

福柯是纯粹和诚实的，他消解了人为的"自以为是"之后，给我们留下的颠覆性启迪是：关于事物的分类并非是一贯如此和一劳永逸的，而是依据不同的准则而建构起来的观念世界。而"中国思维"就是一种人类思维类型的典型表征。

一、"关联性思维"与"统属性思维"

人们对事物的分类原则是"知识"极其重要的表现之一，每一种分类背后都有一定的理论支撑。分类的基本功能是显现秩序，从而体现价值。"社会人类学关注的焦点是秩序，而那些系统相关的范畴，即分类，将为秩序提供标记和保护。……分类表达了它们建构于其中的那个社会。"② 所以，对事物进行

---

① [法] 米歇尔·福柯：《词与物：人文科学考古学》，莫伟民译，上海三联书店2001年版，第1—2页。
② [法] 涂尔干、莫斯：《原始分类》，汲喆译，上海人民出版社2000年版，第124页。

第一章 "中国思维"的"分类"路径

"分类"就成为"知识"的核心内容。

Category 一词,既可译为"分类",也可译为"范畴",其基本的意义是"合并同类项",并从中抽象出一般性要素。"分类"本身也是概念的一种,却是特殊的概念。一般来讲,概念按性质的不同可分为三类:其一,普通概念(concepts as common),即一般性指物名词;其二,结论概念(concepts as resultant),指经研究而获得的概括与结果,如,精神分析的"潜意识"概念;其三,预设概念(concepts as prescription),它是预先给思维的理路设定一个框架。只有第三种概念才是"分类"。

与第一种概念不同,"分类"没有具体所指,它只表示一个思想的格局(frames of thought),一种准则,用这个"格局"去衡量、测定具体事物的内容。换言之,"分类"不是研究的结果,而是研究的预设。原则上,任何语言和思想体系都必须设有这样的一个"预设格局",这就是著名的"先验理性"原理。在英语中,"分类"的另一个词义恰是"范畴"。这就是说,人们是在"先验分类"的框架内去理解世界的。显然,这种"先验分类"对于认知模式的形成和思想系统的建构都具有至关重要的意义。森顿(M. von Senden)在《空间与视觉》一书中做过一个著名的假设:当一个先天失明的盲人经手术后复明,他所看到的并不是我们早已习以为常了的这个世界。相反,他可能会感觉眼前的一切是那样的杂乱无章和不可思议。事物为什么会被这样安排?它们之间的相互关系为什么会如此地被排列?——只有经过艰苦而缓慢的学习,他才能发现、识别和确立混杂事物之中隐藏着的秩序,进而进行区别与分类,学会理解诸如"空间"和"形式"这样一些词汇的意义。① 这就是涂尔干和莫斯(Marcel Mauss)在《原始分类》这本小册子中所要论证的主题:分类对于人类建构世界秩序的意义。涂尔干和莫斯指出:

> 所谓分类,是指人们把事物、事件以及有关世界的事实划分成类和种,使之各有归属,并确定它们的包含关系或排斥关系的过程。……实际上,我们对事物进行分类,是要把它们安排在各个群体中,这些群体相互有别,彼此之间有一条明确的界线把它们清清楚楚地区分开来。……分类决不是人类由于自然的必然性而自发形成的,人性在其肇端并不具备分类功能所需要的那些最必不可少的条件。……(因为)一个类别就是一组事物;可事物却从来没有依据这样的形式进行归类而呈现在我们的视野中。……换一个角度说,分类不仅仅是进行归类,而且还意味着依据特定的关系对这些类别加以安排。……每一种分类都包含着一套等级秩序,而对于这种等级秩序,无论是这个可感世界,还

---

① M. von Senden, *Space and Sight: The Perception of Space and Shape in the Congenitally Blind before and after Operation*, Peter Heath (trans.), London and Glencoe: Illinois, 1960.

第一章 "中国思维"的"分类"路径

是我们的心灵本身,都未曾给予我们它的原型。①

这个先在的认知秩序对于人们理解和解释其面临的客观世界,具有强大的支配力量。美国人类学家萨林斯(Marshall Sahlins)曾举例说,由于动物被赋予了不同的文化代码,所以同样是"肉",其对人的行为却有着不同的影响。在美国,牛排被认为是最贵重的肉,而牲畜内脏则是最下等的肉,另外,狗肉是决不能食用的。这样,就形成了具有等级意涵的"上等肉/下等肉/禁忌肉"这样的"文化代码"与"象征符号"的"分类"。就客观主义而言,其实"肉"只是一种"自然物",把它分为三类则体现了"人为"的文化建构逻辑。在对狗肉的禁忌这一点上,美国现代的社会信仰与原始部落的禁忌没有什么两样。因此,利用自然所获得的满足以及人们之间的利益关系,都是通过象征符号系统建构起来的,象征符号系统具有它们自身的逻辑或内在结构。对人类而言,并不存在未经文化建构的纯粹的自然本体、纯粹需要、纯粹利益以及纯粹的物质力量。②

---

① [法]涂尔干、莫斯:《原始分类》,汲喆译,上海人民出版社2000年版,第4—8页。特别提请注意的是,涂尔干和莫斯所关注的是"符号分类"(classification,更确切地说是 category),这种分类与我们称为"技术分类"(taxonomy)的实用图式有着本质不同。

② 参见王铭铭:《萨林斯及其西方认识论反思》,见[美]萨林斯:《甜蜜的悲哀:西方宇宙观的本土人类学探讨》,王铭铭、胡宗泽译,生活·读书·新知三联书店2000年版,第11—12页。

众所周知，中西思想范畴具有重大差异。葛兰言在其出版于1934年的《中国思维》一书中，把中国古代的思想形态称为"关联性思维"（correlative thinking），后人也称之为"联系式思维"（associative thinking），并把它与欧洲科学所特有的"统属性思维"（subordinative thinking）进行比较。

为了方便起见，我们先说现代比较熟悉的"统属性思维"。

根据张东荪先生已有杰出研究[①]，所谓"统属性思维"是指人们以事物的"质"（substance）为标准而划分范畴的思维方式，具有相同"质"的事物属于"同质"（homo-），具有非同"质"的事物属于"异质"（hetero-），由此构成不同事物的类别。在西语中，substance本根就内含有"理由"的词义，意思是说，"质"就是该事物之所以成为该事物而不是他事物的理由（reason）。不同"质"的事物被归类在不同的"界"（kingdom）的框架之中，它们之间具有明确的区分，不能相互混淆。表现为概念，就需要使主语与谓语形成"同质"，并相互包含。如说"我是人"，就必须形成"我"与"人"之间的"同质性"，并且"我"必须被"人"所包含。但如说"他是狗"，由于"他"与"狗"不具有"同质性"且相互不包含，所以这句话就不合逻辑，其思维是混乱的。

我们以不列颠百科全书关于"北极区林狼"这一物种在分类学中的位置，来说明西方以"质"为中心的分类体系。

---

① 参见张东荪：《知识与文化》，商务印书馆1946年版。

第一章 "中国思维"的"分类"路径

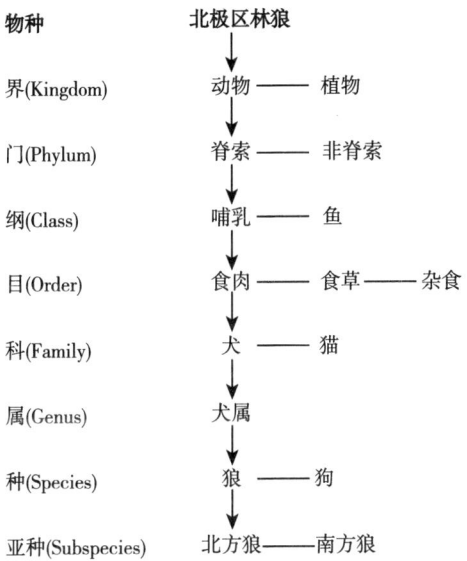

资料来源：《简明不列颠百科全书》（汉译本）第 7 卷，中国大百科全书出版社 1986 年版，第 173 页。

首先从横向看，由于"动物"与"植物"具有"异质性"，因此不属同类；"脊索动物"与"非脊索动物"也具"异质性"，因此也不属于同类……以此类推，凡在横向上的关系，都属"异类"。再从纵向看，由于"动物"与"脊索动物"具有"同质性"，因此属于同类；"脊索动物"与"哺乳动物"也具"同质性"，因此也属于同类……以此类推，凡在纵向上的关系，都属"同类"。最后从上往下看，在同类事物中，最上端概念外延最大，越往下，概念外延越小，从而形成一层大概念涵盖一层小概念，由此形成事物之间的"因果关系"。通过这样的一种

"分类"(category，也译为"范畴")，就实际上形成了一套思维规则，它就是"同质逻辑"，简称"逻辑"。例如，我们说"太阳是父亲"这句话，由于"太阳"与"父亲"不属于"同类"，二者构不成"因果关系"，因此，此话虽然在语法上没错，但作为"思想"则是不成立的。所以，"统属性思维"产生"逻辑"；而把"异质性"事物归为同类，就叫做"非逻辑"或"反逻辑"。

但"统属性思维"并不是人类思维的唯一法则。下面我们讨论另一种思维法则。

这里我们讨论"关联性思维"法则。它不是以"同质性"作为分类的原则，而是根据"相似律"(Law of Similarity)对事物进行分类。换言之，这种思维方式偏重对事物之间外在的相似性进行考察，而对事物的内在因果逻辑则显得相对淡漠。李约瑟对此做过简要概括：

> 在"关联式的思考"，概念与概念之间并不隶属或包涵，它们只在一个"图样"(pattern)中平等并置；至于事物之相互影响，亦非由于机械的因之作用，而是由于一种"感应"(induction)。……在中国思想里的关键字是"秩序"和（尤其是）"图样"。符号间之关联或对应，都是一个大"图样"中的一部分。万物之活动皆以一特殊的方式进行，它们不必是因为前此的行为如何，或由于他物之影响；而是由于其在循环不已之宇宙中的地位，被赋予某种

第一章 "中国思维"的"分类"路径

内在的性质,使它们的行为身不由己。如果它们不按这些特殊的方式进行,便会失去其在整体中之相关地位(此种地位乃是使它们所以成为它们的要素),而变成另外一种东西。①

所谓"相似律"其实就是中国传统中有名的"同类相召,同气相求"的思维法则。按张东荪的说法,"关联性思维"的核心不是按照"本质"进行分类,而是以"功能"(function)为分类标准,而这个"功能"的发出"主体"是人自身。张东荪指出:在中国传统思想中,"本—末"是一对基本范畴,"本"与"末"是相对应的。"本"和"末"原指"树根"和"树梢",其中蕴涵着生命有机体的明显意涵。"本"就像树根,"树根"就是"种子"(generator)成长的生命表征。这个"生命"从种子到枝干再到末梢,形成了一种不能颠倒的成长秩序。在这个秩序中,"种子"具有本源性,而"枝干"和"末梢"则是其派生物。在逻辑上,本源的为先为优,派生的为后为次,所以这个"生命秩序"又必然呈现两条原则:其一是"等级原则",即愈接近于"本",等级就愈高,地位也愈重;其二是"秩序原则",即"本"对于"末"构成"因"与"果"的决定关系,进而形成支配秩序。在经验上,树梢损坏了还可以再生,但是树

---

① [英]李约瑟:《中国古代科学思想史》,陈立夫主译,江西人民出版社1990年版,第375页。

根死了将影响全树。这种"本—末"关系用在植物上如此,用在家族上,则"父"为"本",而"子"为"末";用在政治上,则"君"为"本",而"臣"为"末";用于性别上,则"男"为"本",而"女"为"末";用于自然上,则"天"为"本",而"地"为"末";用在哲学上,则"阳"为"本",而"阴"为"末"……当然这里所说的"本—末"关系是互为主体性的,但也存在一个"主—从""顺—逆""先—后"和"轻—重"的秩序。由于"本—末"具有核心范畴的性质,所以,万事万物,凡有生命的事物,都遵循着生命秩序"本—末"绝对不可颠倒的基本原则。① 准此,张东荪说:"中国人对于秩序不仅是取平面的意思,并且是必须含有上下的意思。换言之,即不仅是英文的'order',而且必须是英文的'hierarchy'……故本末的范畴所以才形成这样统属的秩序。"②《易传》曰:"方以类聚,物以群分"③,意思是:方方面面,四面八方,万事万物,同类者则聚而群,异类者则散而分。这种中国传统的特有逻辑推理方式,着眼于事物内部的动态功能与相互关系,与按照实体、形质的静态属性范畴分类方式迥然不同。

在"统属性思维"的框架下,把天文、地理、人类、物理、化学、哲学等"异质"事物聚合为一,是不可思议的,无论如何,"太阳"与"男人","男人"与"高山",都不具

---

① 参阅本书附录一。
② 张东荪:《知识与文化》,商务印书馆1946年版,第135页。
③ 《易传·系辞上》。

第一章 "中国思维"的"分类"路径

有什么必然的逻辑联系。但是在"关联性思维"的框架下,则一切将变得顺理成章:"太阳"的功能是发热,热能则必显光芒,必呈活跃,活跃者则膨胀扩张,膨胀者为男性特征,男性必为父亲;热能必轻,轻则上升,上升必于天,天则高也,高为巅峰。于是,父亲为山。以上属阳性。月亮系统属阴性,一切相反。

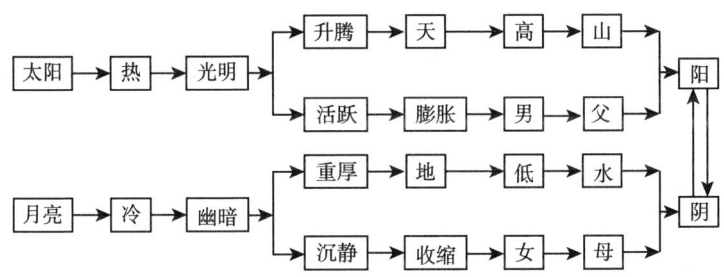

在中国古代典籍中,关于此种分类原则的论述俯拾皆是,它们不属于哪一家,哪一派,而属于先秦"百家争鸣"中的"共识":

同则相从,异则相距。①

同类相从,同声相应,固天之理也。②

---

① 《管子·白心》。
② 《庄子·渔父》。

施薪若一，火就燥也；平地若一，水就湿也。草木畴生，禽兽群焉。物各从其类也。①

　　同声相应，同气相求。水流湿，火就燥，云就龙，风从虎，圣人作而万物睹。本乎天者亲上，本乎地者亲下。各从其类也。②

　　类故相召，气同则和，声比相应。鼓宫则宫动，鼓角则角动。③

　　万物之理，各以类相动也。④

　　百物去其所与异，而从其所与同，故气同则会，声比则应，其验皦然也。⑤

当我们稳固地建立了这种"关联性思维"的框架，就会对"五行"学说和《周易》话语有一个较全面的理解。如《周易》把阴阳两大范畴做展开分类，则有："乾为天，为圜，为君，为

---

① 《荀子·劝学》。
② 《易传·文言》。
③ 《吕氏春秋·应同》。
④ 《礼记·乐记》。
⑤ 《春秋繁露·同类相动》。

父,为玉,为金,为寒,为冰,为大赤,为良马,为老马,为瘠马,为驳马,为木果;坤为地,为母,为布,为釜,为吝啬,为均,为子母牛,为大舆,为文,为众,为柄。其于地也为黑。"① 这就是这种思维方式的典型。

《周易》八卦分类象征

序号	卦名	符号	属性	象征
1	乾	☰	刚健	天、君、父、马、首、圜
2	坤	☷	柔顺	地、母、牛、布、釜、车
3	震	☳	震动	雷、龙、足、路、马、竹
4	巽	☴	介入	风、鸡、腿、木、匠、长女
5	坎	☵	下陷	水、沟、豕、月、盗、陷
6	离	☲	光明	火、日、月、雉、电、蟹
7	艮	☶	静止	山、手、狗、鼠、狼、石
8	兑	☱	愉悦	泽、舌、口、羊、妾、少女

懂得了"关联性思维"的内部规则,我们就可以较顺利地正确解读中国古代思想家的许多所谓"怪异"甚至"迷信"的论述,如,邹衍以下的"阴阳五行"、司马迁的《史记·天官书》、董仲舒的《春秋繁露》中的思想内容等等。其实,即便是被今人称为古代"科学家"的人,运用"关联性思维"的也大有人在。请读张衡名著《灵宪》(注意书名)中对"星"的描述:

---

① 《周易·说卦》。

> 星也者，体生于地，精成于天，列居错跱，各有逌属。紫宫为皇极之居，太微为五帝之廷。明堂之房，大角有席，天市有坐。苍龙连蜷于左，白虎猛据于右，朱雀奋翼于前，灵龟圈首于后，黄神轩辕于中。六扰既畜，而狼蚖鱼鳖罔有不具。在野象物，在朝象官，在人象事，于是备矣。……庶物蠢动，咸得系命。①

这里，张衡认为万物皆有其"形"，但也均源于"精"。其"精"呈现于天就是"星"。作为具有抽象性和普适性的"星"（精），其功能具有"超越的象征性"。所谓"在野象物，在朝象官，在人象事"。这样，万物毕备于天。所以，在中国古人观念中，宇宙实在是一个大"图样"（pattern），万事万物皆在其中具有一个位置，发挥各自的功能。张衡如此，董仲舒如此，其证据多多，兹不赘举。

但是我们必须指出的是，在一定意义上，"关联性思维"决定了中国传统文化的特质，奠定了整体性中国文明的基调。如果我们同意近年来讨论得十分热烈的中国文明起源的"巫—史"性质②，那么，作为联结"天"与"人"的中间环节的"巫""觋"（中国最早的"知识分子"阶层），实际上正是那些掌握了

---

① 《开元占经》。
② 参见李泽厚：《己卯五说》，中国电影出版社 1999 年版；吴文璋：《巫师传统和儒家的深层结构——以先秦到西汉的儒家为研究对象》，（台湾）高雄复文图书出版社 2004 年版。

"关联性思维"的人物。人们对他们的认可和崇拜,实际正是对这套知识系统的认可和普及。如中国古代天文学、医学、化学等研究领域,均明显受到这种思维方式的影响,王夫之把它称为"从其用而知体之有"[①]。所以,"分类"系统决定文化格局,为中国古人的思想"立宪",左右着他们的整个社会政治生活。

二、隐喻性逻辑与推理

与"关联性思维"紧密相关的是中国古代思想的推理形式,这方面可以说是其"分类"体系的结果或效应。换言之,有什么样的"分类"体系,就会有什么样的推理方式。

所谓"隐喻推理",是指当在事物与事物之间建立联系的时候,其核心基础是"相似性""邻近性"和"数字符号性"三个原则。

第一,"相似性"原则。

这是根据事物形式上的相似性特征,来推断二者之间具有相关性的方法。根据"功能相似"的分类,在同类事物中进行转换和类推,而决不在异类事物中进行这种转换;但在对异类事物的比较中,则可能发现更高层次的一致性。我们以中国古典文献为例,以说明"关联性思维"的思路。

据《大戴礼记》载,孔子的学生曾子在回答别人提问时说:世界上的事物都是由"阴"和"阳"两种气质构成的。"阳"的本质叫"精",而"阴"的本质叫"灵","天"属于"阳",而

[①] 王夫之:《周易外传》卷二,中华书局1977年版,第37页。

"地"则属于"阴"。从气象角度讲,"阴阳之气,各从其所,则静矣;偏则风,俱则雷,交则电,乱则雾,和则雨;阳气胜,则散为雨露;阴气胜,则凝为霜雪;阳之专气为雹,阴之专气为霰,霰雹者,一气之化也"。如果从动物角度讲,则可按"阴""阳"而分为"毛虫""羽虫""介虫"和"鳞虫"四种。紧跟着曾子解释说:

> 毛虫毛而后生,羽虫羽而后生,毛羽之虫,阳气之所生也;介虫介而后生,鳞虫鳞而后生,介鳞之虫,阴气之所生也;唯人为倮匈而后生也,阴阳之精也。
>
> 毛虫之精者曰麟,羽虫之精者曰凤,介虫之精者曰龟,鳞虫之精者曰龙,倮虫之精者曰圣人;龙非风不举,龟非火不兆,此皆阴阳之际也。兹四者,所以圣人役之也;是故,圣人为天地主,为山川主,为鬼神主,为宗庙主。
>
> 圣人慎守日月之数,以察星辰之行,以序四时之顺逆,谓之历;截十二管,以索八音之上下清浊,谓之律也。律居阴而治阳,历居阳而治阴,律历迭相治也,其间不容发。
>
> 圣人立五礼以为民望,制五衰以别亲疏;和五声以导民气,合五味之调以察民情;正五色之位,成五谷之名,序五牲之先后贵贱。诸侯之祭,牲牛,曰太牢;大夫之祭,牲羊,曰少牢;士之祭,牲豕,曰馈食;无禄者稷馈,稷馈者无尸,无尸者厌也;宗庙曰刍豢,山川曰牺牷,割列禳瘗,是有五牲。

第一章 "中国思维"的"分类"路径

此之谓品物之本、礼乐之祖、善否治乱之所由兴作也。①

这段论证的大致意思是说,长毛的动物叫"毛虫",有羽的动物叫"羽虫",这类动物为"阳"气所生;长壳的动物叫"介虫",有鳞的动物叫"鳞虫",这类动物为"阴"气所生。世界上唯一有一种动物,既没毛羽,也没介鳞,他叫做"倮虫",这种动物是阴阳结合的唯一产物。

代表"毛虫"的是"麟",代表"羽虫"的是"凤",代表"介虫"的是"龟",代表"鳞虫"的是"龙",而代表"倮虫"的则是"圣人";阴精之"龙"要与属阳的"凤"相配合,阴精之"龟"要与属阳的"火"相配合,这就叫做阴阳相配。由于"圣人"是阴阳结合的唯一产物,所以他应当统治其他四者;因此,"圣人"是天下之主、山川之主、鬼神之主和宗庙之主。"圣人"谨慎地守望日月的数量,观察星辰的运动,以此整理出四时的秩序,这就是"历法";他从长短十二管中获得八种音节的清浊,这就是"音律"。"音律"属于阴而与阳配,"历法"属于阳而与阴配,阴阳二者形成如此紧密的配合,以至于在它们中间容不下一根头发。

"圣人"还设立五种礼仪并使之成为民众的期望,制定五种丧服以区别亲疏,他使五气相和以指导民气,又把五种味道调和于一,从中体察民情;同时还用五种不同的颜色象征不同的

---

① 《大戴礼记·曾子天圆》。

政治更迭秩序，使五种不同的谷物与之相配，祭祀用五种不同的动物为牺牲，以区别贵贱等级。诸侯祭祀用牛，叫做"太牢"；大夫祭祀用羊，叫做"少牢"；士祭祀用猪，叫做"馈食"；而无功名者则不用牺牲，也没有象征其祖先的"替身"，士以下的人地位比较低下。用于祭祀宗庙的贡品叫"刍豢"，用于祭祀山川的贡品叫"牺牷"，把贡品洁净后并按不同部位分放，就有五种不同的档次。在这些物品的本质和祭祖的礼仪之中，就隐藏着社会善恶和政治治乱的道理。

用图示意如下：

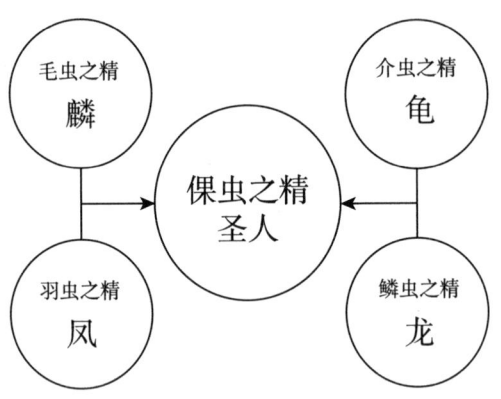

这里"麟""凤""龟""龙"和"圣人"，都不是具体的动物或人，而是指某种抽象的普适性隐喻象征。从上述的论证中，我们可以清晰地看到曾子的五步推导。

第一步，他以阴阳相配的道理作为论证的前提；第二步，抽象出四种动物，分别作为阴阳代表的象征；第三步，从这四种动物单体性的局限性中,推演出"圣人"的超越性;第四步,以这种超越性为前提,反推出"圣人"应当(should be)拥有支配一切权威的结论;第五步,基于"圣人"的超越权威,用世俗的各项事务验证其权威的有效性。至此,由阴阳准则的设立,到"圣人"权威的验证,统治者与被统治者的政治支配秩序得以成立,所以叫"善否治乱之所由兴作也"。

所以,初看起来,由动物分类的前提导出支配秩序的结论,似乎很荒唐,但我们不能说这种推导是完全无依据的胡思乱想。之所以说中国古人的思维并不混乱,就是因为在这其中"隐喻性推理"发挥着关键性作用。

所谓"隐喻性推理"还呈现出一种特征,就是从人们的经验常识中,引申出某种抽象的意义。通常这种抽象的意义才是论证的目的,而经验常识则仅是一种体验的引导而已。我们还举上述《大戴礼记》的史料为例:

单居离对"天圆地方"这一传统的宇宙模式表示不理解,便向孔子之徒曾参请教。曾参说:如果真的把"天圆地方"理解为"天是圆的,地是方的",那么就是不懂中国的学问。因为如果这样去解释"天圆地方",就不可能说清楚"天"(圆)如何能盖住"地"(方)的四个角。所以曾参说:

> 且来!吾语汝。参尝闻之夫子曰:"天道曰圆,地道曰方,方曰幽而圆曰明;明者吐气者也,是故外景;幽者含气者也,是故内景,故火日外景,而金水内景,吐气者施

而含气者化,是以阳施而阴化也。阳之精气曰神,阴之精气曰灵;神灵者,品物之本也,而礼乐仁义之祖也,而善否治乱之所由兴作也。"①

这就是说,所谓"天圆地方"的命题其实具有隐喻的意义。任何事物都有"形"和"精"两部分,只观其"形"而舍其"精"的读法,就领会不到圣人的真意。而从"精"的角度解读"天圆地方",就应当着重理解一个**"象"**字,即"天道象是圆的,而地道象是方的"。换言之,"天"是按照"圆"的原则存在,"地"则按照"方"的特性运行。"圆"是"圆通""通融"之意;而"方"则为"规则""限制"之意。"天道""地道"中的"道",正是指"圆"和"方"所各自体现出的特性和规则。《吕氏春秋》则赋予这种逻辑推理形式以更具政治化的含义:

> 天道圆,地道方,圣人法之,所以立上下。何以说天道之圆也?精气一上一下,圆周复杂,无所稽留,故曰天道圆。何以说地道方也?万物殊类殊形,皆有分职,不能相为,故曰地道方。主执圆,臣处方,方圆不易,其国乃昌。②

---

① 《大戴礼记·曾子天圆》。
② 《吕氏春秋·圜道》。

第一章 "中国思维"的"分类"路径

这样,人们通过"象"的观察,就从中寻找和建构出某种"意"。"象"是前提,"意"则为本质。在"前提"与"本质"之间不是靠形式逻辑的三段论推理,而是靠"隐喻性推理"进行联结和转化。通过这一转化,"天"虽然仍保留着自然之天的含义,但又远远超出了它的范围,同时又具有了上下(等级)无所阻碍地协调和沟通的含义。由此,以"象"类推,谁有能力实现上下无所阻碍地协调和沟通,谁就应握有最高统治权。在中国传统中"君主"被称为"天子"(并非由于他真的就是"天"的血缘后裔),道理就是如此。相对而言,"地"也不完全是纯自然意义上的"土地"了,而是指万事万物各形各态,均有不同规律,产生不同规则,不可相互混淆。显然,对这种无限的差别进行划分和处理,则是各种具体"官吏"的职责,而所谓"臣子"就应当恪守规则,事必躬亲。这样,又出现了一种逻辑:

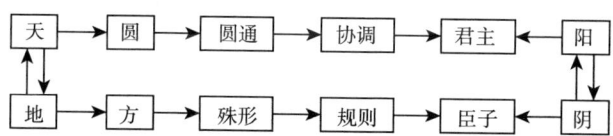

所以,依据形式逻辑的原则,当把中国传统"盖天说"的"天圆地方"论纳入现代天文学系统中去分析,得出"混乱的假设"和"荒谬的想象"的结论,便是自然而然的事。因为,如果仅仅把"天""地"看成自然事物,再用这种自然事物去说明和解释"道"的性质和政治原则,那么,认为这是"迷信与愚昧"的"无稽之谈",也不是不可理解的了。但是,在"隐喻性推理"的思想脉络中，人们可能会对中国思维以及中国政治产生另外的理解。

第二，"邻近性"原则。

这是根据事物与事物之间功能上的一致性而建立它们之间联系的推理原则。"五行"学说体系就是这种推理的典型。中国古人把世界的万事万物按五种不同的功能划分为"水""火""木""金""土"五类，注意这里的"五行"不是指五种具体的物质，而是指五种事物的性质以及五种事物的功能。《尚书·洪范》曰：

> 五行：一曰水，二曰火，三曰木，四曰金，五曰土。水曰润下，火曰炎上，木曰曲直，金曰从革，土爰稼穑。润下作咸，炎上作苦，曲直作酸，从革作辛，稼穑作甘。①

---

① 《尚书·洪范》。"洪范"即"伟大规范"之意。郭沫若曾对这段话做过解释："……所谓水火金木土。这是自然界的五大原素，大约宇宙中万事万物就是由这五大原素所演化出来的。所以水演出润下的道理，由火演化出炎上的道理，由木生出曲直的道理，由金生出从革（大概是能展延而且巩固的意思），由土生出稼穑。再如五味也是由这五行生出来的。'润下作咸'是从海水得来的观念。'炎上作苦'是物焦则变苦。'曲直作酸'是由木果得来。'稼穑作甘'是由酒酿得来。'从革作辛'这句想不出它的胚胎，本来辛味照现代的生理学说并不是独立的味觉，它是痛感和温感的合成，假使侧重痛感来说，金属能给人以辛味，也勉强说得过去。"（郭沫若：《中国古代社会研究》，科学出版社1955年版，第143页。）著名甲骨文研究学者陈梦家通过对战国《玉柲铭》考证，认为"行者，言顺天行气也"，"五行之行，源于四季行火，古有拜火之俗，而水火为妃，此为五行相胜最古之源"。（参见陈梦家：《五行之起源》，载《燕京学报》1938年第24期。）这里的"行"是指某种强大的力量在永恒不息地循环运动，所以"五行"就不能解释为"五种物质元素"。

第一章 "中国思维"的"分类"路径

这里,虽然五种宇宙要素(The Five Forces)在化学意义上的形态和性质上并不相同,但它们作为宇宙力量的要素具有一致性,所以就具备了推理的基本条件。

名	功能	性质	一致性
水	润下	咸	力
火	炎上	苦	力
木	曲直	酸	力
金	从革	辛	力
土	稼穑	甘	力

如果说"五行"是指五种"气",五种不同的宇宙要素,那么,它们之间的相互转换就形成了一定的宇宙秩序,这就是人们熟知的"五行相生"和"五行相胜"的古典学说。

"相生序":木⇒火⇒土⇒金⇒水⇒木⇒(顺时循环)。亦即木(作燃料)生火;火(化成灰烬)生土;土(矿石中蕴有金属)生金;金(金属呈于外,冷凝寒气为甘露,或被熔化为液体)生水;水(进入植物组织中)生木。

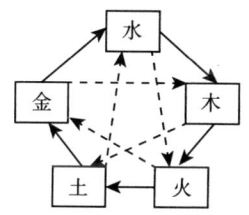

"相生序"产生"相化原则"。从直接的角度上看,每一"行"都"生"出下一个;但从间接的角度上看,每一"行"

又都是"下一个的下一个"的"克"星。如上图中虚线所示。"水"对"木"是"相生",但"水"越过"木",则对"火"构成"相胜"。以此类推。这种直接为"生"、间接为"胜"的符号意义包含着一个"通过滋养而达到消灭"的"可怕的真理"。

"相胜序":(逆时循环)水⇐土⇐木⇐金⇐火⇐水。亦即水胜火(水可以救火);火胜金(火可以冶炼金属);金胜木(金属刀可以伐木);木胜土(木犁可以破土);土胜水(雍土可以防水)。

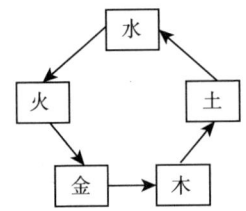

从表面上看,五种符号是一个"胜"下一个,但其深层却又暗示着相反的"被胜"的过程。也就是说,表层的"相胜"包含着深层的"相制"。任何一个"相胜"都同时意味着"胜人者必被人所胜"。如"水"虽然可以胜"火",但同时"水"又被"土"所胜。以此类推。因此,每一"行"的实际位置都兼有"胜人"和"被人胜"的双重角色。当A对B产生作用时,A自身也将受到影响,这正是A导致变化和毁灭的原因。所以,任何"作用者"都不是可以"肆无忌惮"的。这就是"相胜序"产生"相制原则"。

由此我们可以看到两个重要的思想:其一,"五行"观所阐发的"时间"并不是"线性的矢量",而是一个无始无终的"循环";其二,更为重要的是,这一"循环"秩序的实质是一种"二重性"架构,而这一架构超越了"因—果"推导的单相性表层逻辑,从而使其表达更接近事物的复杂本性。正是在"循环"和"二重性"中明显隐藏着某种"难以表达"或"不可言说"的宇宙"节奏"。这样,一方面,"难以表达"或"不可言说"可能产生某种神秘性;另一方面,它的宇宙"节奏"却又显示出强烈的现实感。应当说,这两方面的因素都会对中国传统政治理论产生影响。

另外,"五行"的这种"相生序"和"相胜序"也直接产生"五方"的空间概念,从而又可以顺利地推导出"四方"与"中心"的空间概念。"四方"意味着"众多","中心"则意味着"唯一"。如图所示:

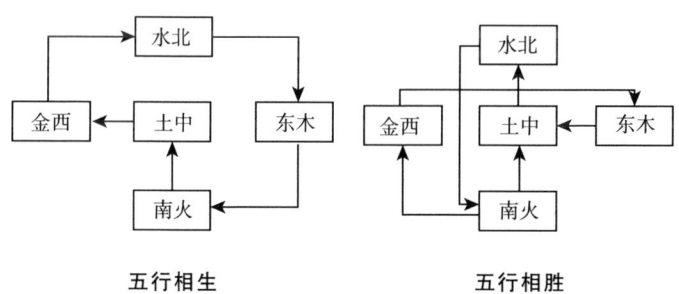

五行相生　　　　　　**五行相胜**

如果我们不把"五行"看作是五种物质,而是五种宇宙元素,那么,我们就能理解为什么古人会把万事万物都归结到这个模式之中了。一切宇宙的"知识"都被囊括尽矣!这样"五行"类似于今天的化学元素,它分散在任何事物的内部,成为支撑其"象"的本质。在下表中,我们还可以发现,在古人概括的 32 种事物中，恰好一半与人体有关；而另外一半恰是人类生存的外在环境。原则上，外部要素是为内部要素服务的，"人"成了"宇宙"的目的和中心。

五行模式表

0	五行	木	火	土	金	水	性质
1	五官	目	舌	口	鼻	耳	人体（1）
2	五脏	肝	心	脾	肺	肾	人体（2）
3	五腑	胆	小肠	胃	大肠	膀胱	人体（3）
4	五主	筋	血管	肌	皮毛	骨髓	人体（4）
5	五华	爪	面	唇	气息	发	人体（5）
6	五律	牙	舌	喉	齿	唇	人体（6）
7	五液	泪	汗	涎	涕	吹唾	人体（7）
8	五筋	胁	肘内	股	肘外	膝	人体（8）
9	五位	颈	肋	脊	肩	腰	人体（9）
10	五脉	弦	洪	缓	毛	滑	人体（10）
11	五役	色	嗅	味	声	液	人体（11）
12	五俞	井	荣	俞	经	合	人体（12）
13	五味	酸	苦	甘	辛	咸	人体（13）
14	五香	臊	焦	香	腥	腐	人体（14）
15	五变	握	忧	岁	咳	悸	人体（15）
16	五情	怒	喜	忧	悲	恐	人体（16）
17	五精	魂	神	智	魄	志	人体（17）
18	五候	风	热	湿	燥	寒	气候
19	五蔬	韭	薤	葵	葱	藿	药蔬
20	五果	李	杏	枣	桃	粟	药果
21	五谷	麦	菽	稷	麻	黍	植物
22	五畜	羊	鸡	牛	犬	彘	家畜
23	五虫	鳞	羽	倮	毛	介	动物
24	五色	青	赤	黄	白	黑	色彩

(续表)

25	五兽	苍龙	朱雀	青龙	白虎	玄武	动物
26	五方	东	南	西	中	北	方位
27	五声	角	徵	宫	商	羽	声音
28	五能	生	长	化	收	藏	过程
29	五时	春	夏	长夏	秋	冬	季节
30	五星	岁星	荧惑	镇星	太白	辰星	天文
31	五数	3/8	2/7	5/10	4/9	1/6	数字
32	十干	甲乙	丙丁	戊己	庚辛	壬癸	天干

至此，我们再读汉学家葛瑞汉的分析，就会觉得倍加中肯：

> 宇宙论的关联也并非仅仅是在没有其他可行的选择情况下之迫不得已的方法；即使在其最详尽的阐释中，这种方法也已是一个秩序的纯化，思想家在他们的分析思想运作之前已在其中发现了自我。例如，我们只有察觉到，太阳与帝王在居于力量与荣耀的"巅峰"这一点上是相像的；在"太阳：世界/帝王：人民"的平行对应中，在一个双方可以彼此理解的秩序中，我们才能从他们的相似中推断出希望怎样以及怎样回应，此时我们就已经发现了自我。我们必须对帝王鞠躬，就像对太阳表示敬畏一样，感激他们的恩惠和对绝对权力那不可理喻之魔力的服膺。①

---

① [英]葛瑞汉：《阴阳与关联思维的本质》，张海宴译，见艾兰、汪涛、范毓周主编：《中国古代思维模式与阴阳五行说探源》，江苏古籍出版社1998年版，第6—7页。

这样，我们依据前人的研究成果，就可以概括出上述两种"隐喻性推理"的基本特征。如下表：

隐喻性推理中的"相似性"和"邻近性"原则①

性质	相似性	邻近性
原则	不要求诸事物属于同一系统，而只要求诸事物具有一种或几种共同的特征	用于发现那些在结构和功能上都属于同一系统的事物
属性	感性层次	抽象层次
例证	蜜蜂与巨蟒在身体外形上很相似，所以属同一事物	蜜蜂与木匠都具有相同的构造职能，所以属同一事物

资料来源：［法］涂尔干、莫斯：《原始分类》，汲喆译，上海人民出版社2000年版，第74页；［法］列维-斯特劳斯：《野性的思维》，李幼蒸译，商务印书馆1987年版，第74页。

---

① 列维-斯特劳斯指出，当人们看到原始人认为"接触啄木鸟的嘴可能医治牙痛"时，当看到他们对植物、动物等做出了与我们不同的分类时，可能会觉得荒诞不经。但是，问题不在于这样能否真的医治牙疼，"而在于能否有一种观念认为啄木鸟的嘴与人的牙齿是'相配'（aller ensemble）的［一致性（congruence）观念用于医疗方面只是诸种可能的应用之一］，在于是否能通过这类事物的组合把某种最初步的秩序引入世界。不管分类采取什么形式，它与不进行分类相比自有其价值"。（［法］列维-斯特劳斯：《野性的思维》，李幼蒸译，商务印书馆1987年版，第13—14页。）所以，斯特劳斯认为，现代人理解古代人的困难主要来自两个方面：一是"外在困难"，就是"我们缺少（实际的或想象的）观察资料和依据，以及其分类法所依据的原则"；二是"内在困难"，就是"不是由于我们欠缺可用于在土人思想中建立起两项或多项事物间联系的客观特性的知识，而是由于同时要求几种不同形式类型的联系的逻辑多值性"。（［法］列维-斯特劳斯：《野性的思维》，李幼蒸译，商务印书馆1987年版，第1—72页。）

通过以上简要证明,我们可知,不是古人思维混乱或心智低下,而是他们持有一套不同于"统属性思维"的推理原则。因而,透彻地理解和分析这些推理原则,就成为深入探讨中国古代政治思想,特别是其论证逻辑的必要条件之一。

第三,数字符号性原则。

除了"象"作为中国思维推理的主要方式以外,"数"也是其推理的重要形式。但如前所述,在中国传统中,"数"并不完全是指实数,也不完全是用来计算的,而是要阐释宇宙间的对称与和谐。所以"数"不仅是一个"量"的概念,更是一种可供推演的符号象征。早在1934年,葛兰言就在《中国思维》一书中专门用一整章篇幅讨论中国"数目的象征"。他说:

"量的概念,在(古代)中国人的哲学性思考里,实际上不占任何地位。但中国(古代)的哲人,对于数目本身有极大的兴趣。但是不管土地测量师、木匠、建筑师、马车制造者以及音乐家们有多广的算术或几何知识,哲人们对之总是无兴趣的,除非其有利于他们的'数字游戏'。数字只被他们当做符号来使用。"……数字没有代表事物大小的功用,它们只被拿来将实质之大小配合于宇宙的大小。①

"数"是"象"的抽象表达,它标志着"符号"从形象走向抽象的性质变化。在传统中国,数字表达主要限制在1—10这10个自然数的系列中。其中奇数为"阳数",偶数为"阴数",阴阳之合而成"变数"。《周易》对基本的数字结构做了如下的表达:

天一地二,天三地四,天五地六,天七地八,天九地十。天之数五,地之数五。五位相得而各有合。天之数二十有五,地之数三十。凡天地之数五十有五。此所以成变化,而行鬼神也。②

根据上述表达,1—10这10个数被按"阴阳"相配的原理划分为两组,我们把这两组数字分为"第一序列"和"第二序列"。古人认为正是这简单的10个数,可从中组合和建构出完整的"宇宙秩序"的模型。

第一序列:

规则:将1—10分为奇数和偶数两部分。

---

① 转引自[英]李约瑟:《中国古代科学思想史》,陈立夫主译,江西人民出版社1990年版,第384页。
② 《周易·系辞上》。

第一章 "中国思维"的"分类"路径

第一步：奇数1、3、5、7、9称为"天数"，它们相加(1+3+5+7+9)＝25。这就是所谓"天之数二十有五"的意思；

第二步：偶数2、4、6、8、10称为"地数"，它们相加(2+4+6+8+10)＝30。这就是所谓"地之数三十"的意思；

第三步：25（天数）+30（地数）＝55。这就是所谓"凡天地之数五十有五"的意思；

第四步：天数与地数重叠＝洛书。

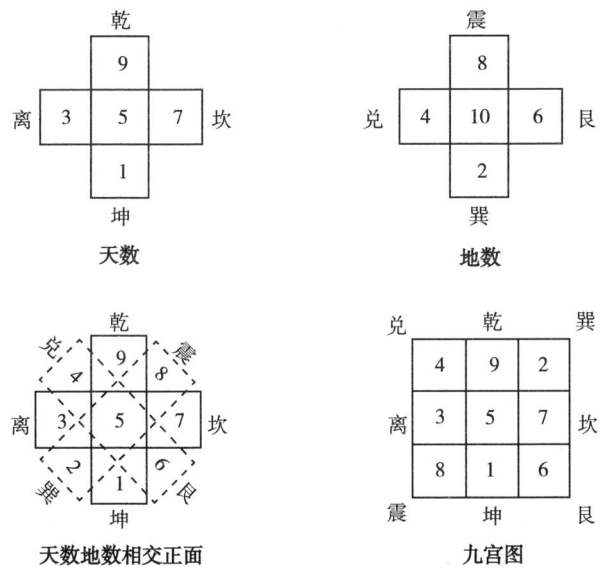

如果把1—9的数字用文字符号代替，则为：1＝坤、2＝巽、3＝离、4＝兑、6＝艮、7＝坎、8＝震、9＝乾、5＝中。这样我们就得到了先天八卦图。如果我们把数字变为符号，○代

表奇数,●代表偶数,那么就会出现著名的洛书的图形。

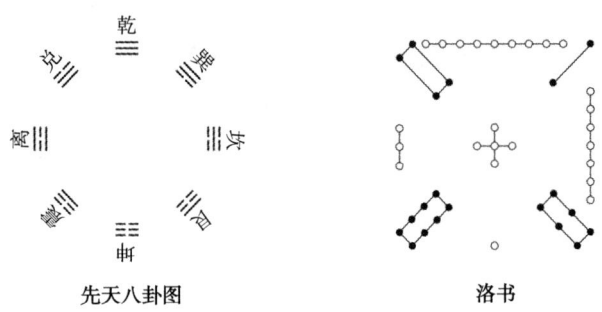

先天八卦图　　　　　　洛书

我们在后面的"天演"一节将谈及,先天八卦图的原形是"彝族十月历"。所以,洛书本身其实并不神秘,它只是用"中国式"符号——《易经》卦象和数字予以表达罢了。

第二序列:

规则:将1—10分为前后两段,1、2、3、4、5称为"生数";6、7、8、9、10称为"成数"。生数是不动之数,成数(每个生数+5)是变化之数。《易》讲变化,因此认为6、7、8、9(10为1+0,为重复数,所以去掉)为变数。9为变数中最大数,因此为阳爻之代表;6为变数中最小数,因此为阴爻之代表。所以有"阳九阴六"之说。①

第一步:1、2、3、4、5称为"生数"。生数之和(1+2+

---

① 李零:《中国方术考》,人民中国出版社1993年版,第138、144页。

3+4+5)＝15；

第二步：6、7、8、9、10 称为"成数"。成数之和(6+7+8+9+10)＝40；

第三步：15（生数）+40（成数）＝55；

第四步：生数与成数重叠 ＝河图。①

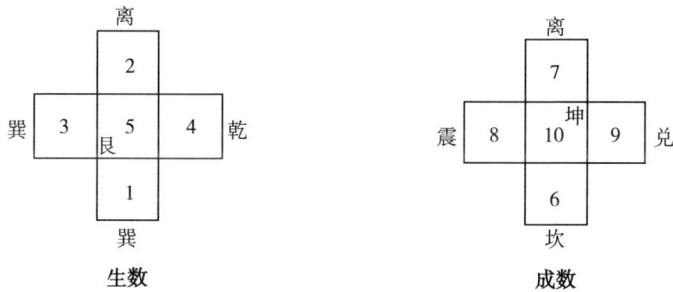

如果我们把一个生数和一个成数放在一起，那么就有 1—6、4—9、2—7、3—8、5—10 这样五组数字；再用○表示奇数，用●表示偶数，这样就又有了河图，也就是后天八卦图。

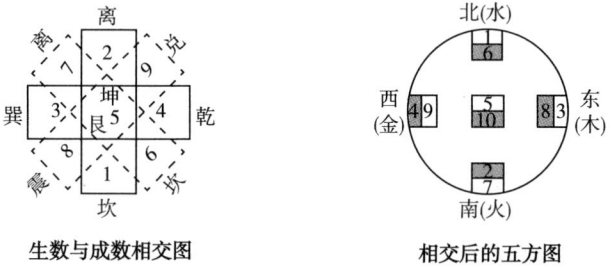

生数与成数相交图　　　　　**相交后的五方图**

---

① 李零：《中国方术考》，人民中国出版社 1993 年版，第 138、143 页。

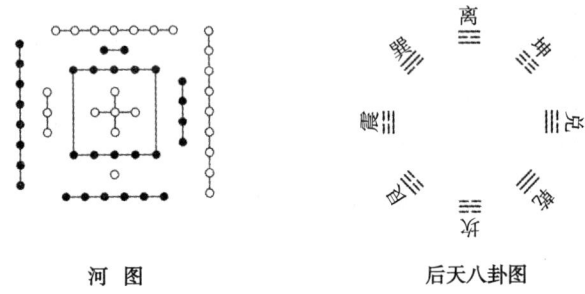

河 图　　　　　　后天八卦图

以上这两组奇妙的数字序列,几乎概括了整个世界,乃至整个宇宙。特别是在"天"(天文)、"人"(医学)和"正"(政治)等方面,发挥着思想"指导"和"规定"的作用。①

这里我们仅就洛书与《尚书·洪范》的关系,做一解读。众所周知,《尚书·洪范》尽管可能成书于战国前期,但其思想元素无疑早已有之。其文属史学基础常识,故略而不录,只以图示之:

---

① 河图、洛书的成"象"时间实已到宋代,但研究表明其核心思想早在汉代式盘中就表现出来了(参见李零:《中国方术考》,人民中国出版社1993年版)。这些数字所代表的思想,也成为中医学的精髓(参见杨力:《周易与中医学》,北京科学技术出版社1999年版)。杨力出身中医世家,12岁起即启蒙研读《易经》。其代表作《周易与中医学》在海内外引起了强烈反响,长销不衰。该书除已出简体中文版外,还有繁体中文版,以及英、日、韩等多种译本。1993年获世界太极科学金奖、全国科技图书畅销奖和北方十省市优秀图书一等奖。涉及天文历法的著作,参阅陈遵妫的《中国天文学史》第四册(上海人民出版社1989年版);江晓原的《天学真原》(辽宁教育出版社1991年版);冯时的《中国天文考古学》(社会科学文献出版社2001年版);田合禄、田峰《中国古代历法解谜》(山西科学技术出版社1999年版)。

第一章 "中国思维"的"分类"路径

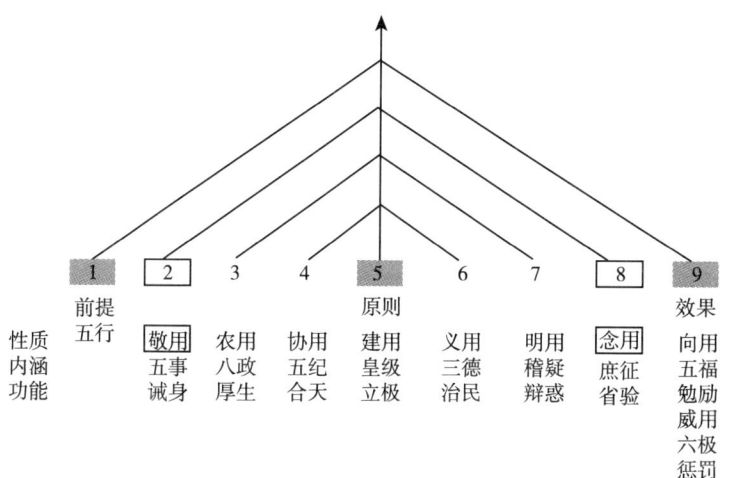

《尚书·洪范》相当于今天的"大法"之意,是中国政治思想的典型文本。从内容方面讲,它首先确定了论证的前提,即"五行"。然后以此类推,直到"效果"。在其中 2 至 8 的"七"项事物中,又以"五"为中心,形成左右对称。我们不难看出,越接近"五"的事物越具体,越远离"五"的则越抽象;或者左边具体,右边抽象。但无论是接近还是远离,无论具体还是抽象,无论是左是右,其中之"五"永远岿然不动,所谓"建用""皇极""立极"是也。

按照《尚书·洪范》的逻辑,如果人们能顺应"五行",并遵循其既定的法则行事,那么,其结果就会得到"向用五福"的勉励;相反,则必然遭到"威用六极"的惩罚。此番道理,用于人事,则以鲧、禹父子的史事证之,警示后人。

如果我们稍微调整一下思路,立即就会发现:以"五"为核心,其余各事按所处对称位置与"五"相连,那么,就会立

· 69 ·

即得到一幅"九宫图"。图中无论从哪个方向计算，3个数字相加都等于15。而且奇数处于"二分二至"之正方，偶数处于"四立"之偏方。这俨然就是一幅"天文图"。

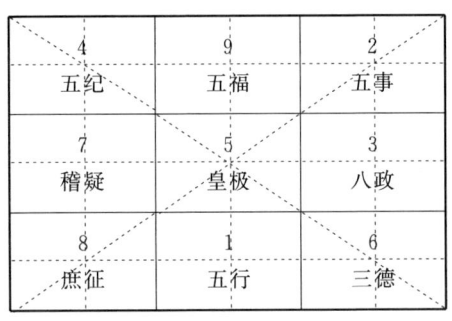

横向：4＋9＋2
　　　7＋3＋5
　　　8＋1＋6
纵向：4＋7＋8
　　　9＋5＋1
　　　2＋3＋6
对角线方向：4＋5＋6
　　　　　　2＋5＋8

如果再套上宗族家事，那么，它又将变成地道的"井田制"，并可一直由此通"天下"。《周礼·小司徒》说："乃经土地而井牧其田野。九夫为井，四井为邑，四邑为丘，四丘为甸，四甸为县，四县为都，以任地事，而令贡赋。"① 这样就形成了"夫"→"井"→"邑"→"丘"→"甸"→"县"→"都"→"同"，这样一种天下大同、世界归一的理想模式。从大处看，"家"→"国"→"天下"，

---

① 《周礼·地官司徒·小司徒》。

第一章 "中国思维"的"分类"路径

其实只是一个"同心圆"的逐渐扩大。每个"家"以"父亲"为中心,"国"以"诸侯"为中心,"天下"则以"天子"为中心。其实这正是《尚书·洪范》思维模式的推演结果。

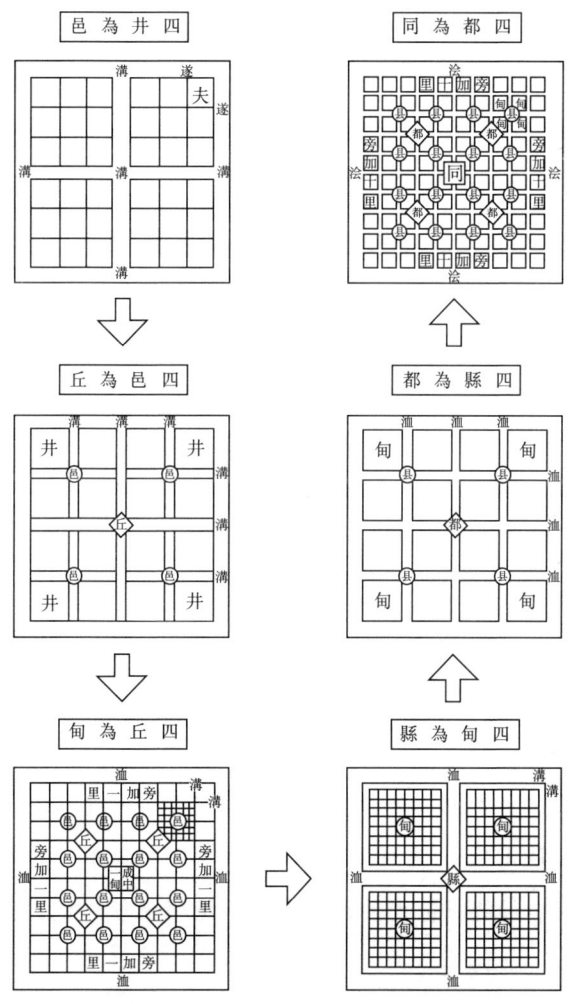

以井田为基础的"天下大同"模式

三、"有机整体论"的思维建构

如前所述,中国传统宇宙观的基本特征之一就是它的"整体性"。早在20世纪40年代末期,张东荪就曾明确指出:

> 中国可以说只有四部门,一曰宇宙观,二曰道德论,三曰社会论,四曰政治论。这四门完全不分开,且没有分界,乃是浑然连在一起而成一个实际的系统的。中国是以一个宇宙观而紧接着就是一个社会论,这个社会论中包含公的方面是政治,私的方面是修养的道德。显然是以宇宙秩序比拟社会组织,以社会组织决定个人地位。故中国人的修养论依然是具有政治性质的。……总而言之,中国思想是把宇宙、社会、道德等各方面合在一起来讲,而形成一个各部分相互紧密衔接的统系(closed system)。决不能单独抽出其一点来讲。倘不明此理,而以其中某某点拿出来与西方思想比较其相同处,则必定有误解。因为抽出来的便会失了其原义。①

他称这种结构为"神秘的整体论"(mystic integralism),并认为应从考察社会结构的角度对此进行解读。他说,传统中国"社会始终是散漫的,国家是始终没有统一的。换言之,

---

① 张东荪:《知识与文化》,商务印书馆1946年版,第101页。

第一章 "中国思维"的"分类"路径

社会的互相依赖靠之加紧与国家的社会行政统一之完成，始终是中国之必需的要求。我们从历史上看，在政治方面未尝没有一个时代得着统一，但这样的时代往往是在大乱之后，社会的互倚并没有紧密，或许反更散漫"。正是这样的社会结构使传统"中国的思想始终不离所谓整体主义，即把宇宙当作一个有机体。……这个整体思想在表面是讲宇宙，实际上却是暗指社会。即把社会当作一个有机体，个人纯为社会服务，所谓尽性，所谓知命，都是指此。这种思想之所以发生，实由于暗中有社会团体之加紧之趋势。顺着这个文化上所需要的趋势，于是才有这样的思想"①。

如果说，统属性思维是以"同质要素"为核心所构成的概念之间的层级排列的话，那么，关联性思维则是在一个统一的"宇宙格局"之下，将所有"异质要素"整合为一，从而在"整体格局"中为"个别要素"安排意义。

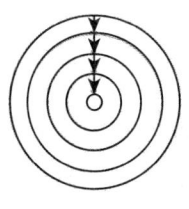 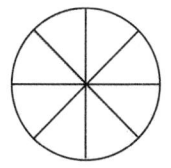

统属性思维逻辑　　　　　　关联性思维格局

这两种思维方式，我们可以从下表中得到体会。

---

① 张东荪：《思想与社会》，商务印书馆1946年版，第181页。

两种思维在视点上的差异

类别	统属性思维	关联性思维
概念	元素（element）	成分（ingredient）
内涵	指一个整体内在固有的部分	指混合或融化在某整体中的部分
例证	糖中的"元素"之一是氢	蛋糕中的"成分"之一是糖
差别	"氢"只是一个整体中的部分	"糖"本身是一个独立的整体

在中国传统文化理念中，宇宙要素之间是相互联系、相互作用的，因此天象的变动才能影响人事。尽管这种联系一般需要"中介"予以联结，但"万物联系"的可能性是无可置疑的。葛瑞汉反复说过："在中国人的宇宙中，所有的事物都是相互依赖的，没有哪些超越的原理被用以说明它们，或者说，没有一种它们出于其中的超越根源……这种立场给我的印象极深，其中的新奇之处暴露了西方解释者的先入之见，即以为'天'（Heaven）和'道'（Way）这样的概念必定有我们自己的终极原理的超越性；我们很难理解这样一种看法：即使是道也是与人相互依赖的。"①

无独有偶，中国美学家朱光潜和西方哲学家郝大维、安乐哲都不约而同地将"中国文明中宇宙秩序与人间秩序的一致性"与音乐的和谐相比拟，将这种"整体性"思维比作音乐，宇宙中的每一个因素都是一个音符，单个音符并不等于整篇乐曲，

---

① ［英］葛瑞汉：《论道者：中国古代哲学论辩》，张海晏译，中国社会科学出版社2003年版，特别是"英文版原序"和"导言"部分。

第一章 "中国思维"的"分类"路径

但整篇乐曲又被蕴含在任何一个音符之中:

> 儒家看宇宙,也犹如看个人和社会一样,事物尽管繁复,中间却有一个"序";变化尽管无穷,中间却有一个"和",这就是说,宇宙也有他的礼乐。《乐记》中有一段话最为朱子所叹赏:"天高地下,万物散殊,而礼制行矣;流而不息,合同而化,而乐兴焉。"这几句话很简单,意义却很深广。①

> 一部音乐作品中任何一个音符的全部价值,只有通过了解此音符在这个被演奏的整个作品中的地位,才能加以确定。这样,任何一个音符在它当中蕴涵了整个乐谱。这个音符可以说是对种种关系的整个区域的聚焦,这些关系是由诸音乐成分构成的。②

在"中国思维"中,不仅一般地认识到整体大于并优于局部的总和的宏观道理,而且还对这一系统进行了许多饶有兴趣的细腻分析,从而为今人理解这种"整体性思维"的特质留下了珍贵的"思想标本"(thinking specimen)。

---

① 朱光潜:《乐的精神与礼的精神:儒家思想系统的基础》,见胡晓明、傅杰主编:《释中国》第二卷,上海文艺出版社1998年版,第1251页。
② [美]郝大维、安乐哲:《汉哲学思维的文化探源》,施忠连译,江苏人民出版社1999年版,第271—272页。

西周末年史伯曾论述说：

夫和实生物，同则不继。以他平他谓之和，故能丰长而物归之；若以同裨同，尽乃弃矣。故先王以土与金木水火杂，以成百物。是以和五味以调口，刚四肢以卫体，和六律以聪耳，正七体以役心，平八索以成人，建九纪以立纯德，合十数以训百体。出千品，具万方，计亿事，材兆物，收经入，行姟极。故王者居九畡之田，收经入以食兆民，周训而能用之，和乐如一。夫如是，和之至也。于是乎先王聘后于异姓，求财于有方，择臣取谏工而讲以多物，务和同也。声一无听，物一无文，味一无果，物一不讲。王将弃是类也而与剸同。天夺之明，欲无弊，得乎？[①]

春秋时，晏子也说过一段相似的话：

和如羹焉。水、火、醯、醢、盐梅，以烹鱼肉，燀之以薪，宰夫和之，齐之以味。济其不及，以泄其过。君子食之，以平其心，君臣亦然，君所谓可，而有否焉。臣献其否，以成其可。君所谓否，而有可焉。臣献其可，以去其否，是以政平而不干，民无争心。故诗曰："亦有和羹，既戒既平。鬷假无言。时靡有争。"先王之济五味，和五

[①] 《国语·郑语》。

第一章 "中国思维"的"分类"路径

声,以平其心,成其政也。声亦如味,一气、二体、三类、四物、五声、六律、七音、八风、九歌,以相成也。清浊、大小、短长、疾徐、哀乐、刚柔、迟速、高下、出入、周疏,以相济也。……若以水济水,谁能食之?若琴瑟之专壹,谁能听之?同之不可也如是。①

这里,"和"本身就是典型的"中国思维"的整体性概括。只有把不"同"质的事物或要素按照一定秩序结构成一体,才能产生出更丰富、更优良的新质来。烹调也好,身体也好,音乐也好,政治也好,总之,万事万物,都像"五行"组合那样,只有"和而不同",才能创造出无限多样的新属性与新功能。

宇宙和谐

分 类	天 体	生 物	方 位
参 照	五 星	五 虫	五 方
象 征	北 斗	圣 人	中 央

显然,以独特方式去观察世界,欣赏世界,并赋予世界以不同的意义,**"整体关系"**就显得特别的重要,而以"分解"(lyse)为核心的"分析"(analyes)方式,则不同于这样的总和概括和表达。

我们已从各方面对中国传统认知路径做了多视角的描述。

---

① 《左传·昭公二十年》。

这些内容所反映出的有机整体观,对理解"中国思维"的总体结构,具有基础性、方向性和统摄性的重要作用。就**好像是数学中的公理与公式**,这种认知路径用简单的符号系统给出了某种推导方式的前提假设和基本原理,在这其中具有清晰的秩序感。万事万物都被概括在一个超级的有序系统之中,这个"超级的有序系统"就是"宇宙格局"(pattern of universality)。从形式上看,这个系统展示着对称、秩序与逻辑的和谐,但更为重要的是在它的内部隐藏着某种强大、深刻和普遍涵盖的力量。从功利的角度看,它可以表达为"用";从解释的角度看,它可以表达为"道"。用中国传统语言表达,则可以称为"精"。作为一种思维方式,宇宙观统摄甚至操纵着中国思维的方方面面,其他的分类项目都可以说是它的演化、推导和派生,政治当然也不能例外。在一定意义上说,中国传统的"宇宙格局"是一种社会文化的**意义建构**,是一种地地道道的**信仰系统**。

最后,笔者想用葛瑞汉一段精彩的概括作为本章的结语,他深刻的透视的确道出了不少"中国思维"的精髓,值得再三体会:

> 从把人与共同体和宇宙联系起来的系统的方向看,一种关系的世界观开启了一个有益得多的层面。基本的社会制度,语言,与关联世界观充分分享了它的结构,而且,关联思维又完美适应于社会制度和语言;虽然也许人们必须分析聚合体和结构段以便学习一种语言,但人们只有当关联而非分析它们的时候,才能够脱口而出。制度一般需

第一章 "中国思维"的"分类"路径

要我们大部分时间自动地调整模式,只有面对选择的机会时才需要分析。政治学、社会学和心理学从没有获得分析思维的那种纯粹性。……除了所有学说之外,现实的日常生活也大都无可改变地属于关联思维。艺术思维亦复如此;而任何关联宇宙论又理想化地促进了那些与之有共鸣的事物,丰富了隐喻和明喻的宝藏。①

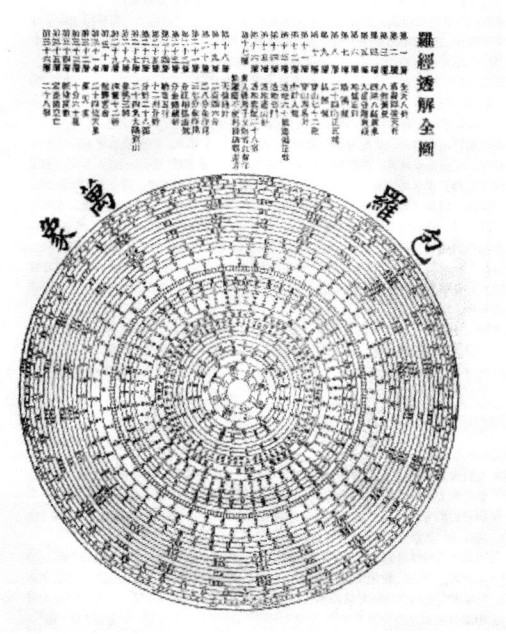

资料来源:[清]王道亨:《罗经透解》(石印本),铸记书局 1915 年(民国四年)石印本。

---

① [英]葛瑞汉:《论道者:中国古代哲学论辩》,张海晏译,中国社会科学出版社 2003 年版,第 402 页。

这幅著名的"包罗万象"图,在一个统一的框架中融会了36种要素。天文、地理、人心、物质……这些要素相互关联,彼此影响,牵一发而动全身,典型地体现出"中国思维"的整体性特征。

第二章 "中国思维"的身体隐喻

> 元首明哉，股肱良哉，庶事康哉。
>
> ——《尚书·益稷》

自公元前800—前500年的"轴心期"突破以来，各主要的大文化系统圈就发展出各自迥异的思想形式和思维脉络。对于不同文化系统之间在宗教信仰、问题趋向和论证方式等方面的区别，学者对此已有深入研究。但要在政治思想史角度上探求形成这种差异"之所以然"的依据，则需在认知结构（cognitive structure）层面上做出更为深入的研究。只有这样才能奠定比较政治思维和比较政治文化的基础，同时也有助于加深我们对"自身政治"认知系统的再感知和再体认。笔者认为，"身体政治"是中国传统政治思想内在认知架构的基础要素之一，对中国传统政治思想的整体结构和思维规则产生了重要影响。

一、"身体隐喻"的认知视域

"身体政治"（body politics）是法国思想家米歇尔·福柯中晚期研究中所使用的分析性概念，引进国内则是20世纪90年代初期的事情。继"知识考古学"之后,福柯转向"历史系谱学"方向,此后,作为主体自身的"身体"以及它与社会客体之间的关系,就成为福柯"话语"的兴奋点。通过一系列细腻的个案描述和宏观透视,福柯试图告诉人们"身体在道德领域中是罪恶,在真理领域中是错觉,在生产领域中是机器"[1]的现代性观念究竟是如何形成的。或许由于受到福柯研究作品的影响,"身体政治"已逐渐进入政治社会学领域的主流话语。英国社会学家布赖恩·特纳(Bryan S. Turner)在其综合性论著中专章讨论了"普通身体社会学",并把"全面把握身体形象在社会空间中如何发挥功能","真正从社会学角度评价各种社会身体在长时间内的交互作用,即达成对于身体体现之集体性理解"以及"以一种彻底的历史感来认识身体及其文化形态",作为"身体社会学"研究的基本目标。[2]

对于本章的论题而言,福柯的思想只是启示而不是方法,这种启示就是:作为认知结果的"知识",实际上就是已在思想者头脑中预设的一套观察和归纳问题的基础模板或框架,人们据此去看待、评价和分析客观事物。在这个结构中,"身体"具有重要的基础性意义。在以往的政治思想史研究中,人们一般会把分析的视角投射到主体以外的政治权力和社会关系的维度上去,而生产思想的主体自身则处于被"遗忘""淡漠"和"省

---

[1] 汪民安主编:《身体的文化政治学》,河南大学出版社2004年版,第1页。

[2] [英]布赖恩·特纳主编:《Blackwell社会理论指南》,李康译,上海人民出版社2003年版,第584页。

略"的状态。换言之,作为认知主体的认知结构,被排除出思想史分析的范围之外。但对问题做了这样的缺省之后,我们将无法回答如下问题:为什么人们面对同样的事物,却能"读"出完全不同甚至大相径庭的意义?作为同样的人类存在,世界各文明系统之间为什么会呈现如此之大的差异?具体到中国传统政治思想史的领域,我们将无从解释中国古代思想家为什么总对某些问题和命题特别关注,而对于另外的一些问题和命题却从未设问。例如,中国古代思想家对"天—君—臣—民"的系列命题极为关注,论述甚丰,但对于"权力"(power)与"权利"(right)的关系却极少提及;作为政治学基础的人性问题讨论,在中国思想传统中十分发达,但这并未能导出关于权力制衡意义上的整体制度思考。显然,对于诸如此类的问题,仅仅从地域环境和利益冲突的角度给予解释是远远不够的,而认知结构的奠基则是一个重要的方面。虽然生存环境与知识结构不是决定论的,而是相互依赖性的,但也必须指出,当某种知识系统逐渐稳定以后,它就会向社会生活的各方面弥漫和扩散,以毋庸置疑和不证自明的"习俗"和"精神"要素,成为支配、左右和控制社会生活的内在力量。在这个意义上,的确如福柯所说:"知识"就是"权力",精神结构就变成了建构世界和解释事实的认知依据。这里我们可以把关于思想史"内在理路"(theory inner logic)的研究运用到认知分析的角度,用以探求思想脉络之所以形成的知识基础,换言之,我们的关注重心是"知识的知识"。在这其中,关于"身体"① 在政治思想形成方面的建构作用,又是一个值得展开讨论的层面。

社会学的奠基者之一涂尔干,在晚年将学术视野渗透到人类学的方向上。其名著《宗教生活的基本形式》,开启了一宗学术流派的先河。在研究原始部落的宇宙模式时,涂尔干独具慧眼地指出,人们不是根据宇宙模式塑造和推想人类社会,恰恰相反,人们是根据生活于其中的社会组织的结构去赋予宇宙事物以意义。换言之,不是宇宙决定社会,而是社会决定宇宙。因为在这里,宇宙并不是物的外在实体,而是与社会一样的"事物"。他说,对于早期人类来说,"他们本身就是事物,而宇宙中的每件事物都是部落的一部分,都是部落的构成要素。这就是说,每件事物都像人一样,是部落的正规成员,在社会组织的整个格局中都有一个确定的位置"②。该书的结论部分已涉及人类社会知识的起源与结构问题。涂尔干强调"社会在逻辑思维的形成过程中的作用",指出"只有当人们在感官经验所形成的即兴的概念之上,成功地形成了作为所有智识之共同基础的、整个稳定的观念世界时,逻辑思维才成为可能。事实上,逻辑思维始终都不是个人的思维,在任何时代里,它都是一

---

① Body 与 flesh 不同,前者意为一个不可拆分的"实体",后者则一般指与"灵魂"相对的"肉体"。

② [法]涂尔干:《宗教生活的基本形式》,渠东、汲喆译,上海人民出版社1999年版,第188—189页。

第二章 "中国思维"的身体隐喻

种'具有固定形式'（subspecies oeternitatis）的思想"①。其后，他与莫斯合作的小册子《原始分类》，实际上是这项工作的继续。②

涂尔干关于人类社会关系之模型是知识建构来源的理论，的确显示出创造性活力，同时也引发了广泛的争论。③ 我们认为，涉及中国思想史知识建构的起源问题，可以考虑对涂尔干的理论做若干延展。这就是：与其说整体社会关系构成了思想范畴的来源，不如再进一步，首先是个体化的"身体隐喻"导致了中国社会关系的结构，再由这种结构塑造出中国人对待外在事物的基本分类。这里，所谓"身体隐喻"是指人们认识客观事物时，实际上以自己的身体作为直接和基础的参照系，由"身体"的系统和结构去联想外界事物，此时，外界事物只是个人身体的一种外推性理解的结果，从而建立起一种"主—客"同构的、鲜活的有机整体模型。由于"身体"是人们感知最直接和最细腻的物体，所以它在视觉、听觉、

---

① ［法］涂尔干：《宗教生活的基本形式》，渠东、汲喆译，上海人民出版社1999年版，第572页。

② ［法］涂尔干、莫斯：《原始分类》，汲喆译，上海人民出版社2000年版，特别是"导言"部分。

③ 参见 Jennifer M. Lehmann, *Deconstructing Durkheim：A Post-poststructuralist Critique*, London and New York：Routledge, 1993，特别是其中的第二部分"Durkheim's (social) epistemology"; N. J. Allen, W. S. F. Pickering and W. Watts Miller (eds.), *On Dukheim's Elementary Forms of Religious Life*, London and New York：Routledge, 1998.

味觉、触觉等感观层次建立起"主—客"之间最直接、最便捷和最准确的沟通桥梁。这种认知方式与西方认识论传统显示出很大的不同,以至于在一定的意义上,导致了中国政治思想与西方政治思想,在理论进路、命题设定和论证方式等方面的明显差异。

二、中国思维建构的"身体"基础

台湾学者黄俊杰对于"身体政治"做过较完整的界定,他指出:"所谓'身体政治学'(body politics),是指以人的身体作为'隐喻'(metaphor),所展开的针对诸如国家等政治组织之原理及其运作的论述。在这种'身体政治学'的论述中,'身体'常常不仅是政治思想家用来承载意义的隐喻,而且更常是一个抽象的符号。思想家借以作为'符号'的身体而注入大量的意义与价值。"①

正如学者已经指出的那样,在中国传统典籍中"喻论"早已超越出语言修辞的范畴,而具有明显的政治意义。张颂之从"政治父子喻""政治身体喻""政治治病喻""政治烹饪喻""政治运掌喻""政治放牧喻""政治狩猎喻""政治理水喻""政治器物喻"和"政治五行喻"十个方面对中国传统"政治喻论"

---

① 黄俊杰:《中国古代思想史中的"身体政治学":特质与涵义》,见任继愈主编:《国际汉学》第四辑,大象出版社1999年版,第200页。

第二章 "中国思维"的身体隐喻

展开了全面的论述，可谓匠心独运。[①] 但是，如果我们对此做进一步的归纳，则可看到在这些喻论的背后，其实都隐藏着一个活跃的和大写的"人体"。各种比喻均可视为"个人身体"在某一方面的展开："父子"与生殖有关，"烹饪"与营养有关，"治病"和"运掌"与生理有关，而"放牧""狩猎"和"理水"则与劳动有关；只有"器物"和"五行"具有比较综合的符号意义。这样，我们可以说，张文所提"政治身体喻"其实并不应与其他各喻处于平行状态，而是中国传统政治喻论的核心。

检索史籍，上述论断得到了充分的印证。早在古典文献《尚书》中就有关于"元首明哉，股肱良哉，庶事康哉"[②]的论述。如果直译，就是说，如果头脑是明智的，四肢也还完好，那么，一切事情就会有好结果。这种说法是用"身体"说明"政治"的典型例证。到了春秋时代，思想家更是常常以"股肱"比喻辅臣，所谓"君之卿佐，是谓股肱。股肱或亏，何痛如之？"[③] 孔子曾说"民以君为心，君以民为体"[④]，就假定政治关系为一种有机体的自洽融合。孟子以手足心腹的身体器官，

[①] 张颂之：《中国传统政治诸喻论》，载《孔子研究》2000年第6期。文中似乎对重要思想家董仲舒少有提及，可能与作者的论文构思有关，但这不能不是一个疏忽。

[②] 《尚书·益稷》。

[③] 《左传·昭公九年》。

[④] 《礼记·缁衣》。

比喻君臣关系,"君之视臣如手足,则臣视君如腹心;君之视臣如犬马,则臣视君如国人;君之视臣如土芥,则臣视君如寇雠"①。管仲也说:"心之在体,君之位也,九窍之有职,官之分也。心处其道,九窍循理。"② 这样的论式几乎成为古代政治思想家的共识。

我们再以与"政治"联系较紧密的现象举例。在甲骨文和金文中,凡涉及"下等人"的字,如"仆""妾""奴""臣""孚""系""并""尹"等字,均与"跪之人形"相关,其原初的造字意义是对人身体的束缚。按《说文》解释:"仆,给事者",头上从辛,即以辛纹面做奴隶之标志。开始指家奴,后来成为属下的通称。"妾"按《说文》原意是"有罪女子给事之得接于君者",其甲骨文是一个下跪之人形,她不仅要服侍长者,而且还包括"侍寝"。"奴"字不用多说,是一个举双手而呈跪姿之人,降兵为奴之意。而"臣"字,金文上部为表示向上注目,《说文》释为"臣,牵也,事君也,象屈服之形"。以"牵"释"臣"为声训,指臣系于君,就像主人牵着宠物,后者须柔顺臣服。"孚"字从"手"从"子",象形为抓获儿童。后加入"人"旁为"俘",引申为战争中所获战俘,《说文》释为"俘,军所获也",指抓获的战败者因不服而对其绳牵捆绑。"系"字初文会意为以绳索捆于颈上,后加"人"旁,《说文》"系,束

---

① 《孟子·离娄下》。
② 《管子·心术上》。

也",本意也是捆绑,甲骨卜辞中引申为奴。"并"字初文是将两腿捆在一起,本义是合并。与上述诸字相反的,则有"尹""君""史""令"等字。"尹"字左侧为"手",右侧为"杖",显然象征着惩罚之权力。所以《说文》曰:"尹,治也。"在"尹"下加一"口"字,就形成"君",原意是持杖之人以口令人。"史"在甲骨文中与吏为一字,都与"手"有关。按《说文》的解释,后来分为以手"记事者"为"史",以手"治人者"为"吏"。"令"之初文与"命"为一字,《说文》列为"口"部,"令,发号也","命,使也",现代连用为"命令"。①毋庸赘言,在这些观念背后,都潜藏着一个"身体"。正如申小龙指出的:

> 汉民族的"主体投射",不是主客体对立意义上的主体投射,而是主客体统一,人与自然合一意义上的主体投射。它不是把自然对象化,在对象认识的基础上反思,而是认为世界内在于人而存在,认识人自身,也就认识了自然界或宇宙的根本意义,于是反身自求,从主体自身寻求人和世界的普遍意义。通过自我反思、自我体验、自我直觉和自我证悟,穷尽人和万物的一切道理。显然,这是一种内向思维,内向型的主体投射,表现在符号上,就不仅仅是

---

① 参见刘志成:《文化文字学》,巴蜀书社2003年版,第304—308页。

在语义所指上体现原始思维某些特征的诗性智慧,而在本体论上,即符号结构形态本身,系统、彻底地人化自然,将人的主体意识与自然法则的统一,内化在汉字符号的结构上。①

在中国古人的感觉和观念中,"身体"首先是一个自洽与和谐的有机体,其中各种器官都发挥着不可替代的作用。但是,不可或缺性与重要性并不是一回事。换言之,虽然对有机体运转来说,各种器官须紧密协调,但从其对有机体的贡献而言,存在着一个"优先排序"。这个排序的依据不是以生理功能为指标,而是一种带有强烈认知建构色彩的文化分类。这样,对于中国古人来说,考察"身体"至少可以有三种不同的视角。

第一,"上"与"下"。

把身体分为"上"与"下"两部分是最自然、最直观的一种视角,但这一划分富有深意。董仲舒在《春秋繁露》中的论述最为明确和典型,兹引如下:

是故人之身,首坌(音:分)员,象天容也;发,象星辰也;耳目戾戾,象日月也;鼻口呼吸,象风气也;胸

---

① 申小龙:《汉字人文精神论》,江西教育出版社1995年版,第103页。

第二章 "中国思维"的身体隐喻

> 中达知,象神明也;腹胞实虚,象百物也。百物者最近地,故要以下地也,天地之象,以要为带。颈以上者,精神尊严,明天类之状也;颈而下者,丰厚卑辱,土壤之比也。足布而方,地形之象也。是故礼带置绅,必直其颈,以别心也。带而上者尽为阳,带而下者尽为阴,各其分。阳,天气也;阴,地气也。故阴阳之动,使人足病喉痹起,则地气上为云雨,而象亦应之也。天地之符,阴阳之副,常设于身,身犹天也,数与之相参,故命与之相连也。①

这里,董子把人体划分为两大部分,以"腰"("脐")为界,上端象"天",属"阳";其下象"地",属"阴"。由于"腰"("脐")处于天地阴阳的汇合之处,所以是为"中"。如仅就上端而言,则以"颈"为分界,再分为两部分。头顶的最上端,储有"神明",而愈往下走就愈接近"百物",直至"中脐"。"中脐"以下,则由"清"转"浊",是装载排泄物的地方。就其功能属性而言,"下"虽然仍是不可或缺的,但在其重要性排序中,绝不能与头顶相比。借用西方政治学的一个术语表达,就理论的理想状态而言,"下"只是一种"必要的恶"(It is necessary evil.)。

---

① 《春秋繁露卷第十三·人副天数第五十六》,见苏舆:《春秋繁露义证》,中华书局1992年版,第355—356页。

按照这一"身体程序",我们会看到,愈往上面,地位愈高,功能愈重;而愈往下走,情况恰好相反。古人常有"天下国家一体也,君为元首,臣为股肱,民为手足"① 的说法。一般用头颅喻"君主",用胸腔喻"辅臣",用肢体喻"官吏",而用腹部喻"百姓"。

国犹身也,顺物自然而心无所私,则天下理矣。②

臣作朕股肱耳目。孔疏:"君为元首,臣为股肱耳目,大体如一身也。"③

宰相,陛下之腹心;刺史、县令,陛下之手足;未有无腹心手足而能独理者也。④

反映在制度安排上,这种"政治身体"也被扩展和折射到空间领域:"天下譬犹一身:两京,心腹也;州县,四支也;四

---

① 《申鉴·政体》。
② 《资治通鉴》卷二一〇。
③ 《尚书·益稷》。
④ 《资治通鉴》卷二〇三。汉以后历朝历代对此种说法仍连绵不断:"轩昊之代,君为心,兆民为百骸。"(《文苑英华》卷七七一卢硕《喻古之治》)"若损百姓以奉其身,犹割股以啖腹,腹饱而身毙。"(《贞观政要·君道》)

夷，身外之物也。"① 封建割据，诸侯做大叫做"尾大不掉"。"中国与边境，犹支体与腹心也。夫肌肤寒于外，腹心疾于内，内外之相劳，非相为赐也！唇亡则齿寒，支体伤而心憯怛。故无手足则支体废，无边境则内国害。"② 此外，兵法上所谓"咽喉"之地，不仅地势险要，而且关系重大。日常社会中所谓"宁当鸡头，不当凤尾"，在形容紧密关系时讲的"皮之不存，毛将焉附"或"牵一发而动全身"，等等，都是这种"政治身体"建构的直接表现。诚如张颂之所说："肢体连心，兵家的对敌原则是伤敌十指不如断其一指。身体结构须合乎比例，如果出现指大于肱、尾大不掉、鼻子大于头等病态，政局就危险了。"③ 追根溯源，这些思想的基础思维模板，则根植于关于身体结构之"上""下"不同地位的体认。

第二，"左"与"右"。

"身体"不仅可分为"上"与"下"两部分，而且还可分为"左"与"右"两部分。这不仅反映出古人观察"身体"的多层视角，更体现出"身体"被进一步抽象化和符号化的取向。崇右抑左是一个具有普遍性的人类现象④，但就中国传统文化而言，此一视角主要出于对人体性别差异的感知，"男"与"女"

---

① 《资治通鉴》卷一九七。
② 《盐铁论・诛秦》。
③ 张颂之：《中国传统政治诸喻论》，载《孔子研究》2000年第6期。
④ Rodney Needham（ed.）, *Right and Left: Essays on Dual Symbolic Classification*, Chicago: The University of Chicago Press, 1973.

这与天俱来的异质性本身,就成为古人划分阴阳两界的初级模板。

葛兰言在其名篇《中国的尚右与尚左》中敏锐地指出,在中国古典文献中,"左"与"右"的优劣划分与人体性别直接相关。男属阳而女属阴,所以,"左"与"右"的优先性对于他们来说正好相反。葛兰言发现了"中国人惯用右手,但却崇尚左方"的矛盾现象。根据对经典礼书的深入解读,他指出:"在中国,礼节不仅统治着生理学,而且统治着宇宙结构学。它表达世界的结构,而世界的结构与个体的结构没有什么不同。宇宙的建构与人体的建构严格地建立在同样的原则之上。"[1]"君子居则贵左,用兵则贵右。""吉事尚左,凶事尚右。"[2]《礼记正义》郑玄注:"丧尚右。右,阴也。吉尚左。左,阳也。"[3]

郭沫若、钱穆、周予同、钱玄同、闻一多诸先生均认为,《周易》之"乾""坤"两卦之象实由男女身体差异转化而来。如把"—"和"--"竖着看,即"∣"和"∥"恰是男女生殖器的象征:

---

[1] [法]葛兰言:《中国的尚右与尚左》,简涛译注,见任继愈主编:《国际汉学》第三辑,大象出版社1999年版,第473—504页。
[2] 《老子·三十一章》。
[3] 《十三经注疏》。

第二章 "中国思维"的身体隐喻

我以为原始的易卦，是生殖器崇拜时代底东西；'乾''坤'二卦即是两性底生殖器底记号。①（1923年5月25日）

"易"的"--"就是最显明的生殖器崇拜时代的符号。"—"表示男性的性器官，"--"表示女性的性器官。②（1927年9月）

八卦的根柢我们很鲜明地可以看出是古代生殖器崇拜的孑遗。画一以象男根，分而二以象女阴，所以由此而演出男女、父母、阴阳、刚柔、天地的观念。③（1928年）

人事尽可能的繁复，但分析到最后，不外两大系统。一属男性的。一属女性的。人事全由人起，人有男女两性之别，无论在心理上生理上均极明显，不能否认。《易经》的卦象，即由此观念作基础。"—"代表男性，"--"代表女性。这是卦象最基本的一个分别。④（1948年5月）

---

① 钱玄同：《答顾颉刚先生书》，见顾颉刚编著：《古史辨》第一册，上海古籍出版社1982年版。
② 朱维铮编：《周予同经学史论著选集》，上海人民出版社1983年版，第86页。
③ 郭沫若：《郭沫若全集·历史编》第一卷，人民出版社1982年版，第33页。
④ 钱穆：《中国文化史导论》（修订本），商务印书馆1994年版，第69—71页。

后人在此基础上又进一步系统论证了男女身体差异与《周易》卦序排列组合的对应关系。① 由此可知,中国思想中之最重要的概念"阴""阳"与人体直接相关。② 正如葛兰言所言,

---

① 参见赵国华:《生殖崇拜文化论》,中国社会科学出版社1990年版。
② 有关"阴阳"理论的起源问题,历史学家众说纷纭。1928年,梁任公发表《阴阳五行说之来历》一文,引发了关于这一问题的大讨论,著名学者均卷入其中。有关"阴阳"理论的起源问题大致有:一、自然取象说;二、"性器"源说;三、《易》源说;四、"十月太阳历"说;五、"枚卜"源说。(参见谢松龄:《天人象:阴阳五行说史导论》,山东文艺出版社1989年版,第26—28页。)台湾学者孙广德则从"语义的演进""官职的转化"以及"其他思想的烘托"三个方面,对前人的研究做了归纳。(参见氏著:《先秦两汉阴阳五行说的政治思想》,(台北)商务印书馆1993年版,第3—44页。)甲骨文中只有"日""月",而没有"阴""阳",这说明"阴阳"概念晚出。汉代许慎《说文》对此的解释是:"阴,(暗)也;水之南、山之北也",意思是,阴,即阳光所照不到的地方;相反,阳,则是"高,明也"。这也就是我们今天所说"阴天"和"晴天"的意思,并没有什么神秘的含义。阴阳成为一对宇宙论概念,最早见于《周易》。关于《周易》的成书年代,学术界有争议,但其卦文中关于殷代前期社会生活的描写和记载,证明其思想形成很早。郭沫若持此看法。(氏著:《中国古代社会研究》,科学出版社1955年版,第40页。)范文澜甚至认为,原始阴阳说在夏代以前就已出现了。(氏著:《与颉刚论五行说的起源》,载《燕京大学史学年报》1931年第3期。)阴阳二字见于较早的典籍还有《老子》:"万物负阴而抱阳"。《庄子》中"易以道阴阳",也是在抽象的宇宙论层面上使用的。《国语·周语》记载西周末年伯阳父把地震的原因归结为"阳伏而不能出,阴迫而不能蒸",显然已具有了阴阳失调的意思。至于上述各典籍中关于"大—小""上—下""内—外""出—人""进—退""往—来""生—死""凶—吉""福—祸""泰—否""损—益"等等,就不胜枚举了。关于"阴阳"在宇宙中这种全方位的统摄作用,《周易》叙述得极为清楚:"一阴一阳之谓道。继之者善也,成之者性也。仁者见之谓之仁,知者见之谓之知,百姓日用而不知。"(《周易·系辞上》) 这就是说,阴阳始终存在,贯穿于宇宙之中,不同的人从不同的角度去理解它,会产生不同的结果。而且人们时时刻刻生活于其中,反而因"司空见惯"而"熟视无睹"了。但这种"习惯性麻木"和"熟悉性遗忘"并不能说明"阴阳"的动力小了,反而说明它的力量已渗入骨髓。

第二章 "中国思维"的身体隐喻

在中国传统中流行着所谓"男左女右"的习俗,探其究竟则与人体所处方位的感觉和情境有关。在中国传统政治习俗中,君主(男性)会见诸侯时是坐北朝南。此时他的左边为东,而右边为西;东方是太阳升起的方向,这将导致一昼的明亮,而西方为太阳下落的位置,这又将导致一夜的黑暗。所以,明亮为阳,黑暗为阴,左方就比右方受到更多的尊崇。由于女性属阴,所以对于她们来说恰好相反,一切将颠倒过来,右方就比左方受到更多的尊崇。① 所以,男尚左而女尚右,实指人体交媾过程中之"主动"(施与)与"被动"(接受)关系的象征,并不存在一个绝对"尚左"状况。基于对身体性别的体认,在朝觐、誓盟、婚约、建筑、殡葬、征战、列阵等礼仪方面均有体现。在这一认知框架下,"实用的"(右手)并不就是"优越的","优越的"反而应处于"无为"状态,所以君主应"南面垂立",而臣子则须"北面勤奉"。这样,所谓"为无为"就成了儒道两家共同尊奉的政治准则。②

这样,由"男女"至"阴阳",由"阴阳"生"周易",以至于中国传统文化的各种表达形式都被囊括其中。这也就是说,

---

① [法]葛兰言:《中国的尚右与尚左》,简涛译注,见任继愈主编:《国际汉学》第三辑,大象出版社1999年版,第486—489、497页。

② 葛兰言的《中国的尚右与尚左》原文为即席讲演,没有文献出处。旅德学者简涛先生不仅专为此篇文章撰著学术性导言,而且根据先秦典籍和十三经及其注疏,逐一进行校注,给读者带来了历史典籍阅读的训练和理解上的极大方便,实功不可没。笔者在此受益匪浅。

基于对"身体"性别差别的敏感和关注,中国古人已把"身体"化入农时、历法、仪式、军事、宗教以及政治等生活现实的方方面面,从而使所有这些不同的生活侧面,都可以在同一种技术框架下得到解释,其理论基础具有明显的一致性。在纷繁复杂的中国文化系统中,各个不同的子系统之间之所以可能互换和通约,追根溯源,在于其背后站着一个人们熟悉得不能再熟悉的事物:自己的"身体"。

第三,"身"与"心"。

特别值得强调的是,在中国思维的"身体隐喻"中,"心"是一个极其重要的核心概念。往往一些抽象且重要的事物会用"心"做比喻。学者早已发现,在古代中国,具有生理意义的"脑"("脑"与五脏中的肝、脾、肺、肾一样,均属"肉"部,所以有生理意义),虽然在形象方面也很重要,但相对于具有精神意义的"心"来说,就相形见绌了。《黄帝内经》对于人的"五脏六腑"之功能,及其"身—心"关系,做过充分的论证:

> 心者,君主之官也,神明出焉。肺者,相傅之官,治节出焉。肝者,将军之官,谋虑出焉。胆者,中正之官,决断出焉。膻中者,臣使之官,喜乐出焉。脾胃者,仓廪之官,五味出焉。大肠者,传道之官,变化出焉。小肠者,受盛之官,化物出焉。肾者,作强之官,伎巧出焉。三焦者,决渎之官,水道出焉。膀胱者,州都之官,津液藏焉,气化则能出矣。凡此十二官者,不得相失也。故主明则下

安，以此养生则寿，殁世不殆，以为天下则大昌。主不明，则十二官危，使道闭塞而不通，形乃大伤，以此养生则殃，以为天下者，其宗大危，戒之戒之。①

中医著作如是说，而政治理论则不仅在思路上与此同出一辙，语言表达也几乎一致。董仲舒在《春秋繁露》中也同样强调"心"在中国政治思维中的重要位置：

> 一国之君，其犹一体之心也：隐居深宫，若心之藏于胸；至贵无与敌，若心之神无与双也；其官人上士，高清明而下重楼，若身之贵目而贱足也；任群臣无所亲，若四肢之各有职也；内有四辅，若心之有肝肺脾肾也；外有百官，若心之有形体孔窍也；亲圣近贤，若神明皆聚于心也；上下相承顺，若肢体相为使也；布恩施惠，若元气之流皮毛腠理也；百姓皆得其所，若血气和平，形体无所苦也；无为致太平，若神气自通于渊也；致黄龙凤皇，若神明之致玉女芝英也。君明，臣蒙其功，若心之神，体得以全；臣贤，君蒙其恩，若形体之静，而心得以安；上乱，下被其患，若耳目不聪明，而手足为伤也；臣不忠，而君灭亡，若形体妄动，而心为之丧。是故君臣之礼，若心之与体；心不可以不坚，君不可以不贤；体不可以不顺，臣不可以

---

① 《黄帝内经·素问·灵兰秘典论》。

不忠;心所以全者,体之力也;君所以安者,臣之功也。①

我们已经看到,从"上"与"下"(具体),经"左"与"右"(过渡),到"身"与"心"(抽象),中国的"身体思维"形成了一种"内部要素"与"外部要素"相互印证的思想体系。

有了这样的一个"身体"摹本,人们就可以据此想象、比附和建构作为"身外之物"的政治社会,甚至宇宙空间。三国时吴人徐整的《五运历年纪》把这一由"身体"推向宇宙起源的思维过程,表示得十分清晰:

> 元气鸿蒙,萌芽兹始。遂分天地,肇立乾坤。启阴感阳,分布元气。乃孕中和,是为人也。首生盘古,垂死化身。气成风云,声为雷霆。左眼为日,右眼为月。四肢五体,为四极五岳。血液为江河,筋脉为地理。肌肉为田土,发口为星辰。皮毛为草木,齿骨为金石。精髓为珠玉,汗流为雨泽。身之诸虫,因风所感,化为黎虻。②

所以,葛兰言才说:"古代中国人以他们尊奉的生活准则的模式想象自然的法则,他们认为这个法则只要不违反他们固有的生活原理,它的正常运用就是适当的。由此出发,他们的生

---

① 《春秋繁露·天地之行》。
② 《五运历年纪》。

活规律决定季节的交替;他们的休息的祭礼也允许自然休养;他们冬季的蛰居也使万物相互独立;他们的习惯一旦失去秩序,宇宙的秩序也会紊乱。……他们从自己在无雨的季节蛰居于家中的习惯出发,推想自然的习惯与人类的习惯相同。接着他们便认为人类习惯的种种行为可以作用于物质世界,使物质世界习惯的戒律。事实上,他们生活的规律是事物规律的模写。然而,农夫们可了解的自然的正常秩序却表现为他们自身生活秩序的正常性。基于这种认识,他们感到自然界秩序的正常性与其自身生活的正常性之间具有连续性。……给予自然界以影响的办法决不是为了达到这个目的而设置的手段,而是从仅仅为了人类生活的需要而设置的习惯中产生的。"①

三、"身体"有机体的政治意涵

在古代中国的思想体系中,"身体"绝不仅仅只是具体生理学上的意义,更由此构成了政治关系和政治思维的要素和基础。其具体表现主要在以下几个方面。

第一,"父—子""家—国""君—臣"的同构体。

如上所述,中国传统文化中,在从"生物血缘"到"文化血缘"的扩展过程中,"身体"始终作为一个潜在的"基因"而发挥着政治作用。在这个基础上,"家—国"同构、"君—臣"

---

① [法]葛兰言:《古代中国的节庆与歌谣》,赵丙祥、张宏明译,广西师范大学出版社2005年版,第173页。

一体的思想体系才有生成的可能，而把二者联结在一起的关键认知要素就是"孝"。

《孝经》开篇就引孔子言："身体发肤，受之父母，不敢毁伤，孝之始也。"由此开发出去，才是"立身行道，扬名于后世，以显父母，孝之终也"。由是才推出"政治"，即所谓"夫孝，始于事亲，中于事君，终于立身"①。问题的第一指向就是"身体"，而且被当成"天之经也，地之义也，民之行也。天地之经而民是则之，则天之明，因地之利，以顺天下。是以其教不肃而成，其政不严而治"②的基础政治问题，这应当被看成一个非同小可的"思想事件"。朱熹也认为"修身"当以"孝悌"开始，"故君子不出家而成教于国；孝者，所以事君也；弟者，所以事长也；慈者，所以使众也。……一家仁，一国兴仁；一家让，一国兴让；一人贪，一国作乱；其机如此"③。"孝"的本质是"身体"之遗传、复制的价值保障，通过这一观念和伦理机制，使个体肉体之"死"，不成为伤害群体生命之"亡"的重要条件。正如荀子所论："天地生君子，君子理天地；君子者，天地之参也，万物之总也，民之父母也。无君子则天地不理，礼义无统，上无君师，下无父子，夫是之谓乱。"④由此"孝"就超出了个人品德的范围，而与社会共同体的生存和发展

---

① 《孝经·开宗明义》。
② 《孝经·三才》。
③ 《四书集注·大学》。
④ 《荀子·王制》。

第二章 "中国思维"的身体隐喻

产生了关联,所以才具有了政治意义。

"身体思维"是一种"身体"与"国家"均按有机运动原理运行的"同构"假设,正是出于"同构",二者才可以互相比拟、互相转移和互相推演,从中自然推导出"君"—"臣"—"民"之间互为主体性的关系。成书于孟、荀之前的《礼记》曰:"民以君为心,君以民为本。心庄则体舒,心肃则容敬。心好之,身必安之。君好之,民必欲之。心以体全,亦以体伤;君以民存,亦以民亡。"① 在这个角度讲,既可以说"君本",也可以说"民本";但由于"心"占有更为关键的优先性,它在身体器官中具有更为重要的功能,所以反映在政治上就"推"出"君高于臣"的结论。② 如果说孟子还坚持"君"—"臣"—"民"之间的互为主体性的理论,那么,到了荀子,"君"的功能则得到了加强;再到韩非子,就直接主张国君为"天下之耳目"了。道家之葛洪把这一关系表述得更为清楚:

> 故一人之身,一国之象也。胸腹之位,犹宫室也。四肢之列,犹郊境也。骨节之分,犹百官也。神犹君也,血犹臣也,气犹民也。故知治身,则能治国也。夫爱其民所以安其国,养其气所以全其身。民散则国亡,气竭即身死,死者不可生也,亡者不可存也。是以至人消未起之患,治

---

① 《礼记·缁衣》。
② 刘畅:《心君同构:作为一种思想史现象》,载《天津社会科学》2004年第5期。

未病之疾，医之于无事之前，不追之于既逝之后。民难养而易危也，气难清而易浊也。故审威德所以保社稷，割嗜欲所以固血气。然后真一存焉，三七守焉，百害却焉，年命延矣。①

中国传统政治共同体是从其社会共同体中演化而来的，也就是说，前者只是后者的一种层次角度上的扩大，而不是基本性质上的抽象。所以，所谓"国"在很大程度上只是"家"在更大范围上的复制，而在政治功能上二者如出一辙。这就是学者常说的"国"是"家"的放大，"家"是"国"的微缩。修、齐、治、平的政治理路，适用于从"人"到"天下"的所有层次。天子统御万民，就要以天为榜样，"养民如子"，由此形成"民奉其君，爱之如父母"②的融洽关系，所谓"天子作民父母，以为天下王"③。天下是一大家，天子就是万民的父母，天子爱民如子，子万民的话语，不仅在诸子那里，在长期的思想话语中都史不绝书，不胜枚举。天子为万众臣民的父母，天下成了一家，天子派往各地统治一方的地方官员就具有了代表天子统治的意义。由此，"县官之于百姓，若慈父之于子也"④，地方官与其统治的民众之间也形成了父子关系。汉代的"县官"

---

① 《抱朴子·内篇·地真》。
② 《左传·襄公十四年》。
③ 《尚书·洪范》。
④ 《盐铁论·授时》。

第二章 "中国思维"的身体隐喻

一词,或指地方官员,或指天子。从宋代开始,县官就被称为父母官了。①

中国传统"身体政治"的另一个重要方面就是被学者称为"心君同构"的现象,换言之,就是思维的结构表现为用身体器官的功能进行类比,从而推导出"君尊臣卑"之支配秩序的政治原则。如《吕氏春秋》说:"夫耳目鼻口,生之役也。耳虽欲声,目虽欲色,鼻虽欲芬香,口虽欲滋味,害生则止。在四官者不欲,利于生者则弗为。由此观之,耳目鼻口,不得擅为,必有所制。"②而这个"必有所制"就是"心之所为"。出土的汉代《帛书五行篇》曰:

> [说](耳目鼻口手足六者,心之役也),耳目也者,说(悦)声色者也;鼻口者,说(悦)臭味者也;手足者,说(悦)佚愉者也。(心)也者,说(悦)仁义者也。之数体皆有说(悦)也,而六者为心役,何也?曰:心贵也。有天下之美色自(置)此,不义,则不听弗视也;有天下之美臭味自(置)此,不义,则弗求弗食也。居而不间尊长者,不义,则弗为之也。何(也)?曰:几(不胜,小)不胜大,贱不胜贵也哉!故曰心之役也。耳目鼻口手足六者,人体之小者也。心,人体之大者也,故曰君也。③

---

① 张颂之:《中国传统政治诸喻论》,载《孔子研究》2000年第6期。
② 《吕氏春秋·贵生》。
③ 庞朴:《帛书五行篇研究》,齐鲁书社1980年版,第61页。

据此，学者指出："如果说'天人合一'是从人体外部寻找某种权威性证明的话，那么，'心君同构'则是从人体内部寻找某种合理性的依据。古人崇尚'具象思维'，因此，与难以捉摸的体外之'天'相比，体内之'心'不仅距离更近，而且可触、可感。所以，从某种意义上说，'心君同构'或'心君合一'比'天人同构'或'天人合一'更具理论说服力。以'心'论'君'，恰如以'天'论'君'，是先秦两汉政治思维论证王权、君权合理性的又一种思想资源，其价值在于为王权政治提供另一种理论依据。"①

第二，"政治""伦理"与"社会"的一致性。

众多学者早已指出，政治与伦理的紧密渗透是中国传统政治思想的特征之一。② 我们的问题是：在观念形态的角度，应当如何理解这种二者紧密渗透的发生机制？换言之，在思维逻辑的角度上讲，作为价值的"伦理"究竟在怎样的思维基础上与作为秩序的"政治"构成关联？

中国古人对"心"的二重性属性的界定具有关键意义。如上所述，"心"首先是身体的器官之一，但它同时又是一个储存"灵性"的特殊器官。在很大的意义上，正是由于"人"有

---

① 刘畅：《心君同构：作为一种思想史现象》，载《天津社会科学》2004年第5期。

② 梁漱溟先生认为中国传统思想的特质在于"政治伦理化，伦理宗教化，宗教政治化"的内部循环，是对中国文化极透彻的观察。参见梁漱溟著《中国文化要义》。

"心"(不是心脏),才显示出其与动物的根本区别。也可以说,正是"心"的感觉,使"人性"得以彰显。由于"心"有"思"的功能,因此孟子把它称为"大体",而把"耳目之官"叫做"小体"。孟子著名的"心之四端"说最为经典:

> 人皆有不忍人之心者,今人乍见孺子将入于井,皆有怵惕恻隐之心。非所以内交于孺子之父母也,非所以要誉于乡党朋友也,非恶其声而然也。
>
> 由是观之,无恻隐之心,非人也;无羞恶之心,非人也;无辞让之心,非人也;无是非之心,非人也。恻隐之心,仁之端也;羞恶之心,义之端也;辞让之心,礼之端也;是非之心,智之端也。人之有是四端也,犹其有四体也。有是四端而自谓不能者,自贼者也;谓其君不能者,贼其君者也。
>
> 凡有四端于我者,知皆扩而充之矣,若火之始然,泉之始达。苟能充之,足以保四海;苟不充之,不足以事父母。[①]

毋庸置疑,儒学最重要的价值理念,即所谓"仁""义""礼""智""信"之"五常德",离开了人"心"这一基础将无从谈起。正如孟子所说:"仁义礼智,非由外铄我也,我固有之

---

① 《孟子·公孙丑上》。

也。"由于人体具有普遍的同构性，因此"……口之于味也有同耆焉，耳之于声也有同听焉，目之于色也有同美焉。至于心，独无所同然乎？心之所同然者何也？谓理也义也。圣人先得我心之所同然耳。故理义之悦我心，犹刍豢之悦我口。"① 这种身体感受的同构性会不断地得到"扩充"，可以布乎四体，使德润身，完成"践形"；更可以与"社会"大众声气相求，可以"知言"，可以"与民同乐"，求天下之大利。当把这种身体感受"扩充"、"推恩"到社会和政治生活层面时，就得到了孟子那众所周知的政治学原则：

> 人皆有不忍人之心。先王有不忍人之心，斯有不忍人之政矣。以不忍人之心，行不忍人之政，治天下可运之掌上。②

毋庸赘述，从"心"到"政"，再从"政"到"掌"，处处都渗透着"人体"的潜含印迹（meta-）。

同理，除"圣人"以外，一般人，包括"君子"在内，"心"也未必全善，自然本能也需约束。所谓"饮食男女，人之大欲存焉，死亡贫苦，人之大恶存焉。故欲恶者，心之大端也；人藏其心，不可测度也。美恶皆在其心，不见其色也，欲一以

---

① 《孟子·告子上》。
② 《孟子·公孙丑上》。

第二章 "中国思维"的身体隐喻

穷之,舍礼何以哉?"① 所以"修身"甚为重要,而这对所谓君君、臣臣、父父、子子、夫夫、妻妻,各等角色一概适用。于是,《礼记·大学》中格、致、诚、正、修、齐、治、平之著名的"八条目",必以"修身"为始,以"平天下"而终,就得到了一个可能进行推论的整体秩序:

> 大学之道,在明明德,在亲民,在止于至善。知止而后有定,定而后能静,静而后能安,安而后能虑,虑而后能得。物有本末,事有终始,知所先后,则近道矣。古之欲明明德于天下者,先治其国;欲治其国者,先齐其家;欲齐其家者,先修其身;欲修其身者,先正其心;欲正其心者,先诚其意;欲诚其意者,先致其知;致知在格物。格物而后知至,知至而后意诚,意诚而后心正,心正而后身修,身修而后家齐,家齐而后国治,国治而后天下平。自天子以至于庶人,壹是皆以修身为本。其本乱而末治者否矣,其所厚者薄,而其所薄者厚,未之有也!②

如何实现这一境界呢?其途径只有一条:就是"教化"。而"教化"的内容又可再分为两途:从内部而论是"正心";从外部而言是"礼仪"。而"正心"和"礼仪"都是个人性、具体性

---

① 《礼记·礼运》。
② 《礼记·大学》,着重号为引者所加。

和可操作的,因而"身体"此时得以成为"政治"的展现。

所谓"正心",是指通过"身体"上部最为重要的"耳""眼""口"等器官感觉,使外部事物得到一种协助的中和,从而产生一种符合"德"的行为:

> 乐不过以耳听,而美不过以观目,若听乐而震,观美而眩,患莫甚焉。夫耳目,心之枢机也,故必听和而视正。听和则聪,视正则明。聪则言听,明则德昭。听言昭德,则能思虑纯固。以言德于民,民歆而德之,则归心焉。上得民心,一殖义方,是一作无不济,求无不获,然则能乐。夫耳内和声,而口出美言,以为宪令,而市诸民,正之以度量,民以心力,从之不倦。成事不贰,乐之乐之至也。口内味而耳内声,声味生气。气在口为言,在目为明。言以信名,明以时动。……若视听不和,而有震眩,则味入不精。不精则气佚,气佚则不和。于是乎有狂悖之言,有眩惑之明,有转易之名,有过慝(音:特;意:奸邪、罪恶)之度。出令不信,刑政放纷,动不顺时,民无据依,不知所力,各有离心。①

"正心"不能是一种外在的强迫行为,而是根据人性中本来既有的"心之四端",通过正确的引导和强化而使之光大,在美

---

① 《国语·周语下》。

景的欣赏与和乐的陶造中，人的精神境界不知不觉地得以提升。

在一定意义上说，正是由于"身体"成为思想得以推演的基础，从而才可能使政治、社会、伦理三者自然而有机地融合为一体。

第三，政治有机体的整体循环观。

如上所述，古代思想家常诉诸人体的五官，如心、眼、耳、口、鼻等，推论国家各部分机构，并且特别强调"人体的器官"与"国家有机体"之间在功能方面的一致性和相似性。如人的生命周期呈生老病死，其情绪也有喜怒哀乐，而"国家有机体"也会呈现出类似的"生命周期"和"群体表情"。有机体自身是一个自洽的循环结构，身体如此，国家亦如此。

既然"政治"是"身体"，那么自然会"生病"。因此，"治国如治病"屡见于经典史籍而不鲜：

非独针道焉，夫治国亦然。①

上医医国，其次疾人。②

夫治身与治国，一理之术也。③

---

① 《黄帝内经·灵枢·外揣》。
② 《国语·晋语八》。
③ 《吕氏春秋·审分览》。

> 三代之时，君为医，兆民为疾。①

> 圣人以治天下为事者也。必知乱之所自起，焉能治之；不知乱之所自起，则不能治。譬之如医之攻人之疾者然，必知疾之所自起，焉能攻之；不知疾之所自起，则弗能攻。②

汉代以降，此种隐喻则更为常见，并渐成风气：

> 唯针艾方药者，已病之具也，非良医不能以愈人。材能德行者，治国之器也，非明君不能以立功。医无针药，可作为求买以行术伎，不须必自有也。君无材德，可选任明辅，不待必躬能也。由是察焉，则材能德行，国之针药也。③

> 膏肓纯白，二竖不生，兹谓心宁。省闼清净，嬖孽不生，兹谓政平。夫膏肓近心而处陌，针之不远，药之不中，攻之不可，二竖藏焉，是谓笃患。故治身治国者，唯是之畏。④

> 夫与死人同病者，不可生也；与亡国同行者，不可存

---

① 《文苑英华》卷七七一卢硕《喻古之治》。
② 《墨子·兼爱上》。
③ 桓谭：《求辅》，见《群书治要》卷44引。
④ 《申鉴·杂言上》。

第二章 "中国思维"的身体隐喻

也。岂虚言哉!何以知人且病也?以其不嗜食也。何以知国之将乱也?以其不嗜贤也。……是故养寿之士,先病服药;养世之君,先乱任贤,是以身常安而国永永也。……夫人治国,固治身之象。疾者身之病,乱者国之病也。身之病待医而愈,国之乱待贤而治。①

为国之法,有似理身。……盖为国之法,有似理身。平则致养,疾则攻焉。夫刑罚者,治乱之药石也;德教者,兴平之粱肉也。夫以德教除残,是以粱肉理疾也;以刑罚理平,是以药石供养也。②

治国与养病无异也。病人觉愈,弥须将护,若有触犯,必至殒命,治国亦然。③

我们需要注意到,所谓"医国"之说只是一个较低层次的"实证问题",在国家"政治身体"的"生命周期"这样的宏观理论方面,"身体政治"思维仍然发挥着重要作用。这个宏观理论就是改朝换代。"身体"有生、老、病、死,"政治"也同样必须有周期循环。无论这一政治生命的转换方式是"革命"还是"禅让",其转换的发生不仅呈现"实然",而且内含"应然"。所

---

① 《潜夫论·思贤》。
② 《后汉书·崔骃列传》。
③ 《贞观政要·政体》。

以，在中国传统政治思想中，我们虽然可以见到对"禅让"的赞美，但却看不到对"革命"的恐惧，似乎一切都在情理之中。这个"情"就是"身体"之"感情"，这个"理"当是循环之"病理"。所以，在中国古代政治思想的史料中，凡儒、道、墨、法，没有任何一家否定过"革命"的必然性。诚如学人所论，在传统中国思想中"革命没有否定作用"[①]，而只是一种循环，因为"与死者同病，难为良医；与亡国同道，难与为谋"[②]。这一现象正好说明，在中国古代政治思想的背后隐藏着一个更为基本的思想体系，这就是"身体"。正因为有机体循环不是对整体的破坏，而是对机体的修复，所以"革命"所形成的破坏性因素才能得到宽容。孟子之所以要说"贼仁者谓之贼，贼义者谓之残，残贼之人谓之一夫。闻诛一夫纣矣，未闻弑君也"[③]，是因为在这里"杀人"是为了"救人"，"诛一夫"乃救世道，无所谓"弑君"也。同理，从旧王朝到新王朝，"五百年必有王者兴"，除了以历法证明以外，"政治身体"的自然更新机制（循环），在很大程度上也是一个潜在的，但却是实在的思想支撑。

所以，在"治国如治病"的视角下，"朝代"也与"身体"一样需要不断地吐故纳新，这种"更始"的大动作就是"革命"。改朝换代被视为政治有机体生长变迁的"常态"。时间经

---

① 陈学凯：《正统论与革命观：中国传统政治文化的调节机制》，陕西人民出版社1998年版，第131页。

② 《淮南子·说山训》。

③ 《孟子·梁惠王下》。

过了一个周期①,政治有机体就将老化,社会舆论和政治感知系统就会自动地"报警",提出更新的要求。"报警"的方式很多,谶纬、乱象、天灾、人祸……同时,祥瑞、瑞符、异兆……也会相继呈现。这些"信号"可能是人为的操纵和想象,但其意义则在于明确宣称"更始"讯息的来临。就像人体生病,必然在症状上有所体现一样,古代的谶纬之学和蛊惑之流,其实都可被视为那一时代的"政治身体症候学",而非"迷信""愚昧"等简单判断所能概括。

第四,"形而上"与"形而下"合一的政治哲学推演。

最后,在中国古代"政治身体"理论中,我们还可隐约感到其思维路线从"形而下"导向"形而上",再由"形而上"支撑"形而下"的互动过程。传统中医之"五脏"的心、肝、脾、肺、肾,后四种均为"月"旁。《说文》释"月"归"肉"部,意思是说,这些器官都是有形之物,唯"心"不然。这就说明,在中国古人的观念中,唯独"心"是无形之物,所以"心"不可释为"心脏"。如果照此推演,那么,"五行"之金、木、水、火、土中,金、木、水、土都往下走,都受万有引力的直接支配,唯独"火"很难用形质去描述,因为它将往上走。所以"欲火攻心"可归入中国式"形而上"的一类。②再如季节,一年之中,春、夏、秋、冬,四季分明,以此再进一步外推,则

---

① 300 至 500 年。
② 参见刘力红:《思考中医》,广西师范大学出版社 2003 年版,第 23 页。

可与东、西、南、北一一对称。但是，在古人那里，为给"心"安一个位置，就有了"季夏"和"地中"。在现代人的观念中，涉及"地中"概念还可以理解，因为这个方位是一个实在的位置，但对于"季夏"这个并不实存的季节，则颇有微词。但在中国传统"身体思维"的文化框架中，我们会看到，无论是"心"与"火"，还是"季夏"和"地中"，所强调的其实都是其"形而上"的性质，表示在世界上存在某种体现"精"和"神"那样性质的东西。有时这种"精—神"可以与具体物质相对应（如"火"），有些干脆就没有相应的对称物（如"季夏"），但古人如此思维的意义，无非是想说明，看不见的"精—神"不仅不意味着不存在，而且在一定程度上，它们比物质存在具有更重要的意义，占有更显赫的位置。

所以，从"有形"出发，而又超越"有形"约束，"身体"观念成为从"形而下"推演"形而上"的必经途径。假如没有"身体隐喻"这个逻辑起点，那么，以经验为前提，外推和反证明抽象的事物，都将成为不可能。

这种通过"身体功能"与"政治哲学"直接联系的思维方式，能够准确、节约地实现对抽象事物的体验、把握：区分和辨识。董仲舒关于"人副天数"的论证，甚至一直把"身体"与"宇宙"连为一体，以此说明那个异常宏大的"天人合一"：

> 天地之符，阴阳之副，常设于身，身犹天也，数与之相参，故命与之相连也。天以终岁之数，成人之身，故小

第二章 "中国思维"的身体隐喻

节三百六十六,副日数也;大节十二分,副月数也;内有五脏,副五行数也;外有四肢,副四时数也;占视占瞑,副昼夜也;占刚占柔,副冬夏也;占哀占乐,副阴阳也;心有计虑,副度数也;行有伦理,副天地也;此皆暗肤著身,与人俱生,比而偶之弇合,于其可数也,副数;不可数者,副类,皆当同而副天一也。是故陈其有形,以著无形者,拘其可数,以著其不可数者,以此言道之亦宜以类相应,犹其形也,以数相中也。①

董子表面上的确是在说,人之所以共有骨头 366 块,是因为一年有近 366 天;人的大关节 12 个,是由于一年有 12 个月;眼睛之所以有时闭有时睁,是由于天体自然分为昼与夜……并且"于其可数也,副数;不可数者,副类",不得不闪烁其词。但是就当时的一般水平而言,如果我们承认人对自身的理解比对宇宙的理解更为确切和直观,那么,董子思维的实际路线恰恰是从"身体"出发而推知"宇宙",而不是相反。每读董仲舒此段论证,之所以总会感觉"似乎也未必没有一点道理",原因不在于其比附的偶然巧合,而在于古人以"身体"推演"万物"是"中国思维"的重要特质之一,今人仍隐约、潜在地受其影响。

据此,我们认为,"身体"是中国传统政治思维"天人合

---

① 《春秋繁露卷第十三·人副天数第五十六》,见苏舆:《春秋繁露义证》,中华书局 1992 年版,第 354—357 页。

一"理念的真正基础，舍此，或将掉入古人思维建构的陷阱，或将以今非故而造成"误读"。

四、"身体隐喻"的政治认知后果

最后，我们从"认知效果"和"政治后果"两个层次，对中国传统政治思维中的"身体隐喻"做一小结。

第一，这里认识宇宙起源以理解人体结构为前提，"身体隐喻"在中国传统思维方式中占有特别重要的位置。我们用图来建立"身体功能""社会政治"及"宇宙结构"之间相互关系的基本假设。

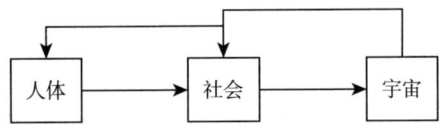

首先，古人以认知自己的"身体"为基点，从"自身"得到一套关于结构与功能的体认；其次，在人与人之间的社会交往中，使用关于"身体"的知识去概括社会与政治关系的结构；再次，用有关社会组织结构的知识赋予宇宙以"拟人"的意义。但是，一旦宇宙模型被建构以后，由于它超越的自然性、必然性和客观性，反过来就会对古人解释社会政治结构产生作用；而社会政治组织的功能再约束着个人的思维和行为。由此，从史料的表层看，的确是"天与人归"，宇宙结构成为决定人类社会的模板，但从发生学角度看，则是最易理解的"人体"本身，

第二章 "中国思维"的身体隐喻

成为建构宇宙模型的起点。所以,中国传统政治文化的特质,不是宇宙建构社会、社会建构行为的决定论关系,而是"人体结构"与"宇宙结构"的互动关系。最为关键的是,在一定意义上,正是这种基于"身体"结构的认知方式,决定了中国传统政治文化带有更加浓重和强烈的"人文主义"色彩。

第二,"身体隐喻"是一种"节约"的思维方式。思想者常诉诸人体的"心""眼""耳""鼻""舌""身"等生理器官,以及"喜""怒""哀""乐"等机体功能,以此比喻和申论国家有机体各个机构的作用。这种我们称为"身体生理思维(取向)"的本质,是用人的感知去建立理解抽象问题的途径。这种以感觉为基础的认知方式具有诸多特性,由于诸如"痛""痒""喜""怒""哀""乐"这样的知觉是人人皆有的,特别有利于发挥"功能相似"的想象,所以它们就极容易得到理解。如儒学思想中的重要概念"仁",其古字"初义大概是身与心痛痒相关,而以爱惜身体、生命之心为'仁',并推己及人,引申而为'体恤民隐'之意"[①]。以这样的基础做"移情"(empathy),以此去推论和说明那些抽象的、宏观的和超越的问题,实际上就缩短了思考的时间,降低了理解的难度。在这个意义上,身体姿态(礼俗仪轨)就有可能超越语言逻辑(推理论证),具有符号意义的器物(问鼎轻重)也可能反映文本规定的制度安排,甚至那些抽象的伦理政

[①] 姜广辉:《论中国文化基因的形成——前轴心时代的史影与传统》,见国际儒学联合会编:《国际儒学研究》第6辑,国际文化出版公司1999年版。

治命题(正义,合法性),也可能通过人体的功能进行比喻。如孔子两次讲过"己所不欲,勿施于人"①;老子申说"治大国若烹小鲜"②;李世民关于"治民如治目,拨触之则益昏,治吏如治齿牙,剔漱则益利"③;等等,都建基于"设身处地"和"将心比心"的前提之下。这些都是"身体隐喻"直接推演的证据。显然,这里"身体"既是一种推理方法,又是一种道德律令,二者合而为一,从而使诸如"什么是德性""为什么需要德性"和"怎样达到德性"这样复杂的三重命题的论证,通过简洁的体验得以一次性完成。这就是"身体隐喻"的"思维节约"功能。身体政治使"个人身心"与"社群伦理"更顺畅地联系在一起,从而形成整体性意识。人体可分为心、气、形三个层次,而"气"则为联通"形""心"的共同载体,即所谓"民以君为心,君以民为体"。由于以身体为基础,中国传统论述政治问题,少有抽象的概念和纯粹的逻辑,而处处充满了生动、形象、直观的比喻性生活用语。如果我们不认为只有抽象的概念具有真理的深刻性,那么,中国政治思想则更直接地表现社会生活。其中最重要的优势就是它以最小的交易成本实现了人类认知的普遍性。

但是,这种思维方式同时也具有强烈的"经验论"倾向,

---

① 《论语·颜渊》和《论语·卫灵公》。

② 《老子·六十章》。王弼说:"不扰也。躁则多害,静则全真。故其国弥大,而其主弥静,然后乃能广得众心矣。"见王弼:《王弼集校释》,楼宇烈校释,中华书局1980年版,第158页。

③ 《贞观政要·任贤》。

第二章 "中国思维"的身体隐喻

形成明显的"具体性思维方式"(concrete mode of thinking)的特质。既然人们思考问题总是以人自身为参照系,用人的感觉去衡量一切,作为判断事物的准则,那么,当面对超出人的感觉以外的事物时,自然就会认为"不能直接看见的事物就是不真实的"的结论。这样,相对而言,一方面,超越性的"宗教性"必然带有"人"的痕迹,西方意义上的绝对"神"和形而上"理念"等观念很难产生;另一方面,抽象性的"逻辑性"也会相对淡漠,因为这种抽象性已超出了个人身体之观察的感知极限。如"日心说"在中国思维中就很难产生。与此相适应,思想的"工具化"倾向也十分突出。如果把认识事物并把握其中的规律的目的,限定在它能给人们带来益处的基点上,那么,"事物对人们的用处"就会显得比"事物本身"更重要。因为,认知"事物本身"只是为实现"事物对人们的用处"的必不可少的手段,所以,"手段"无论多么重要,比起"目的"来说,也永远是第二位的。奥地利学者雷立柏(Leopold Leeb)用中文写有《〈圣经〉中的马》一文,专门与金克木先生的《〈论语〉中的马》① 做了比较,他的结论是"孔子的思想着眼于人,于事物对人的用处,不是在事物本身,所以是一切的工具化"②。笔者认为雷立柏的评论是一语中的的。"经世致用"之所以成为中国政治思想万古不朽的铭训,其道理也无出"身体隐喻"其右。

---

① 载《读书》1997 年第 6 期。
② [奥地利]雷立柏:《圣经的语言和思想》,宗教文化出版社 2000 年版,第 121—129 页。

第三,"身体隐喻"的思想方式不可避免地存在着范畴界限模糊和多重不确定性的特征。由于"身体政治"是以有机体内部循环为其基本的人之架构,因此各要素之间的相互依赖就显得十分重要。如前所述,相对于其他器官而言,"心"处于更为优势的地位,但这并不是说其他器官的配合就可以忽略。相反,在"君"处"无为"而"臣"必"有为"的经典论述中,我们看到的恰恰是英国"君主立宪"和日本"天皇制度"的影子。在由"不忍之心"推出"仁政"和由"家"推出"国"的"身体政治"思维中,"统治者"与"被统治者"之二元对立的紧张和冲突,被大大淡化或有意或无意地减弱了。在"孝道"的框架下,父亲对子女的专断不仅能得到理解,而且前者对后者的蛮横还会在"子不孝父之过"前提下受到赞扬,因为无论"父"还是"子",他们都是"家族"有机体中的一个部件,在这个整体秩序中,"爱护"与"管束"形成了同义反复。"父"与"子"不可逾越的等级关系,"亲亲""尊尊"和"贤贤"的政治原则[①],并不妨碍其利益的一致性。所以"阶级意识"在中国传统政治文化中十分淡漠。当把"家族"原则扩展为"国家"政治时必然出现同样的情况。在"国家身体"的视角下,"元首"(君)、"股肱"(臣)和"肢体"(民)之间虽呈等级秩序,但在"身体"(邦、国)的系统结构中,形式上三者呈"互为主体性"(inter-subjection)。这就形成了在中国传统政治话语系统中,大量出现缺省(掩盖)主

[①] 阎步克:《士大夫政治演生史稿》,北京大学出版社1996年版,第86—99页。

第二章 "中国思维"的身体隐喻

语的句式,如"为民做主""以民为本""民为邦本"等等。在这些缺省主语的句式中,我们可以清晰地看到,"民本"的主语是"君"和"邦"而不是"民","民"充其量只是"君"和"邦"的目的,是"君主政治"结构中的一个要素而已。"为民做主""以民为本""民为邦本"掩盖甚至否认"君"也拥有自己独立利益的现实,其话语功能具有一箭双雕的双重作用:其一,可以增强政治统治者话语权威的道德高尚性;其二,相对减弱了制度约束之必要性的思路。所以,在中国传统政治思想的"语法"中,其一,"民"从来就是一个复数意义上的"整体",这就意味着作为个体的权利需要由具体的主体来"代表";其二,"民"从来都是处于"被动语态"的结构中,即使在语法表层使用虚拟形式的主体结构,其基本语义也并未改变"民"之被动地位和被支配的状态。在"大学之道,在明明德,在亲(新)民,在止于至善"的名言中,并没有明确指出"谁需要'明明德'",但在其后的"在亲(新)民"中则揭示出需"明明德"者非"民"也。如上所述,"圣人"不需要"明明德",因为他是"德"的创立者,已经"自明明德"[①],所以需要"明明德"的是处于"圣人"与"民"之间的人物。在道德上这些人物是"君子",在政治上这些人物是"帝王"。前者是"道"的化身,后者则是"势"的代表。无论在中国政治思想史中"道—势"之争的紧张曾达到多么激烈的程度,从主体(主语)

[①] 参见拙文《中国传统文化中崇"圣"现象的政治符号学分析》,载《政治学报》(台湾)2004年第36期。

角度上,都不曾与"民"发生直接性的关联。换言之,在"主—宾"结构中,没有"民"的位置,只有当句子被扩充到牵涉状语的情况下,"民"才发生意义。①

总之,在"身体政治"的思维框架下,"私域"与"公域"的彼此重叠,"专制"与"民本"的相辅相成,使个人之"权利—义务"等主体观念无从生成。人们在思考问题时,常常将

---

① 这里,我们仅举中国政治传统中几个著名的命题加以比较:

a. 为民做主(One is a master who represents the people [who are master].)

在这个句子里,主语是具体的,所以动词用单数。既然是"主人",那么他就必然要求有宾语,即要说明他是谁的"主人"。这时,具有整体性的抽象概念就适当地充当了宾语。"代表"是由主体所发出的,而宾语在此则是一种"再现"。句中出现两个"主人",一个是行动的主人,而另一个则是作为"再现"对象的"主人"。

b. 治民要务(It is important that the people are ruled [by King].)

此句中,在形式上主语的确是"民",但被动语态则表示出在"民"背后还隐藏着一个真正的主语。虽然整个句子都在强调"民"的重要性,但发挥作用的则是那个看不见的主语。

c. 以民为本(It is a base that one is to do anything for people.)

中文里省略了主语,并没说"谁"要"以民为本"。如果说是"民"要"以民为本",则将陷入同语反复的循环定义的逻辑错误,它将产生不了意义。如果只说:One is the people,把主语与宾语直接统一起来,就显示出用具体取代抽象的专制主义本质;但把"民"置于主体目的的状语地位,专制主义的性质就将得到理据的支持。所以,在此 for 既是"目的",也是"理由"。

d. 民为邦本(A base of the community is from it's people.)

此句主语和谓语都很明确、清晰,句子成立。其中宾语中的所有格 it's 是不可省略的,因为那样就会出现主语和宾语的不对称。我们不能说这个共同体的基础来源于所有"民",包括与此共同体无关的"民"。进一步讲,即使论及"为民",其具体内容也不完全是指经济利益,在很大的程度上是指"为民洗心",使在道德上后天不足的"小人"得到"君子"的引导而趋向"明明德",达到"止于至善"的境界,这也就是天下大治的理想境界。

伦理或道德等抽象命题置入一种具体而特殊的时空脉络之中，一般并没有严格按照问题的"前提—推导—结论"论证程序进行，而是先引用先哲圣贤的话语、思想和行为，作为其立论的依据和证明。如果说所谓"政治思想"的本质是探讨"统治"与"被统治"之间的逻辑关系，那么，在"身体政治"有机体中，"上"与"下"、"左"与"右"和"心"与"身"的统属结构中，"君"凭什么应当拥有支配的权力，而"臣"又为什么需要履行辅佐的义务等政治思想的核心命题，则得到了另外的一番解答。毋庸赘言，这些问题恰恰就是现代政治学（politics）中最基础的"正义"（justification）与"合法性"（legitimacy）的含义，只是中国古人的论证形式完全不同罢了。

第三章 "中国思维"的象征与仪式

> 祭如在，祭神如神在。子曰："吾不与祭，如不祭。"
>
> ——《论语·八佾》

一、象征仪式之于"中国思维"

众所周知，"礼"这一不可直译的名词，几乎渗透和扩散到中国传统政治思维和行为的方方面面，在相当强的意义上，它已成为"中国所以为中国"的基础范畴之一。时至现代，"礼"与"仪"的政治表述，也仍是一个被不断纳入"合法性建构"和"政治动员"之中的重要"话语—行动"领域。在一个因"礼仪之邦"著称而明言"国之大事，在祀与戎"① 的东方古国，"象征与仪式"的研究本应成为政治现象的要素。王国维已

---

① 《左传·成公十三年》。还有学者考证说：Inaugurate（就职典礼、开始）的词根是 augury（占卜、征兆、先兆），所谓"典礼"就是进入"占卜"的状态之中。所以，"仪式"在辞源的直觉上就会使人联系到"巫术"。其实，"仪式"与"巫术"在起源上本是一回事。参见宋文里：《卜者、圣人与象征学家》，载《文化研究月报》（台湾）2003 年第 24 期。

第三章 "中国思维"的象征与仪式

把这一视域说透了:"天下有最神圣、最尊贵而又最无与于当世之用者,哲学与美术是已。……夫哲学与美术之所志者,真理也。真理者,天下万世之真理,而非一时之真理也。其有发明此真理(哲学家)或以记号表之(美术)者,天下万世之功绩,而非一时之功绩也。唯其为天下万世之真理,故不能尽与一时一国之利益合,且有时不能相容,此即其神圣之所存也。"而在他看来,"我国无纯粹之哲学","我国哲学家及诗人所以多政治上之抱负","孔子大政治家也,墨子大政治家也,孟、荀二子皆抱政治上之大志者也。汉之贾、董,宋之张、程、朱、陆,明之罗、王无不然",故"我国无纯粹之哲学,其最完备者,唯道德哲学,与政治哲学耳"。王氏把"美术"提高到"纯学术"的"真理",虽未展开,但在他的视域下,"象征仪式"(泛化王氏的"美术"意涵)无疑在人类知识图谱中占有了一个十分突出的位置。①

可现实是,在西方现代性思维的影响下,中国学者一般会把所谓"仪轨"看成是与"内容"相对的"形式"②,从而大大低估了"礼—仪"在中国政治生活中的地位。但笔者的意见与此相异,认为在认知的角度上,象征与仪式是一个"宇宙观"问题。正如吉尔兹(Clifford Geertz)所说:一种信仰系统

---

① 王国维:《论哲学家与美术家之天职》,见王国维:《王国维文集》第三卷,中国文史出版社1997年版,第6—8页。

② 这里的现代中国概念"形式",不是柏拉图意义上的"form",相反,用原意上的"form"与古代中国的"礼"进行比较,倒是一种可以考虑的借喻。

对社会生活产生影响,必须具备两个条件:一是形成一套"头脑中假想的宇宙秩序";二是"把宇宙秩序的镜像投射到人类经验的层面上"。在"特定的形而上学"与"具体生活方式"中形成基本的一致,并且"使得双方各自借助对方的权威而相互支持"的情况下,信仰体系就会"塑造一个民族的精神意识(spiritual consciousness)",并以这种"真正的真实"(really real)对社会产生全面的作用。① 我们甚至也可以更大胆地假设:至少中国传统政治论述(political discourse)的特色,在很大程度上,与其说是逻辑的,不如说是仪式的;其表达方式少有逻辑修辞之严谨的"证成",而更多侧重于情感之调动与控制的"表演"。

"中国思维"的这种符号性特征,在汉语自身的形态上就得到了突出的体现。

饶宗颐在比较了苏美尔人、埃及人和汉人的三种早期图形文字后指出,三种文字实际上服务于三种不同的目的:苏美尔人的文字最具实用性,往往与经济交换、计算工具、财产记录和奴隶人数有关;埃及人的文字则用于年历计时、咒符等,意味着与另一个世界的神明相通,大都与死后的境界有关;而汉人的早期文字则主要用于记名,书以"记姓名",并将主名(族姓)与山川(地域)结合在一起。与苏美尔和

---

① 参见[美]克利福德·格尔兹:《文化的解释》,纳日碧力戈等译,上海人民出版社1999年版,第103页。

第三章 "中国思维"的象征与仪式

埃及的早期文字比较,汉字的突出特点在于:它是一形一音。殷代虽无部首之名,但有部首之实。甲骨文(《新甲骨文编》)①收4692个单字,见于《说文》的便有941字,目前可辨认的不超过1500字。……殷代契文有370字为人名、地名、庙名、神名,时间气象占卜成语数名和牲畜名。殷卜辞的"国"字最早为"方",实指一个部落,计有500个名字之多。……文字的主要作用,在于记名(包括物名、私名和族属之名),在古代汉族圈内,文字的社会功能,不是口头语言,而是书面语言,在这种情况下文字与语言是游离的。②

不仅如此,"礼仪"还通过"身体"的感受和形体的表演,渗透到日常生活的方方面面之中,在祭祀、殡丧、迎娶、接待、誓约等重要场合,以一举手、一投足的身体表演之间,显示自己的身份,完成一组社会关系的等差组合。儒家"重仪",实质在于"显义"。春秋时北宫文子认为,"仪式"并非仅仅是某种虚饰,它的政治整合意义重大,关系到权威的信念和秩序的顺畅。"有威而可畏,谓之威;有仪而可象,谓之仪"③。所谓进退施舍、周旋容止的语言与动作,因为它是一种象征,一种符号,人们可以通过模仿、复制、再现,"则而象之"。这样,社会就有了秩序,有了秩序,政治就安然无恙。所以"威仪"是

---

① 刘钊、洪飏、张新俊编纂:《新甲骨文编》,福建人民出版社2009年版。
② 参见饶宗颐:《符号·初文与字母:汉字树》,上海书店出版社2000年版,第182—183页。
③ 《左传·襄公三十一年》。

建立和保持秩序的必要文化设施。北宫文子对卫侯说:"君有君之威仪,其臣畏而爱之,则而象之,故能有其国家,令闻长世。臣有臣之威仪,其下畏而爱之,故能守其官职,保族宜家。顺是以下皆如是,是以上下能相固也"①。《礼记正义》引郑序云,"礼者,体也、履也。统之于心曰体,践之于行曰履"。也就是说,"仪"是一种"身"与"心"相结合的某种综合运作(operation)。孔子深知三者之间的关系,故反复强调,"仪"的确是符号、是形式,但这种符号与形式并非可有可无,因为它在中国政治中占有特殊的地位。

西方学者瓦森(James L. Watson)也敏感地断言:在帝制中国,构建与维系文化统一与文化认同的重要方式,乃是"行动的正确性"(orthopraxy),而非"信仰的正确性"(orthodoxy)。② 笔者则更愿意简要地说,从传统中国政治价值之"证成"方式的角度看,"身体"至少与"语言"具有同等分量,甚至作用更为显著。

对此议题,中国古典常识史料论据甚多,其中孔子之所以对季氏"八佾舞于庭"的震惊和愤慨达到了"是可忍,孰不可

---

① 《左传·襄公三十一年》。

② 参见 A. L. Kroeber and Clyde Kluckholm, *Culture: A Critical Review of Concepts and Definitions*, quote from Lowell Dittmer and Samuel S. Kim (eds.), *China's Quest for National Identity*, Ithaca: Cornell University Press, 1993, pp. 255-256.

第三章 "中国思维"的象征与仪式

忍"① 的程度,就是显例之一。关于"器""名"这些符号与政治的关系,古代圣哲更是推论清晰:

> 唯器与名,不可以假人,君之所司也。**名以出信,信以守器,器以藏礼,礼以行义,义以生利,利以平民,政之大节也**。若以假人,与人政也,政亡,则国家从之,弗可止也已。②

在这里,表层论题是"器"与"名",但核心内涵则在于"义"。以上引文中的黑体字,前半段讲价值,后半段讲效用。谁主谁从,一目了然。

更有甚者,公元前638年,宋、楚泓之战,宋襄公在生死关头仍坚守不鼓不成列,不重伤,不擒二毛(指黑白发间有的老人)礼仪,结果国破身亡。然而《公羊传》则本着"义"源于"天"的传统价值观,认为宋襄公"临大事而不忘大礼",虽死犹荣,并评价说:"虽文王之战,亦不过此也。"③ 在今人看来,宋襄公的行为纯属愚钝,但从象征政治的层面上说,谁又能否认宋襄公"行于义","死于礼"的仪式行为不是远古中国政治价值的符号再现呢?

这些最为简要的引述足以证明,中国人早就明白,"揖让周

---

① 《论语·八佾》。
② 《左传·成公二年》。
③ 《公羊传·僖公二十二年》。

旋之礼","是仪也,非礼也"的道理。① 而"名"与"器"都不只是一种物质,更是一种价值("义")或精神("道")。政治统治的权力随掌权之人的存亡而必然转移,但那些永恒的超越原则一旦消失,其后果何止国破人亡!中国历史上把"故人"神化,作为后人(包括王者)效法的典范,但此时,"圣王"已不再是"人"之肉身了,而变成了"神",亦即孟子所谓"圣而不可知之之谓神"②。这里,"神人合一"并非就是"神王合一"。作为肉身的"圣王"其实不是政治统治权力自身的依据,而是一个民族精神的符号象征而已。这样,制造"先王"的目的是建立一种具有神圣性和道德性的批判准则,以此表达和寄托整体文化的伦理价值(法天、亲民、用公等)。著名的《尚书·洪范》(晚出)就是这类典型的叙述。所以,许倬云说:"礼仪的系统化与制度化,一方面意味着一个统治阶层的权力已由使用武力作强制性的统治,逐渐演变到以合法地位的象征。另一方面,规整的礼仪也代表统治阶层内部秩序的固定,使其成员间的权利与义务有明白可知的规律可遵循,减少了内部的竞争与冲突,增加了统治阶层本身的稳定性。相对的,统治阶层也为了安定而牺牲其灵活适应的能力。西周中期开始的礼仪系统化,在春秋时代演变得更繁琐,同时周东迁以后,王权失去了原有的威望,僭越的事也更常见。在西周的后半期,殆是封建礼仪

---

① 《左传·昭公二十五年》。
② 《孟子·尽心下》。

第三章 "中国思维"的象征与仪式

走向系统化的阶段。"①

有鉴于此,华裔学者陈学霖认为,研究中国传统政治时,应当把"政治象征"(political symbolic)摆在与"政治实体"(political substance)同等重要的位置。他的意见特别值得参考:

> 在中国,符号特性,包括正当性权威概念本身,是从古代宗教信仰、儒家经典、道家宇宙论和法家等诸多传统中获得的。上述这些概念,以及与这些概念形影相随的仪式和象征,具有人为设计和精心修饰的倾向,甚至它们在不同时期的简化形式也是如此。统治者和其支持者通过大量的仪式操纵以应对现实的政治需求。……尽管如此,各种等级的传统仪式与象征仍维持着人们各自与众不同的地位身份,对于中国许多帝制政体的政治合法性来说,这具有重要意义。这些各种各样的象征,经常因形势的不断变换、国家政治状况的更迭而得到加强。作为另外的政治手段,历朝历代统治者的即席表演,也为获得他们声称的合法性权威提供认可的支持。②

行文至此,在笔者脑海里不自觉地出现了"杜奎英"这个名字。对中国大陆的学界来说,或许这个名字十分陌生,而在

---

① 许倬云:《西周史》,生活·读书·新知三联书店1994年版,第165页。
② 参见 Hok-lam Chan, *Legitimation in Imperial China*, Seattle and London: University of Washington Press, 1984, pp. 22—23。

台湾，人们所保留的大概也只是他曾为著名学刊《思与言》杂志创始人之一的记忆。当然，笔者想凡品读过张晓风先生那篇回忆杜奎英之隽永散文《半局》①的人，或许至今还会从心底淌出那由衷的叹惋嘘声。在这里笔者则要说，只要涉及汉语学界的政治象征研究，我们就应当铭记这位就笔者所知曾在该领域最早做出开拓性贡献的台湾政治大学已故学人。早在1963年，杜奎英先生就出版了《中国历代政治符号》一书，以中国政治史的繁复过程为背景依托，借鉴西方符号政治学（或象征政治学）理论，以中国传统之正朔、符瑞、德运、国号、典礼、服色、器物、音乐等符号为研究对象，展开了较系统的政治分析，开此研究领域之学术先河。他在该书"自序"中对自己的发现概括出三项心得："一、天道观念，偏向开明，其否泰相因之理，受命让贤之说，实为治乱循环革命心理之基本，故此类符号，多于改姓易代之际，发挥其作用。二、礼度之功，其极也，逾于法治，其伦理名分之限，尊君抑臣之义，利于专制正统之维护。此类符号，于每代世治而后，日渐隆崇，雄主暴君，特尤取借。三、士大夫阶层，由士而仕，进退朝野，布衣卿相之伦，迄为中国政治上之优秀分子，此辈学以致用，以卫道自任，弘扬礼于天道，牢笼信念，因果相与推移，则中国古代政治类型，虽停滞亦恒定，不为无故。"②作为晚学，笔者四十多

---

① 参见《中华日报》1967年5月。
② 杜奎英：《中国历代政治符号》，台湾政治大学《政治研究丛刊》第一种，1963年，第2—3页。

第三章 "中国思维"的象征与仪式

年后拜读该作,仍然受益匪浅。惜乎杜先生英年早逝,致使这一探讨路径未能如期正常进展。鉴于时下中国象征仪式研究的现状,他的著作今天似仍有再版的必要。①

在中国早期思想史发展的历程中,我们可以明显看到"上古三代""春秋战国"和"秦汉帝国"三个宏观的历史阶段。我们认为,判断和识别这三个思想史发展阶段之间的异同,可以反映出中国早期政治共同体不同"认知模式"的演变,而这些不同的"认知模式"又成为中国传统政治文化之"公共政治象征系统"从萌发到定型,最终完成建构和形塑东方"礼制"政治类型的宏观轨迹。

二、先祖祭祀与共同体象征

从甲骨文的解读中我们得知,商族的社会弥漫着神圣精神,所谓"商人尚鬼"是也。他们观念中所崇拜的"帝",居于"帝

---

① 在中国大陆,南京大学的李恭忠、陈蕴茜教授,积多年深入考察研究,自2004年以来,先后发表多篇论文,讨论民国象征政治,其中以《开放的纪念性:中山陵建筑精神的表达与实践》(2004)、《时间、仪式维度中的"总理纪念周"》(2005)、《"党葬"孙中山:现代中国的仪式与政治》(2006)、《空间重组与孙中山崇拜——以民国时期中山公园为中心的考察》(2006)、《建筑中的意识形态与民国中山纪念堂建设运动》(2007)等最具代表性。这些以中国第二档案馆馆藏文献为依据的研究作品,不仅史料扎实,而且成为中国大陆民国史研究中的一个突出亮点。李恭忠教授的《中山陵:一个现代政治符号的诞生》(2009)和陈蕴茜教授的《崇拜与记忆:孙中山符号的建构与传播》(2009),是为此一研究领域里的必读参考书和学术代表作。

庭",逝去的商人"祖先"虽然可以"上宾于帝",但他们也只能是"上帝"的"客人",而不是"上帝"自身。张光直经过更细密的分析后说,商朝的上帝又有若干值得特别注意的特征:其一,上帝在商人观念中没有一定的居所;其二,上帝不受人间直接的供奉;其三,上帝与子姓远祖之间的关系有些纠缠不清,有几位远祖是神,甚至于上帝的化身,而且所有的远祖都可以很容易地宾见上帝或其他的神。① 日本学者赤冢忠则认为,所有被殷人祭祀的神,诸如祖先神、族神、先公神、巫先、天神、上帝六大类,原先都是固有的族神,只是在殷民的祭祀中被分类地组合起来了。殷王听命于上帝的指令统治人间,依靠上帝实施对天候的支配,他们自身也成为统治自然界的至高无上的神。殷人诸神最终都由上帝统治,而所有祭祀的观念,都汇集于以上帝为中心的祈年祭中。② 商朝后期,逝去的先王的确有时也被称为"帝""王帝"或"下帝",但这种尝试使世俗王权具有神圣意义的意图,恰恰证实了商人的上帝虽然是作为商代自然界和人世间的至上主宰,但其神格却是由族神转化而来。商人至上神的观念很有可能是由祖先神脱胎而来。这种天、祖不分的观念形态使得商朝极少有独立的至上神祭祀,即使有,

---

① 张光直:《中国青铜时代》,生活·读书·新知三联书店1999年版,第304页。

② [日]赤冢忠:《中国古代的宗教与文化——殷王朝的祭礼》,日本角川书店1977年版,转引自王青:《商周秦汉时期政治神话的演变》,见陈明主编《原道》第3辑,中国广播电视出版社1996年版。

第三章 "中国思维"的象征与仪式

在整个祭祀体系中也只占微不足道的地位。[①] 商族中存在的"神圣世界"与"世俗世界"的界限比较模糊,但其二分世界的信仰格局仍依稀可见。饶宗颐说:"在政治生活上,文字使用于政令上、礼制上,作为某种信仰的工具,其名字可以识别,简单明了,不必与语言结合,所以我说汉人是用文字来控制语言。""古代方国林立,言语必难沟通,故从'简易'之方,不用语言作传达工具,而是文字表达,使文字能够发挥极大的功能。"[②] 原则上,一个"方国"就有一个图腾,一个图腾就是一个文字(图案),由此也证明宗族在古代社会中具有特殊的意义。

此时,超验的宇宙神性、逝去的群族英雄和现世的王侯贵族,呈层级性地交叉排列。正是具有血缘共同体象征性质的群族英雄,发挥着联结宇宙神性与世俗权威的沟通功能。显然,中国传统中关于"圣"即"通"的解释[③],可能渊源于此。所以,"祖"与"帝"的并列,留下了"王"与"圣"相互联系的文化基因。

此后,西周政治社会之分封制,则更进一步推进了血缘共

[①] 参见杨升南:《商代的王权和对王权的神化》,载《中国史研究》1997年第4期。

[②] 饶宗颐:《符号·初文与字母:汉字树》,上海书店出版社2000年版,第185页。着重号为引者所注。

[③] 顾颉刚:《"圣"、"贤"观念和字义的演变》,见《中国哲学》第1辑,人民出版社1980年版。

同体的政治机制。这种机制本质上是伴随着血缘共同体人口扩张和空间拓展所产生的相应的组织需求,随之,群族的祖先崇拜也得到强化。所谓"分封",就是在同一血缘祖先的象征(旗帜)下,通过血缘主干分裂出来的血脉支系所形成的地域扩展和垦殖。由于有血缘嫡传的基因牵制,人口的扩张和地域的变迁,并不会在实质上对其政治共同体的一致性产生影响。由"家"成"国"无疑是涂尔干意义上之"会发芽的血浆"的种姓传播和政治普及。① 血缘主干是为"大宗",血脉支系是为"小宗"。在血缘分支系统中,再分"主干"和"支系",以此形成第二层次的"大宗"和"小宗"。于是,天子—诸侯—卿大夫的政治关系,实际上只是父辈—子辈—孙辈之血缘关系的"空间复制"和"隐喻表达"。《诗经》经常提及的"邦族"和"邦家",即指这种血缘共同体。

商代政治结构是一种相对松散的共同体。这一政治共同体的聚合要实现双重功能:一方面,要维持共同体整体的格局,另一方面,要赋予"小宗"以相对独立的自治权。正是在实现这一双重功能的紧张中,"祖先认同"才成为不可或缺的政治要素,进而"政治象征"在其中发挥着极其重要的作用。"大宗"与"小宗"虽然在政治等级上不属于一个层级,但共同的"血缘祖先"又把具有相对独立身份的各"小宗"在整体上联结成

---

① 参见拙文《中国崇"圣"文化的政治符号分析:一项关于起源与结构的逻辑解释》,见《文化研究》第 5 辑,广西师范大学出版社 2005 年版,第 211—216 页。

第三章 "中国思维"的象征与仪式

一体。进一步，随着群族势力的强大，对非血统的异族进行争战和压服，通过"赐姓"机制收编为本族系统。如是，随着族群人口的增加，其共同体的地缘规模也日益扩大，血缘和地缘要素就自然地连为一体。由此可知，作为一种政治符号的"血缘祖先"，就在商代政治结构中充当着平衡与稳定的重要作用，这一象征符号的更迭和变动，直接关乎共同体生死存亡的大局。所以，具有超稳定特质的政治象征就在共同体认同的结构中被赋予了不可替代的神圣使命。于是世袭垄断制度应运而生。仔细考量，真正被置于世袭垄断地位的符号，也就是说，真正具有至高无上之价值的象征要素，表层上是王族先祖的祭祀牌位，但这种王位祭祀系列的真实内涵，其实是为共同体提供认同形象的政治象征。"庙宇"是共同体政治象征的栖息空间和寓所，而"祭祀"则是唤醒并强化共同体意识之经常性刺激的仪式行为。至此，"祖宗""庙宇""祭祀"被有机地联系为一个系统过程，它们共同组合完成同一种政治认同的功能。

宗庙与祭祀的规则之完整、清晰，昭穆秩序有条不紊，数量和种类都十分可观的青铜器皿，并不是提供日常实用的消费物品，这些"礼器"是为强化共同体认同而设置的神圣象征。"鼎"这种器物之所以可以与政治权力建立起联系，其道理就在于此。故《礼记》云：

> 夫鼎有铭。铭者自名也。自名以称扬其先祖之美。而明著之后世者也。为先祖者。莫不有美焉，莫不有恶焉。

铭之义，称美而不称恶，此孝子孝孙之心也，唯贤者能之。铭者，论撰其先祖之有德善、功烈、勋劳、庆赏、声名，列于天下。而酌之祭器，自成其名焉；以祀其先祖者也，显扬先祖。所以崇孝也。身比焉，顺也。明示后世，教也。夫铭者，壹称而上下皆得焉耳矣。①

所以，持有祝鼎权，就是享有宗法权。祖庙所在，统治当然。血统认同意识已深深渗透进铜鼎礼器的化学元素之中。

三、血缘共同体的突破与转换

"天"之概念的凸显，无疑是周族伟大的象征创造，实现了从"商人尚鬼"到"周人尚文"的深刻转变。周公"制礼作乐"，由此开启了以"文化"补充"宗教"之"礼仪政治"的滥觞，形成了在血缘模式中解释神圣精神的早期路径。一方面，周王创造出"天子"概念，群族英雄与至上天神具有了血缘印迹和亲子渊源；另一方面，"天子"沟通"苍天"与"子民"的功能也更加明显。周王从牧野之战时商纣王族人临阵倒戈的范例中，清晰地看到了"子民"的力量。对"天命靡常"的深深畏惧，成为约束统治者权力的首要政治条件。一边是"敬天"，一边是"保民"，"人王"被夹在其中，他拥有权力但并不神圣。公元前841年，当周厉王的"专利"政策激起民众反抗时，国

---

① 《礼记·祭统》。

第三章 "中国思维"的象征与仪式

人竟"流王于彘",可见"天命"对"王权"具有实质性的制约作用。而《尚书》中对周文王"敬德—保民"精神一再颂扬,则成为中国政治思想史上一个极为突出的亮点。史料显示,"战战兢兢,如临深渊,如履薄冰"①的深刻"忧患意识"②,是周初统治者所共同具有的政治心态。诚如刘泽华反复指出的那样,周代之天命观更多地具有了血缘共同体的"理性"成分,在中国早期精神进化史上占有重要的地位:

> 周取代殷,对殷人的上帝崇拜有因有革,这表现在"祈天永命"和"以德配天"的有机统一。从现有资料看,不能说周人仅仅把上帝、上天当作工具使用,他们在思想感情上依然十分崇拜上帝、上天,而且十分投入。但与殷人相比也有重要变化,这就是神人相需、互补、互动。其中枢便是"德",天唯是佑,人则以德配天。在这种关系中,人的主动性和能动性显然增强了,而这又是以理智为基础的。周初诰命中反复强调的"敬""慎""无逸",以及"我有周既受,我不敢知曰:厥基永孚于休"的警告,都

---

① 《诗经·小雅·小旻》。

② 中国文化之"忧患意识"最早由徐复观先生于1950年提出。其文《周初宗教中人文精神的跃动》发表在《民主评论》第11卷第21期,其后收入《中国人性论史》一书之中。徐复观先生把"忧患意识"提升到了哲学沉思的高度,认为"忧患意识,乃人类精神开始直接对事物发生责任感的表现,也即是精神上开始有了人的自觉的表现"。(徐复观:《中国人性论史》,上海三联书店2001年版,第13—30页。)

可视为理智的标志,也可称之为实践理性。这里强调一点,即周人的智慧与贡献,与其说是上述观念的本身,毋宁说是它的思维方式。这种思维方式预示着:在敬神中会把神抽空,或者说,实践理性不可避免地把神性排挤到后边。①

同时,周代之"天命观"还有一项重要的政治原则,就是孔子后来对周朝政治文化所做的著名解释:"周有大赉,善人是富。'虽有周亲,不如仁人。百姓有过,在予一人。'谨权量,审法度,修废官,四方之政行焉。兴灭国,继绝世,举逸民,天下之民归心焉。所重:民、食、丧、祭。宽则得众,信则民任焉,敏则有功,公则说。"②

按这一原则,前代王朝虽已被替代,政治统治权已经转移,但这并不意味着同时剥夺其曾经享有天命的历史。为表达对"天命"的尊重和敬畏,当朝政权应对前朝遗民给予特殊的政治待遇,包括保留其有限领地,在此区域范围内,其先朝的历法、语言、服饰、习惯等文化要素,可一概如旧。旧邦遗人甚至可以对当代政权称"客"不称"臣"。通俗地说,"旧邦"其实是一块"政治特区",周朝所实行的是"一国两制"。此一政治安

---

① 刘泽华:《圣人——中国传统文化的本体》,见刘泽华:《洗耳斋文稿》,中华书局 2003 年版,第 236—237 页。另参见氏编:《中国传统政治思维》,第二章,吉林教育出版社 1991 年版,第 11—51 页。

② 《论语·尧曰》。

第三章 "中国思维"的象征与仪式

排,固然首先是表示对"天命"的敬重,但在更深层次上也包含着对"天命"所拣选之特定血缘种姓的平等认可。这种政治待遇当然也是政治权利,虽然论其性质它只是"象征权力"而不是"统治权力",但这又是其他"同姓封国"所不能享有的特权。在"天命"神圣的思维路线下,用"象征权力"之所得以补偿"统治权力"之所失,使"血缘政治"的连续性价值并不因改朝换代而遭到破坏,甚至对其基本政治因素予以最大限度的保留,应当被看成西周政治思想的一大创举。这样,虚拟的"象征权力"也就变成了实在的"象征权力"。钱穆晚年似乎更加坚定了其一生的基本观点,一再强调中国社会和政治形态的这种特殊性:

> 中国古代乃一种封建政治,乃由宗法社会来,封建即依据于宗法,此即所谓礼。礼之主要内容,即是宗法,富自然性,于政府制定法律强人以必从者不同。故中国人所谓之礼治,于西方人所谓法治,意义大不同。中国古代政治组织,由宗法来。同一政府,即同一宗族。凡所统治,亦多同在此宗族之内。列国由诸侯分治,天子所统治之中央,则仅为王畿千里。天子与诸侯亦同一血统,同是亲属。其所谓法,主要即是宗法。及周室东迁,春秋战国时代,宗法在政治上乃渐失其重要性,亲亲转而为尊贤。但由社会来领导政治,非由政治来领导社会之大传统,则可谓依

然仍无变。①

更为重要的是，在政治理念的建构方面，这一体制安排的深刻思想意义在于：它成功地将"天下"之"公"与"血缘"之"私"结合起来，致使"公""私"二者得以恰当地融合：在理念上，保留着一个代表人类共同意志的普遍性"天下"；同时，在政治上，也使特殊性"同姓"血缘集团垄断统治权威具有了合法性。这种把"天下"与"血缘"，"公""私"融合于同一政治框架之中的思想基础，则是敬畏"天命"的高级宗教之信仰形态。与西方古代政治思想的起源形态相比，中国早期社会意识的形成则显示出独特的旨趣、意象和性质，以至于没有直接发展出诸如"公共领域"与"私人领域"截然二分的政治价值系统。②

总之，具有超越血缘意义的普遍之"天"与"命"概念的提出，第一次在中国传统政治思想中显示了"革命"的命题。

"天"之象征建构以及"天命"约束机制的成立，不仅赋予了中国古代政治和政治思想以鲜明的象征特征，而且也达到了上古三代血缘共同体所能容纳的最大极限。这也就是说，如果血缘共同体的人口边界和地域边界再次突破，那么，就意味着"天"与"天命"的内涵将要容纳更为复杂多变的境况，进而需

---

① 钱穆：《晚学盲言》，广西师范大学出版社2004年版，第176页。
② 参见刘泽华、张荣明等：《公私观念与中国社会》，中国人民大学出版社2003年版。

要对这一政治象征做出进一步精确和深入的抽象和解释。但无论如何,中国传统的象征政治体系的基础路径已奠基建立。由此开启出人类文明中的一种独特的东方类型。

四、政治象征霸权的争夺

"分封建邦"的实质是一种"血缘种姓"之存续和扩展的简单方式。"家国同构"模式中的"先祖"必然成为政治认同的象征中心。但从总体社会结构的宏观视角把握,此种社会的权威结构中蕴涵着多中心化的因子。"家国同构"是层级扩展的模式,由"天子""诸侯""卿大夫"直到每一个家庭。这反映在祭祀礼仪上,就表现为"天子七庙,三昭三穆,与大祖之庙而七。诸侯五庙,二昭二穆,与大祖之庙而五。大夫三庙,一昭一穆,与大祖之庙而三。士一庙。庶人祭於寝"[①]。由此就形成7(天子)→5(诸侯)→3(大夫)→1(士)→0(庶人)这样五个层级的秩序安排,而每一个层级都是一个相对独立的单位,每一个层级都存在一个权威中心。

由简单推理可知,随着人口增长,地域扩大,"分封建邦"的范围也就越广,但这并不意味着社会层级的增加。无论分封的范围有多广,社会层级还是五层。这样,政治统治范围的扩张与社会层级的固化,就形成了一股体制上的组织离心力,实际上在政治结构上呈现出既一体化,又多中心的格局。由于各

[①] 《礼记·王制》。

分封国具有相对的"自主性",除了纳贡、朝觐和紧急情况下的勤王等象征控制以外,天子在制度方面对诸侯国缺乏刚性的限制要素,每个诸侯国其实又都是一个小中心。①

按照熊彼特(Joseph A. Schumpeter)"地域范围与政治责任心呈反比"的政治原理,每个人实际上都只生活在"充满现实意识的内心小圈子里,对日常生活所做出的大部分决定就是这样的"。这就是说,越是接近人们的切身利益,人们的关注兴趣就会越高,其责任心(获取欲)也就越强。而政治事物的范围越宽泛,相对而言,人们的实际关注程度就越弱,其责任心也明显下降。②"天下"范围显然太大,"家"的范围实在过窄,这样,涉及公共事物的"政治"则更多地集中于"国"的范围之内。进一步,"家"可以疏远"天下",但不能漠视"国"的存在;只要保持"家"之忠诚的社会强度,"国"则可以据此巩固自己,同时也可获得傲视"天下"的资本。由于"国"之强大潜含着对血缘宗法政治的内在腐蚀和破坏机制,所以,封建体制就必然显示出两种相反的重要政治特征:其一,在政治制度层面上,由"责任机制"决定,诸侯坐大呈必然趋势。拥兵

---

① 参见韦庆远主编:《中国政治制度史》,中国人民大学出版社1989年版,第44—46页。图1、2、3。

② 例如,对于一个中国农民来说,他对谁当村长比谁当县长更感兴趣;谁当县长比谁当中国国家主席更感兴趣;谁当中国国家主席比谁当美国总统更感兴趣。参见[美]约瑟夫·熊彼特:《资本主义、社会主义与民主》,吴良健译,商务印书馆1999年版,第382—385页。

第三章 "中国思维"的象征与仪式

自重,恃财傲雄,割据称霸,以至于觊觎"天下",是封建政治机制的必然逻辑结果。其二,在意识形态层面上,具有象征意义的"礼"发挥着维系整体社会结构系统的实质性功能,此一链条的断裂将意味着该社会整合机制的崩溃。所以孔子才说:"克己复礼为仁。一日克己复礼,天下归仁焉。"① 如此,"君君、臣臣、父父、子子"的政治伦理构成,才一日不可或缺。这样看来,在政治思想分析的角度上,封建体制的真实内部运动,与其说显示着"天子"与"诸侯"之间的表层博弈,不如说体现为"责任机制"与"象征机制"之间的深层紧张。

发现了封建体制的这种内在的"深层紧张"之后,我们还可以做进一步的分析。按一般的逻辑发展,封建体制的离心力必然导致整体政治结构的分散化,上述"深层紧张"的持续和演化,将有利于推进"血缘共同体"向"地缘共同体"的转换。但是,历史事实并非如此。中国早期政治结构不仅没有呈现诸如西方社会的那种联邦体制,反而经过春秋战国的激烈整合,最终由秦始皇成就了更加集中的、全面性的帝国体制。这一政治发展趋势的可能机理,使中国社会政治象征建构的特殊功能凸显出来。事实上,虽然各个诸侯国纷纷进取,争夺霸权,但这些都是政治表层现象,每一个诸侯国的终极政治目标,绝不是"持守本国",而是"统领天下",只是为"统领天下",必须

---

① 《论语·颜渊》。

首先"持守本国"。面对"立嫡以长不以贤,立子以贵不以长"①之宗法规范,"无奈之预期"只给出了唯一的一条进路,就是把全部精力集中投放到自己拥有主权的"邦国"政治的经营之中。此时,"地缘"的概念就显得如此地至关重要,以至于对谁可能助益于兴盛霸业的关注,远远超过了对"血种"纯粹性的考究。为使邦国强盛坚实,"招贤纳士"即可,至于"贤者"何"姓","士人"哪"方",则确实无所谓也。就此而论,"地缘"观念吞噬着"血缘"理念;与此同时,"治国安邦"的绩效将自然引领其政治行为冲破"邦国"局限,"预期"对"无奈"的超越,致使觊觎野心逐渐膨胀,政治冲突随之而起。在这里,形成了政治发展中"先后顺序"与"轻重顺序"两种秩序原则的明显交叉。在前者,必须注重"国"之发展,在此法家成为政治思想上的重要支撑;而在后者,则又赋予"治国安邦"以"霸业天下"这一更为根本的价值,在此儒家充当着文化意识方面的指导原则。注重"先后顺序"必然导致"礼崩乐坏",周天子权威式微。历史踏进春秋战国时期以后,兼并战争连绵不绝,以至于太史公叹曰:"春秋之中,弑君三十六,亡国五十二,诸侯奔走不得保其社稷者,不可胜数。"②而追求"轻重顺序"之目标,则体现垄断整体政治象征的价值渴望。这样,各个邦国必然忙碌于"象征资本"的获取与争夺,于是"道术

---

① 《公羊传·隐公元年》。
② 《史记·太史公自序》。

第三章 "中国思维"的象征与仪式

是为天下裂",形成了名士云游列国,君主礼贤下士之"百家争鸣"的壮丽景观。正是在"各血缘分支自治"与"共同体总体认同"的大格局影响下,学派蜂起,在不同的视点上对共同体存续问题展开论证。诚如后来太史公所云:

> 夫阴阳、儒、墨、名、法、道德,此务为治者也,直所从言之异路,有省不省耳。尝窃观阴阳之术,大祥而众忌讳,使人拘而多所畏。然其序四时之大顺,不可失也。儒者博而寡要,劳而少功,是以其事难尽从。然其序君臣父子之礼,列夫妇长幼之别,不可易也。墨者俭而难遵,是以其事不可遍循。然其强本节用,不可废也。法家严而少恩,然其正君臣上下之分不可改矣。名家使人俭而善失真,然其正名实不可不察也。道家使人精神专一,动合无形,赡足万物。其为术也,因阴阳之大顺,采儒墨之善,撮名法之要,与时迁移,应物变化,立俗施事,无所不宜,指约而易操,事少而功多。儒者则不然。以为人主天下之仪表也,主倡而臣和,主先而臣随。如此则主劳而臣逸。至于大道之要,去健羡,绌聪明,释此而任术。夫神大用则竭,形大劳则散。形神骚动,欲与天地长久,非所闻也。①

---

① 《史记·太史公自序》。

此诸家学说，本质上都是在不同的思路下讨论同一个大问题，正所谓"天下一致而百虑，同归而殊途"①。

从历史现象，我们可以清晰地看到两个突出的特征：其一是对"公共政治象征"的僭越和争夺；其二是"政治计算范式"的转换与更新。

就"公共政治象征"的争夺而言，地方诸侯凭据地域之优坐大，公然挑战公共政治权威。当然，这种试探性的挑战具有风险，其最合理的方式就是做政治象征的转换。因为象征本身具有詹姆斯·C. 斯科特（James C. Scott）所说"隐蔽文本的公开表达"（The public declaration of hidden transcript）② 的功能，使之成为政治竞争中相对和平且安全的武器。于是就有了楚王"问鼎轻重"的著名事件：

> 楚子伐陆浑之戎，遂至于雒，观兵于周疆。定王使王孙满劳楚子。楚子问鼎之大小轻重焉。对曰：在德不在鼎。昔夏之方有德也，远方图物，贡金九牧，铸鼎象物，百物而为之备，使民知神奸。故民入川泽山林，不逢不若，螭魅罔两，莫能逢之。用能协于上下，以承天休。桀有昏德，鼎迁于商，载祀六百。商纣暴虐，鼎迁于周。德之休明，虽小，重也。其奸回昏乱，虽大，轻也。天祚明德，有所

---

① 《易经·系辞下》。

② James C. Scott, *Domination and the Arts of Resistance: Hidden Transcripts*. New Haven: Yale University Press, 1990, p. 202.

第三章 "中国思维"的象征与仪式

底止。成王定鼎于郏鄏，卜世三十，卜年七百，天所命也。周德虽衰，天命未改。鼎之轻重，未可问也。①

在各家政治学说之中，儒家对政治象征最为敏感。鲁国祖先为周公旦，封鲁为国。周公死后，周天子成、康二王为追念其辅政功勋，曾自毁名器，特赐鲁国世世代代可用天子之礼祭祀周公，即"舞用八佾"。但鲁公后代不仅祭祀周公时用"八佾"，在祭祀自己的直接祖先时也用"八佾"，这就超出并违反了"礼"的规范。在周公后代中只有隐公明分守礼，祭祀祖先时"初献六羽"，意示自己只是诸侯身份。但在昭公二十五年，鲁国家族中的族属季孙辈，仅有大夫身份的意如，竟肆无忌惮地把祭祀襄公（诸侯）的"六佾"仅留下"二佾"以充景，把撤下来的"四佾"加上自己（大夫）所有的"四佾"，在家庙中祭献"八佾之舞"。这样，只具有"大夫"身份的意如，竟用起了"天子"身份的礼仪。这就大大悖逆了等级礼法。所以，孔子见到此景，气愤至极，以至于说出了"八佾舞于庭，是可忍，孰不可忍?!"②的著名格言。

就"政治计算的范式"来说，与商、周"祭祀"与"占卜"合一的情况不同，春秋战国时期"祭祀"与"占卜"逐渐分离。代表特殊血缘群族的"祭祖"与代表普遍意志的

---

① 《左传·宣公三年》。
② 《论语·八佾》。

"天命"分别完成不同的功能。这种分离意味着，"血缘共同体"与"地缘共同体"在观念上被区分开来，从而暗示了政治思维性质上的演化。

与神的对话从侧重"祭祖"到侧重"占卜"，是象征符号从具体向抽象的提升，它标志着思维形式不断进化的深刻程度。① 《易经》虽然源远流长，但在春秋战国时期定型并被用于政治运算，也传递着这一转变的信息。"祭祖"的一家一姓的血缘政治性质十分明显，而"占卜"则带有了强烈的抽象性质，具有了超越某家某姓的普遍性取向。在深层的政治思维方式上讲，它也标志着政治知识类型的演进。台湾学者宋文里注意到，就人类早期的精神生活而言，中国社会与古希腊社会具有一定的相似之处：

> 在古希腊神庙的用语中有 protasis 和 apodosis 两字，前者是个条件词，有如"若"子句，用现在式或过去式；后者是结果词，有如"则"子句，用未来式。所以这前后相连的"若……则……"句子会构成一个预言。用希腊人的普通话来说，"protasis—条件词"就是指"征兆"（omen），而"apodosis—结果词"就是指"神谕"（oracle）。这在中文的古字词中，也正是"卜"和"占"

---

① 具体史料参阅《左传》僖公二十五年、襄公十九年、昭公元年、昭公二十六年等，此不赘引。另参阅陈来：《古代思想文化的世界：春秋时代的宗教、伦理与社会思想》，第一至四章，生活·读书·新知三联书店 2002 年版。

第三章 "中国思维"的象征与仪式

之间的关系,或是"爻象"和"爻辞"之间的关系。"卜"原是指龟甲或牛骨被火烧之后出现的裂痕,而"占"则是把裂痕诠释成某种意义,或赋予某种价值,用以判断该意义的吉凶。①

用现代语言表达,在这里,"卜"就是"诊断"(diagnosis),而"占"则是"预测"(prognosis),所以,把"不知"的信息(爻象)转变为"可知"的信息(爻辞),需要一种过滤的中介,这个转换过滤器就是"理论"(theory)。而在西语系统中,"理论"(theory)与"神学"(theology)属同根词,其道理就在于此。虽然"神学"(终极关怀)与"医学"(生命诊断)是完全不同性质的两种视域,"超越"与"世俗"的理路更是泾渭分明,但就基本的言说结构和叙述程序而言,其相似性是显然的。

这里需要补充的是,如果说现代医学本质上是将"征兆"(omen,自然状态)经过"诊断"(diagnosis,知识过滤)转换为"预测"(prognosis,可知信息)的话,那么,就基本目的而言,古代占卜试图实施的则是同样的一个转换过程。而其基本的差别不是所谓"科学"与"迷信"的进化程度的高低,而是所关注之"问题"的视域、角度和范围有所不同。前者针对的只是生物的"身体"系统,后者则把目光扩大到更宽广、更

---

① 宋文里:《卜者、圣人与象征学家》,载《文化研究月报》(台湾)2003年第24期。

复杂的社会政治有机体系统。它们所面对的都是未知的世界，都试图在知识的支撑下获得可信赖的答案。与现代医学一样，完成从"现象世界"到"可知世界"转换的核心要素是"知识系统"，古代中国最完备之"知识系统"的范式就是《易经》。根据史家考证，《易经》至迟在战国时期趋于成熟①，这是完全符合思想发展逻辑的大事件。

基于这样的考察，我们认为，在春秋战国时期，对政治象征霸权的激烈争夺不可小觑，因为正是这种象征争夺所暗含的整体政治认同的思想要素，规定了中国古代政治架构和政治思想要素的总体路径和基本内涵：对象征政治机制的持续认同，消解了封建体制内含着的现代联邦制的可能性因子。因之，春秋战国历史运动最深刻的思想意义，或许就在于它没能彻底地完成从"血缘政治"到"地缘政治"这一转换，而是通过把"血缘结构"融入"地缘要素"之中的方式，使中国政治形态呈现出明显的独特性。换言之，正是各诸侯国君主们深层政治关怀中挥之不去的垄断整体政治象征的意识和渴望，构筑了以后秦汉帝国之所以可能成立的思想和观念基础。

---

① 关于《易经》形成的历史时期，史学界和易学界存在长期的争论。本书初步采纳《易经》的最终形态产生于战国时期说。理由是：一、《易经》中所呈现出的"数码要素"和"运算法则"这两套系统的知识模式，在春秋时代的文献中并没有得到完整的体现；二、《易经》较经常地与社会政治生活相联系，则在这一时期。

五、"一统":共同体的文化认同

在春秋战国时期,实际上已为系统建构华夏大共同体的象征体系做好了思想上的准备。如《管子》所说:"明一者皇,察道者帝,通德者王,谋兵得胜者霸。"① 很明显,这个由"皇""帝""王""霸"所组成的历史发展序列,不仅分别代表了四个历史时期,而且更标志着四种政道的不同形态。诚如学人所言:"在一般人的心目中,皇、帝、王、霸是'道'的代表者和传承者,他们对'道'的接受程度或落实程度是有差别的,以皇为最高,帝、王、霸依次等而下之,由此形成了一种'道'不是越来越明朗而是越来越隐晦的历史观。"② 至迟创作于战国时期的《礼记》已经显示出建构王权神化体系的明显意图:"有虞氏禘黄帝而郊喾。祖颛顼而宗尧。夏后氏亦禘黄帝而郊鲧。祖颛顼而宗禹。殷人禘喾而郊冥。祖契而宗汤。周人禘喾而郊稷。祖文王而宗武王。"③

如前所述,以血缘传承和氏族发达为目的的祖先崇拜是"圣王"崇拜的基础。随着人口的膨胀和共同体的扩展,"一统"之国家则要求"一统"之观念与之相适应。所以,经春秋战国之剧烈变动之后,在秦汉帝国"一统"结构的自身内部必然生

---

① 《管子·兵法》。
② 王青:《商周秦汉时期政治神话的演变》,见陈明主编:《原道》第3辑,中国广播电视出版社1996年版。
③ 《礼记·祭法》。

长出建立崭新意识形态的动力和需求。于是乎,春秋战国时期各诸侯"追根寻远",宣其祖先功德以为其正当性之凭据的各方神圣渊源被集中起来,汇集成了一条**想象的**政治—文化"血脉",分散的氏族祖先凝聚成统一的圣王—象征"系列",而由这一"文化血脉"和"象征系列"发挥新共同体政治认同的功能。

公元前221年,秦始皇平定六国,一统天下后,所做的第一件事就是"定名号",曰:"寡人以眇眇之身,兴兵诛暴乱,赖宗庙之灵,六王咸伏其辜,天下大定。今名号不更,无以称成功,传后世。其议帝号。"① 这时,早已在战国时期流传的邹衍"五行之说"则成为论证其"名号"渊源的政治合法性依据。《史记》曰:

> 秦始皇既并天下而帝,或曰:"黄帝得土德,黄龙地螾见。夏得木德,青龙止于郊,草木畅茂。殷得金德,银自山溢。周得火德,有赤乌之符。今秦变周,水德之时。昔秦文公出猎,获黑龙,此其水德之瑞。"②

早在1930年,顾颉刚就著有《五德终始说下的政治和历史》③之长文,详细考证了秦汉时代中国远古历史建构的具体

---

① 《史记·秦始皇本纪》。
② 《史记·封禅书》。
③ 参见顾颉刚编著:《古史辨》第五册,上海古籍出版社1982年版,第404—617页。

第三章 "中国思维"的象征与仪式

过程。但在本章论旨的角度,我们则把这一历史过程看作是中国早期"政治象征"的建构图景,换言之,我们关注的是这种历史建构的象征意义。按顾颉刚先生的研究,秦国之《吕氏春秋》实为后来《史记·封禅书》之古史系统的基础蓝本:

《吕氏春秋》			《史记·封禅书》		
帝王	五德	符瑞	帝王	五德	符瑞
黄帝	土	大螾大蝼见	黄帝	土	黄龙地蝼见
禹	木	草木秋冬不杀	夏	木	青龙止于郊,草木畅茂
帝王	五德	符瑞	帝王	五德	符瑞
汤	金	刃生于水	殷	金	银自山溢
文王	火	赤鸟衔丹书集于周社	周	火	赤鸟之符

资料来源:顾颉刚编著:《古史辨》第五册,上海古籍出版社1982年版,第424页。

按照这一"五行"模式,周文王以下适应"水"德,"于是秦更命河曰'德水',以冬十月为年首,色上黑,度以六为名,音上大吕,事统上法"①。因此,秦始皇不仅完成了一统中国的政治大业,而且在中国历史上第一次把政治象征提高到了政治合法性的高度。

这样,一方面,我们看到了一条简单且清晰的帝王更迭的纵向历史脉络,而且也使这一脉络中的各个角色必然地担当着"天命"的内涵。同时,或许是为了要确切区分各种政治角色的

---

① 《史记·封禅书》。

身份，随之又制造出了一套与之相配套的仪式，这就是著名的"礼"文化。所以，在政治上，秦之法家的确取得了战争的胜利，而在知识系统上，则由鲁之礼仪、齐之五行、楚之神道支持着中国漫长持久的文化传统。在这个意义上，后者才成为真正的文化象征的征服者。而另一方面，我们也看到从此帝王在"人"的身份上添加了"神"的符码，垄断着政治象征的绝对霸权。正如《中庸》在结尾时所论："非天子不议礼，不制度，不考文。今天下车同轨、书同文、行同伦。虽有其位，苟无其德，不敢作礼乐焉。虽有其德，苟无其位，亦不敢作礼乐焉。……上焉者，虽善无徵，无徵不信，不信民弗从。下焉者，虽善不尊，不尊不信，不信民弗从。故君子之道，本诸身，徵诸庶民。考诸三王而不缪，建诸天地而不悖，质诸鬼神而无疑，百世以俟圣人而不惑。"[1]

汉承秦制，自此以降，"政治象征"更成为中国传统政治合法性理论不可或缺的重要内容。

总之，中国早期政治思维的发展都显现出明显的符号性特征，在全球比较分析的视域下，对这一中国式"象征思维"之深入和系统的研究，将对中国思维特色的探讨产生积极的贡献。

---

[1] 《礼记·中庸》。

第二部分
路径

第四章　宗法：种群维系的枢纽

> 王者，民之所往；君者，不失其群者也。君者，群也。
>
> ——《春秋繁露·灭国》

在中国传统中，"种姓繁衍"的观念及其"种群优化"的技术占有相当重要的地位，这一观念和技术落实在制度层面上，就表现为著名的"家族制"和"宗法制"。在政治思想的角度上，这种政治共同体观念，深深地影响着中国人的思想构造，塑造了其根深蒂固的特殊群体意识。

一、中国早期"共同体"的生成路径

政治共同体的形态是由其历史条件决定的。众多专家的研究表明，血缘亲族成为早期中国政治共同体联盟的核心要素，而呈现这种特有的形态，与其特定的历史条件直接相关。考古学家张光直注意到，由于冶炼技术的发明对于人类利用和控制自然、创造新的生产力具有极其重要的意义，所以，把此项技术的发展和用途作为人类社会巨大飞跃的标志是合适的。根据考古资料,早在古希腊荷马时期,地中海沿岸早期国家已开始使用铁制农具进行生产了。这也就是说,至迟在那个时代,生产工具内含着的"技术要素"已成为他们获取资源的主要途径。与此形成鲜明对照的是,中国从龙山文化(前 4000—前 3000)到夏、商、周三代时期(前 2100—前 800),虽然青铜冶炼的技术已达到相当高的水平,但冶炼青铜的直接目的和用途却与制造工具并无关联。从现有资料看,中国夏、商、周三代时期,不仅没有铁制生产工具的出现,而且也没有任何用青铜制造生产工具的迹象。所以张光直断言:"在青铜时代开始之前与之后的主要农具都是耒耜、石锄和石镰。没有任何资料表示那社会上的变化是从技术上引起来的。"[1] 1929 年,殷墟遗迹的第一次考古发掘中,仅石镰就出土上千件,但却无一件金属工具。1932 年,殷墟的另一次发掘中,仅在一个坑中就发现 444 枚收割用的石刀和几十件蚌器,在成千上万件文物中,未发现一件青铜农具。1973 年,在河北藁城台西村商代遗址出土石器 482 件,其中镰、铲等农具占 91% 以上,但仍然没有任何金属农具。[2] 大量青铜器制品主要用于两个方面:一是用来制造"礼"器,如鼎、

---

[1] 张光直:《中国青铜时代》,生活·读书·新知三联书店 1983 年版,第 18 页。
[2] 河北省文物管理处台西考古队:《河北藁城台西村商代遗址发掘简报》,载《文物》1979 年第 6 期。据古文字考证,各种青铜礼器更早的形态应当是陶器,而这些器皿最早的用途则是饮食用具。这样推断,青铜礼器的本质就是供祖先神使用的饮食用具。用今天的术语表达,青铜礼器不是生产工具,而是消费物品,即为了生产"生产者"自身而使用的工具。所以《礼记·礼运》开篇就说:"夫礼之初,始诸饮食。"相关训诂考证,参见雷汉卿:《〈说文〉"示部"字与神灵祭祀考》,巴蜀书社 2000 年版,第 32—50 页。

第四章 宗法：种群维系的枢纽

钟等等；二是用来制造武器，如矛、戟等等。① 因此，中国人冶炼青铜的主要动机在于"祭祀"和"战争"。这种情况与《左传》所说"国之大事，在祀与戎"的著名政治格言正相符合。

从张光直的考证中我们可以看到，青铜器的"祭祀"功能的方向是"对内功能"，主要内容是祭祖，其目的是为了实现族内的权威认同。青铜器的"战争"功能的方向是"对外功能"，其意义又可分为两种：在消极的意义上，战争可以保守生存空间，使族群不至消亡；在积极的意义上，战争可以扩展空间规模，容纳更多的人口。所以，"祭祀"和"战争"就必然成为某一群族发展始终关心的重要事项。而无论从"对内"还是"对外"的角度来看，金属冶炼的功能均以"群族扩展"为直接目的。

根据考古资料，张光直在《连续与破裂：一个文明起源新说的草稿》中指出，如果以人类赖以获取资源的手段和途径为划分标准，那么，人类开始进入文明阶段时，中国就与西方文明走了不同的道路。如果社会生产力发展可以被划分为"物质生产"（生产工具的进化）和"人的生产"（生产者的进化）两部分的话，那么，与地中海沿岸早期国家不同，早期中国社会关注的方向，不是指向自然界，而是指向人类生产自身。这也就是说，增加劳动力的质与量成为远古中国社会起源的突出特征。他说：

> 中国古代文化和社会史上的一项重要且显著的特征，是

---

① 中国学术界关于中国早期青铜器的使用功能存在争议，此说备考。

政治权力导向财富……至少就理论上说,有政治权力的人就有获得财富的地位(这与现代的西方社会正相反:在现代社会中一般而言是财富导向权力)。……政治权力越大,财富越多这一条的一个关键,就是劳动力的增加:统治者获取更多的劳动力,生产更多的财富,他们的政治权力便更大。①

按照张光直的逻辑表述,我们可以用下列简图予以呈现:

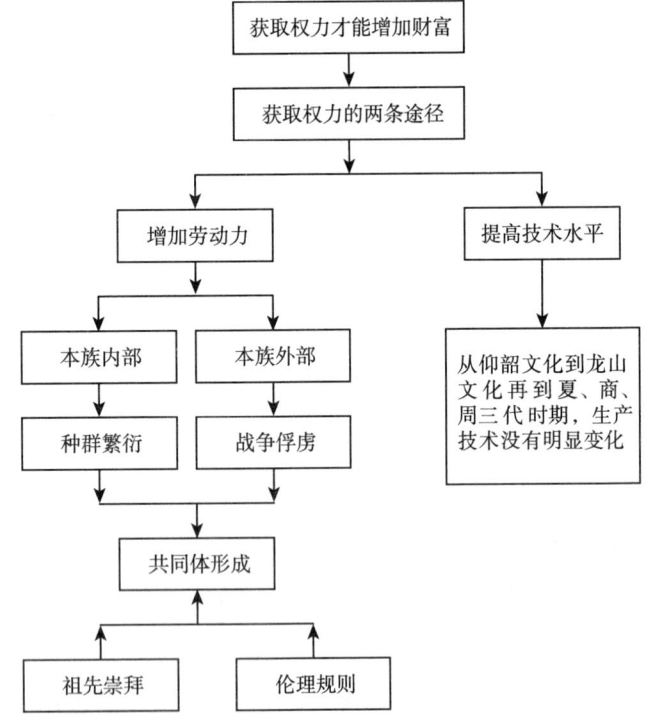

---

① 张光直:《美术、神话与祭祀》,郭净译,辽宁教育出版社 2002 年版,第 108—118 页。

第四章 宗法：种群维系的枢纽

基于这样的社会起源特征，我们会清晰地看到，无论在实践中，还是在理论上，"种"（Gene）在中国传统政治文化中都占有极其重要的位置。要使"种"得到优质的繁衍，生育行为以及相关的制度就显得异常重要。在人类学角度，除个别制度外①，婚姻制度成为种姓繁衍的普遍形式。与我们今天的观念不同，远古人类把生物意义上的物种繁衍和物种优化，看成"婚姻目标"最为基本的甚至是唯一的内涵。不仅考古资料反复证明远古中国就已具备了相当发达的"性文化"②，而且儒家正典也把生育问题放在首要的位置上。《易》曰："有天地然后有万物，有万物然后有男女，有男女然后有夫妇，有夫妇然后有父子，有父子然后有君臣，有君臣然后有上下，有上下然后礼义有所错。夫妻之道，不可以不久也，故受之以恒。"③ 荀子说："夫妇之道不可不正也，君臣、父子之本也。"④《礼记》则直接把"生育"作为"婚姻"的定义："昏礼者，将合二姓之好，上以事宗庙，而下以继世也。"⑤ 而这一定义的真实基础则是人类在"物竞天演"的激烈竞争中所"发现"和"创造"的一

---

① 云南纳人的社会结构可能是为数极少的例外。那里的"走婚制"的特例受到了包括列维-斯特劳斯在内的人类学家的高度重视，甚至已成为名副其实的 20 世纪的国际学术事件。参见蔡华：《纳人亲属制度的结构与婚姻家庭悖论的终结》，见《公共理性与现代学术》，生活·读书·新知三联书店 2000 年版，第 259—291 页。

② 参见赵国华：《生殖崇拜文化论》，中国社会科学出版社 1990 年版。

③ 《易·序卦》。

④ 《荀子·大略》。

⑤ 《礼记·昏义》。

套种群优化的社会组织选择机制。正是依赖这样一套机制,人类才得以胜出其他物种,成为生物系列中名副其实的"超越存在"。如荀子所言,就人自身来说,"力不若牛,走不若马,而牛、马为用,何也?曰:人能群,彼不能群也。人何以能群?曰:分。分何以能行?曰义。故义以分则和,和则一,一则多力,多力则强,强则胜物。……故人生不能无群,群而无分则争,争则乱,乱而离,离则弱,弱则不能胜物"。① 依先秦古法,以"群"训"君"似早成定诂。在中国思想中,"群"作为一个非常夺目的概念,时时闪耀在历史文献中,并似乎已积淀为日常思维的"惯习",从而显示出中国早期思想中群体意识的高度发达:

> 君者何也?曰:能群也。能群也者,何也?曰:善生养人者也,善班治人者也,善显设人者也,善藩饰人者也。善生养人者,人亲之;善班治人者,人安之;善显设人者,人乐之;善藩饰人者,人荣之。四统者俱而天下归之,夫是之谓能群。②

> 君者,不失其群者也。君者,群也。③

> 或称君子何?道德之称也。君之为言群也,子者,丈

---

① 《荀子·王制》。
② 《荀子·君道》。
③ 《春秋繁露·灭国》。

第四章 宗法：种群维系的枢纽

夫之通称也。①

简而言之，在中国传统中，"种姓繁衍"的观念及其"种群优化"的技术，与其说是一种社会行为的结果，不如说它也积淀为一种价值理念的预设。

二、宗法制原理及其功能

"宗法"是一种以男性血缘为轴心的世代传袭的共同体制度，它是早期中国社会共同体的基本形式。郭宝钧认为，这样一种社会共同体形态的特征是：

> 宗法制本是由氏族社会演变下来的以血缘关系为基础族制系统，周人把它与嫡长制结合起来，使族的纵（嫡长继承）横（宗法系统）两面，都生联系。其制，大约为全族中最高权位者按嫡长制继承定为大宗，其余的支子划为小宗，使大宗有继承权与主祭权，小宗无之。但小宗在他的本支中仍以其嫡长子为大宗，余子为小宗，权力如前。如此一分、再分、三分，则全族的系属分明，权位定，亲疏分，而政治经济的实力亦随之而有判别，即借此巩固政权。②

---

① 《白虎通·号》。
② 郭宝钧：《中国青铜时代》，生活·读书·新知三联书店1963年版，第202页。

我们以图示进一步分析。

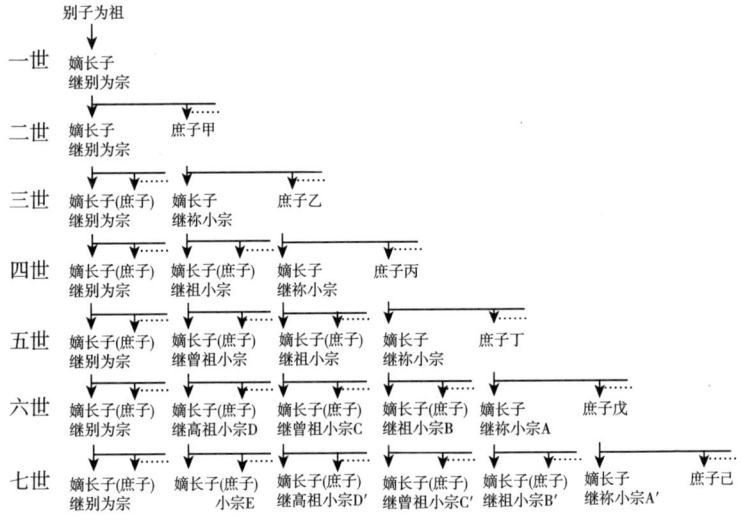

宗法谱系秩序图

对于上图,《礼记》有经典表述:

> 别子为祖,继别为宗,继祢者为小宗。有百世不迁之宗,有五世则迁之宗。百世不迁者,别子之后也。宗其继别子者,百世不迁者也。宗其继高祖者,五世则迁者也。尊祖故敬宗;敬宗,尊祖之义也。[①]

此处所谓"别子",一般是指嫡长子以外的儿子。凌廷堪在

---

① 《礼记·大传》。

《礼经释例》中解释:"天子以别子为诸侯,其世为诸侯者大宗也;诸侯以别子为卿(大夫),其世为卿(大夫)者大宗也;卿(大夫)以别子为士,其世为士者大宗也。"

对于此图,我们可以从三个角度进行考察:

第一,从纵线上看。在纵线上产生"祖"。

首先,别子是这张宗法图的中心起点。以他作为血缘发生的基础,以下都是他的子孙。这个中心就是这个大家族的"祖宗"。

其次,每一条纵线,实际上都代表一个家族。第一条纵线是嫡长子系列。第二条纵线、第三条纵线……也都由自己家族的嫡长子系列所组成。这一条条的纵线,体现的是《公羊传》所谓"立嫡以长不以贤,立子以贵不以长"[1]的"嫡长子继承制"原则。这里所谓"嫡"是指正房妻子的儿子,是谓"贵"也;而相对的"贱"者则是指妃妾所生的儿子。其他儿子称为"庶子"。在这条线索上,保证"嫡"系的尊贵地位和政治继承上的优先权,可以达到种姓纯化和有序继承的双重目的。

但需要注意的是,在整体纵线系列中,第一条纵线最为关键,因为这条线上的第一人被称为"祖",只有这条线上的人才可以与别子,即祖宗,直接相通,所以叫做"大宗"。比如"庶子甲",其身份是一世嫡长子的弟弟,他只能经过哥哥与别子相

---

[1] 《公羊传·隐公元年》。

通，所以叫做"小宗"。

第二，从横线上看。在横线上产生"宗"。

在横线上，他们无论排列有多长，都是属于族群中的平辈人。但由于他们在嫡庶位置上的不同，而产生了角色上的差别。嫡长子自然高于庶子，而在庶子之中，也按先后之分，安排地位。这一条条横线，就叫"宗"。

第三，从"庶子甲"到"庶子己"的斜线上看。在这条线上产生"差"。

在斜线上，庶子己无论在"祖"的系列上，还是在"宗"的系列上，都处于人际网罗的最边缘，离祖宗的距离最远。以此上推，则越来越近。这意味着离"祖宗"的血缘距离越近，其在宗法制中的地位就越高，反之亦然。

这样，在宗法图之纵、横和斜三条线的每一个交叉点上，都有一个固定的社会角色。家族中的每一个成员，都可以根据这张关系图找到自己所在的位置，从而识别出自己的角色。

按宗法制规定，"宗其继别子者，百世不迁者也。宗其继高祖者，五世则迁者也"[①]。这就是说，随着共同体规模的扩大，必然产生分化的需求，如果宗法地图永无止境地排列下去，那么就难免由于过于复杂而产生混乱；同时排列在最后的庶子将会随着宗族规模的不断扩大，自己的地位不断降低。这样就产生了无论从纵线上讲，还是从横线上讲，都只需祭祀"继祢"

---

① 《礼记·大传》。

第四章 宗法：种群维系的枢纽

（生称父，死称考，入庙称祢）、"继祖""继曾祖""继高祖"四代祖宗，到第五代时则另立祭祀祖先。排位最后的庶子，则可最先成为家族中新一支系的祖宗，自己可称"大宗"。但为了保证不由于五世分支而损害家族整体的联系格局，于是就有了"宗其继别子者，百世不迁者也"的规定。这就保证了无论如何分宗，所有代际的家族成员都能认同同一个"始祖"。古人把这种制度安排叫做"祖迁于上，宗易于下"。

宗法制的功能是社会性的（婚姻），也是政治性的（权利）。如陈来所说："宗法制的核心是基于宗族血缘关系建立的政治组织结构及其法则。在这种宗法政治结构中，每一级都对上一级为小宗，对下一级为大宗，大小宗既是宗族关系，又是政治关系，当然这种宗族形式的政权有其公共性质。"[①] 从以上的家族功能图中我们可以看到，无论内、外功能，均以"族群扩展"为直接目的。

"对内功能"有三项内容，其一，"祭祀"是为了实现族内的权威认同。所有"族人"均在血缘维度上承认"祖宗"的中心和源泉地位，这就为种群的凝聚提供了可操作的正当秩序的"理由"（reason），同时这也涵盖人与人建立相互关系的"原因"（cause）。其二，"婚姻"则是避免近亲繁殖的重要文化设置，在功能上是纯化种姓，保证"族"的社会再生产的禁忌规

---

① 陈来：《古代宗教与伦理——儒家思想的根源》，生活·读书·新知三联书店1996年版，第316页。

则。《礼记·昏义》曰:"婚姻者,合二姓之好,上以事宗庙,下以续后事。"其三,涉及权利划分。既然宗法以天然的结果规定了不同的权利,那么,越过界限索取权利就属篡逆,从而避免了族群内部的纷争。即所谓"先王之法,立天子不使诸侯疑焉,立诸侯不使大夫疑焉,立大夫不使庶孽疑焉。疑生乱,争生乱,是故诸侯失位则天下乱,大夫无等则朝廷乱,妻妾不分则家室乱,嫡孽无别则宗族乱"[①]。其四,关系到族内"财产"的分配,主要指以"族田"为基础的剩余物品,以此提供后代的教育经费和补贴贫困家庭的不足。

"对外功能",主要是"争战"和"扩族",则有积极和消极的两种意义。在前者是扩展空间规模,容纳更多的人口;在后者则是保守生存空间,使族群不至消亡。所以,"祭祀""婚姻""权利""财产"和"战争"就必然成为某"族"始终关心的重要事物。这五项功能就实际构成了所谓"族权"最根本和最基本的内容。所以,作为一个完整的社会单位,除了婚姻需要交换以外,"家族"本身可能成为一个封闭的共同体,具有可独立运行,不依赖交流的大部分功能。

简而言之,在一定意义上,一个"家族"就是一个"小社会"。马克思所说的由一个个独立"马铃薯"所构成的"小农社

[①] 《吕氏春秋·慎势》。王国维也说:"然所谓立子以贵不以长,立嫡以长不以贤者,乃传子法之精髓。……天下之大利莫如定,其大害莫如争。任天者定,争乃不生。"(《殷周制度论》)

第四章 宗法：种群维系的枢纽

会"，是对这类社会结构的典型定位。①

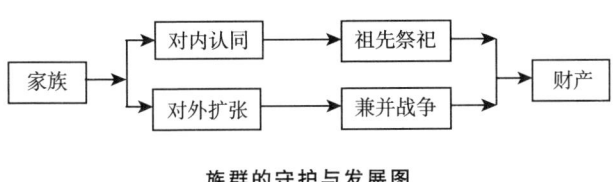

族群的守护与发展图

郑玄说，有虞氏以上尚德，禘郊祖宗，配用有德者而已，所谓"祖有功而宗有德"是也。自夏以下，稍用其姓氏之先后次第。到了夏朝，开始"郊鲧（音：滚）而宗禹"。周人则祖文王而宗武王。这样，祖、宗已变成血统的祭祀。自此以后"祖宗"便成为对先人的通称。据应劭解释，"始取天下者曰祖，高帝称高祖是也；始治天下者曰宗，文帝称太宗是也"。表面上"祖宗"是对先人的通称，但实际上其本质则是宗族文化血统的符号标志，是一组拟血缘共同体的仪式记忆和认同象征。毋庸置疑，任何一个社会共同体的成立，其"内部凝聚"的向心力都是最为基本的条件。但仔细思量，其实"内部凝聚"只是社会共同体存在的一个结果。这个"结果"之所以可能，其基础来自社会成员在"观念"和"组织"这两方面的认同，亦即承认该氏族之"理念预设"与"人际模型"的正当性。在"理念预设"角度讲，早期中国人相信，"种"在社会发展中具有不可

---

① 马克思：《路易·波拿巴的雾月十八日》，见《马克思恩格斯选集》第1卷，人民出版社1995年版，第585页。

替代的决定性作用。"种"的扩大就意味着对"地域"的独占权,"种"加上"地"才意味着"生"(繁衍生息)的可能性。而"生"的存在又与"群"的强大直接相关。也就是说,"群"越强大,越巩固,"种"的存在就会越坚实越安全;同时,"种"的繁殖与扩展,又促进着"群"的兴旺和发达。"群"是与"他群"相对而言的,"群"的生存是竞争的结果。在竞争中越是获胜,"种"的起源作用就显得越为重要。所以,在"群"的兴旺背后,其实隐藏着一个更为实质的力量,那就是"种"的原始生命力。归根结底,一个"群"的原始生命力,无疑可归结为其"祖先"血缘所释放出的能量、智慧和功德。在一定意义上说,"祖"是共同体起源和发展的精神隐喻。所以,对"种"的信仰,实际上是对"生"的情感颂扬,对"祖"的崇拜的实质在于对"群"的精神祈望。这种颂扬和祈望的形式则表现为祭祀,用某种可见可触的"实物"和可感可知的"行为",承载无形的精神和表达内在的感情。于是乎"祖宗祭祀"自然而生。

除了上述表达以外,宗法制还特别强调人与人之间的角色关系。其识别方法就是设立"伦常"。以下是著名的"九族五服"模式:

在中国传统中,一般来说,以父系血统为基本线索而形成的亲缘团体,被称为"族";以父宗而论,凡属同一始祖的男性后裔,都属于同一宗族团体,概称"族人"。这一团体包括上自高祖下至玄孙凡九代人,所谓"九族"是也。这里,"九族"的范围可以有两个视角。

第四章　宗法：种群维系的枢纽

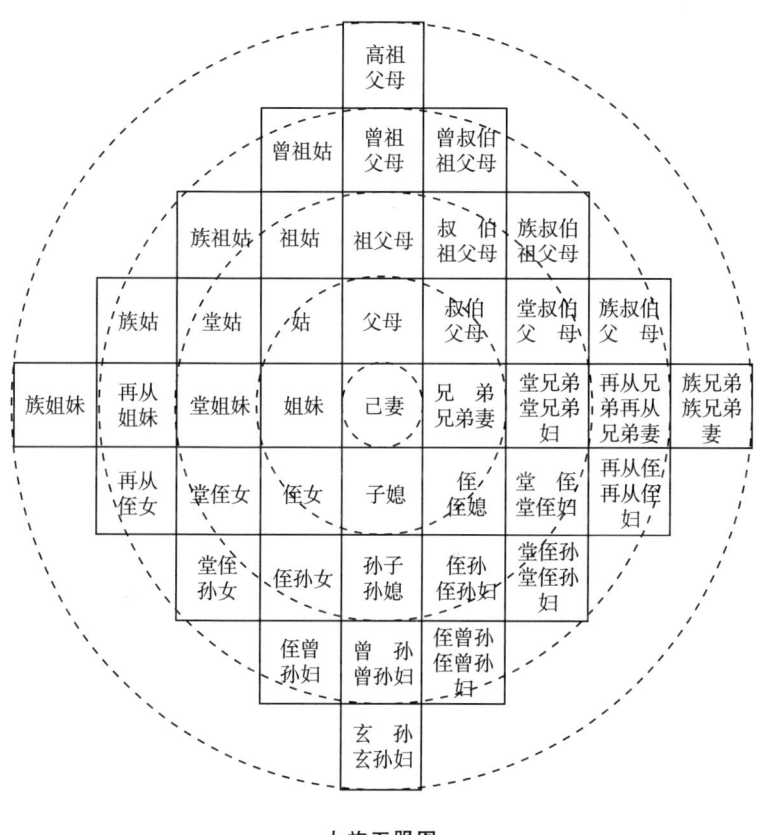

九族五服图

其一，如果以"自己"为中心，是为"一"，而上有"父"，下有"子"，这就是"三"，这是第二圈。父上再有"祖父"，子下再有"孙"，这就是"五"，这是第三圈。"祖父"上还有"曾祖"和"高祖"，"孙"下也有"曾孙"和"玄孙"，这就是"七"和"九"，这是第四圈和第五圈。围绕着"我"而形成的这五圈亲属关系，就是著名的"五常伦"。"伦"字的本意是将一块石头抛进水中所形成的一道道波纹。水波的中心就是祖宗，而由祖宗繁衍的各代子孙就是波纹。离中心越近，其波纹的力量就越大，逐渐外推，直到消失。古人用"伦"表达家族内部的血缘亲疏关系，是恰到好处的比喻。在汉语中，所谓"伦理""伦常"的本意其实是在表达一种"法定"的权利关系。"五伦"之内亲属就是"家"。这就是《礼记》所说："亲亲以三为五，以五为九。上杀，下杀，旁杀，而亲毕矣。"① 显然，"家"强调的是血缘关系，五伦脉络实际上就是血缘网络，人们之间为直系亲属。

其二，如果以"祖"为中心，那么这个"五伦"就包括了母亲系统和姻亲系统，不仅其规模成倍扩大，而且人际关系也会更加复杂。这个大范围的单位就是"族"，它所侧重的是亲情。所以《白虎通》曰："族者，凑也，聚也。谓恩爱相流凑也。上凑高祖，下至玄孙，一家有吉，百家聚之，合而为亲，生相亲爱，死相哀痛，有会聚之道，故谓之族。"② 但无论是"家"还是"族"，都有一种东西贯穿其中，这就是"宗"。《周礼》曰："五曰宗，以族得民。"③《白虎通》曰："宗者，尊也。为先祖主者，宗人之所尊也。"④《礼记·丧服小记》注云："宗者，祖祢之正体也。"显然，这里"宗"是把"家"联结成为"族"的一种功能。

---

① 《礼记·丧服小记》。
② 《白虎通·宗族》。
③ 《周礼·天官冢宰·大宰》。
④ 《白虎通·宗族》。

第四章　宗法：种群维系的枢纽

这样，在中国传统政治理念中，"祖"被视为共同体凝聚、整合与发展的动力源泉，自然具有唯一性、超越性和优先权；"宗"则通过"嫡庶之制"表达了一个"血缘距离"的观念，以与先祖血缘的"亲疏"为评价框架，形成"中心"与"边缘"的层级划分：以先祖为中心，离先祖血缘越近，地位越高，权威越重，影响越大。依次外推，地位、权威、影响越来越小，以致"五世而终"，即"五服"是也。①

这一围绕着先祖，按照"血缘距离"而形成的一层层的关系波纹，就是著名的"伦"。正是"伦"使"尊—卑""贵—贱""上—下""高—低"的社会区隔成为可能；"孝"则是宗法系统的文化与价值的体现。《礼记·丧服小记》云："亲亲以三为五，以五为九。上杀，下杀，旁杀，而亲毕矣"。只有在这个"五常伦"的框架下，我们才能理解："祭祖"为何成为中国传统政治

---

① 台湾学者杜正胜把古代家族五服制与现代社会学概念相联系，认为"凡同居或共财的称为'家庭'，五服之内的成员称为'家族'，五服之外的共祖族人称为'宗族'。同居或共财的范围最大到大功，《丧服传》郑玄注云：'大功之亲，谓同财者也'。所以，《礼记·杂记上》他又注曰：'疏者谓小功以下也，亲者谓大功以上也'。五服内的亲疏以大功小功为界，也由是否同居或共财而定。在大功范围内，只包括父子两代者，人类学家称作'核心家庭'（nuclear family）；包括祖、父、己直系三代者，称为'主干家庭'（steam family）；包括祖、父、己、伯叔及其子女者，称作'共祖家庭'（lineal family，一般译为'直系家庭'）。当然，这只是大略分法，时代不同，风俗亦异，对于家庭范围，家族和宗族的差异，总有一点区别"。（杜正胜：《编户齐民：传统的家族与家庭》，见刘岱总主编：《吾土与吾民》，生活·读书·新知三联书店1992年版，第16—17页。关于人类学的家庭分类的依据，参见 Ruey Yihfu（芮逸夫），*Changing Structure of the Chinese Family*，《台大考古人类学刊》，1961年17—18合期。

理念中重大而基础的问题。由此可见,在"宗法"框架下,"身份等级"是生成政治秩序的主要依据。故《礼记》云:

> 人道,亲亲也。亲亲,故尊祖;尊祖,故敬宗;敬宗,故收族;收族故宗庙严;宗庙严故重社稷;重社稷,故爱百姓。①

随着人口的增加,"宗族秩序"的政治必然扩展成为"亲缘国家"。尽管人口、疆域都在发生变化,经春秋战国时期的兼并动乱,特别是秦始皇废分封而置郡县以后,政治格局发生了重大变化,官僚制的垂直系统部分地替代了分封制的血缘继承系统,"集权制"取代了"宗法制"②,但在三方面不仅"宗法"秩序的政治原则并未消失,而且它的变种或另外一种表现形态"宗族"更加普遍化:第一,皇权继承的基本原则;第二,基层

---

① 《礼记·大传》。
② "宗法"指的是各宗族集团之间相互区别以及各宗族集团内部划分等级的一种制度系统。"宗族"则主要指某一具体的血缘群体以及这些群体的总称。虽然"宗族"内部也必然具有相互交往的规则,即所谓"族规"和"家法",但这些并不具有普遍的社会约束力和适应性。显然,"宗族"的存在是"宗法"产生的社会基础,没有"宗族"自然不会有"宗法",但"宗法"却又反过来超越所有"宗族",控制和影响着所有"宗族"。如果用最简便的方法进行区分,那么,"宗族"是一个实实在在的群体,而"宗法"则是决定"宗族"关系的规则。我们如此界定二者的意义,是想说明从"宗法制"的瓦解,并不能得出"宗族"必然消失的推论,因为血缘群体完全可能在另外的"关系规则"下生存。"宗法"并不是"宗族"生存的充要条件。

第四章 宗法：种群维系的枢纽

社会的组织结构；第三，与官僚制并行的袭封爵位制。这种状况一直持续了数千年，直到清代，上述所引的"五服图"仍被置于《大清例律》的封里之首，评判人际身份等差的法律准则。所以，中国传统社会的结构化基础，在物质—生物的意义上是"家"和"族"；而在精神—文化意义上则是"祖"和"宗"。这样，梁启超才说："这种宗法精神为后世儒家政治思想之主要成分，直至今日其惰力依然存在。"①

如前所述，在传统中国的社会政治结构中，"宗族"不仅在形式上是联系"家庭"与"国家"的中介，而更为实质的是，"宗族"内部的关系机制统摄着下至"家庭"，上至"国家"的全部社会政治过程。个人与社会、社会与国家相互渗透，界限极其模糊。在传统中国，最为基础的社会"原子"是"族"而不是"人"，而"族"的实质又在于"种"，是由"种"的繁衍、扩大而形成社稷→国家→天下的整体体制格局。因此，"族权"向"天下权"的发展，是一种同质的平移。这也就是说，从宗族到国家再到天下，其内部组织结构和关系机制，只体现在数量和规模上的不同，并没有发生整体上的异质性变化。唯其如此，孟子关于"天下之本在国，国之本在家，家之本在身"②的著名推论才能成立。所以论及所谓"公共权力"，那么，宗族、国家、天下都有各自的但却体现相同内涵的公共权力，这就是

---

① 梁启超：《先秦政治思想史》，见梁启超：《饮冰室合集·专集》（第九册），中华书局1989年影印版，第40页。

② 《孟子·离娄上》。

典型的"血缘政治"体制。诚如晋大夫师服和鲁大夫众仲所言:"国家之立也,本大而末小,是以能固。故天子建国、诸侯立家、卿置侧室、大夫有贰宗、士有隶子弟,庶人、工、商各有分亲,皆有等衰。是以民服事其上,而下无觊觎。"① "天子建德,因生以赐姓,胙之土而命之氏。诸侯以字为谥,因以为族,官有世功,则有官族,邑亦如是。"②所以,"宗法"是这一体制的理念精髓。相应而言,社会政治权力的来源与分配,自然是以"亲亲"为原则的、允许世袭的"封建王侯"③。正所谓:"溥天之下,莫非王土;率土之滨,莫非王臣。"④田昌五更明确地指出,由于中早期国家实行的是氏族分封制,所以产生了政治、社会、武装、宗教等方面"宗族"与"国家"的五个"合而为一"。他说:

> 中国古代国家既然是宗族城邑国家,因而宗族与国家合而为一的,宗主与君主是合而为一的,宗族武装与国家武装是合而为一的,宗庙社稷和国家政权是合而为一的,天地神祇和祖宗神灵是合而为一的。……家室与宗室是合

---

① 《左传·桓公二年》。

② 《左传·隐公八年》。

③ 关于"封建"概念的历史考辨,参见冯天瑜:《"封建"考论》,武汉大学出版社 2007 年版;何怀宏:《世袭社会及其解体:中国历史上的春秋时代》,生活·读书·新知三联书店 1996 年版。

④ 《诗经·小雅·北山》。

第四章 宗法：种群维系的枢纽

而为一的。所以，中国古代的国家政权就是宗族政权。君权即族权，族权即政权。不管政权结构如何变化，这些最本质的特征是不变的。中国古代社会政治史实质上是一部宗族政治史。①

所以对中国人来说，对"伦"的认同就是对秩序的认同，甚至是对人性的认同。正是在这个意义上，钱穆反复说："中国人看夫妻缔结之家庭，尚非终极目标。家庭缔结之终极目标应该是父母子女之永恒联属，使人生绵延不绝。短生命融入于长生命，家族传袭，几乎是中国人的宗教安慰。中国古史上的王朝，便是家族传袭。"② 费孝通也认为："中国的家是一个事业组织。"③后来他又专著大作《生育制度》，对此做了极具洞察的透视。所以，在中国历史中我们屡屡看到，在积极的"社会期望"的角度上，个体成就的终极目标不是个人，而是"光宗耀祖"；在消极的"政治惩戒"的角度上，对个体惩戒的极端形式也不是个人，而是"阉灭九族"。无论"光宗耀祖"还是"阉灭九族"，其背后都隐藏着那个涂抹不掉的本质："血种"。

---

① 参见白钢：《中国政治制度史》（第一卷），人民出版社 1996 年版，第 88—89 页。

② 钱穆：《中国文化史导论》（修订本），商务印书馆 1994 年版，第 51 页。重点号为引者所加。

③ 费孝通：《乡土中国》，生活·读书·新知三联书店 1985 年版，第 40 页。重点号为引者所加。

三、宗法精神与公共政治

既然"宗法"精神在古代中国社会——政治系统运行了几千年,那么,在其中蕴藏着的公共性就成了一个不能不涉及的问题。

第一,宗法精神成为政治正统性的基础要素之一。

具体涉及政治正当性问题,首先要回答的是"何以为正?"在"宗族"关系的角度上,这一问题的答案是:血缘("种")的纯粹性就是正统性。在此语境下,"正"意为"嫡"。《增韵》解"嫡"曰:"正室曰嫡,正室所生之子曰嫡子。一曰嫡,敌也,言无与敌也。"[①] 这样,根据妻妾与男主人的关系,妻妾所生之子可划分为嫡子、庶子、嗣子和养子等等。无论"正"以后如何演化为"正宗""正统"等多重含义,都未离开"血缘距离"这一基本语义。由于与祖先"血缘距离"的远近不是后天可以选择的,它在一定意义上排除了主观意愿的多样性,换言之,它具备了某种自然公共象征的要素,所以社会秩序的公正性,才能得以成立。在"血缘国家"的框架内,社会就是国家,国家就是社会。国家政治的正当性原则只是社会宗族正当性原则的提炼、集中和浓缩而已。这样,就形成了下述认知逻辑:支配资源的先天性和不可选择性(宗子只有一个),决定了它的独占性。由于排除了人为的选择性,所以其事实结果就体现为

---

① 转引自杨金鼎:《中国文化史词典》,浙江古籍出版社1987年版,第126页。

第四章　宗法：种群维系的枢纽

公平性。这时，政治公共性的本质其实只是生物意义上的随机性。非常令人不解并极其让人惊讶的是，"支配资源的独占性"与"支配资源的公共性"，居然在"祖宗"血缘的协调下如此相安无事，水乳交融！在这个意义上，我们将"宗法精神"支配下所体现的公共性，称为"自然血缘的正当性"。① 所以，王国维先生认为，"任天者定，任人者争。定之以天，事乃不生"②，确已成为宗周时期普遍政治秩序的观念了。

历史学家和社会学家普遍认为，在人们的日常生活中，存在着"自愿性"（voluntary）和"归属性"（ascriptive）两种社会关系和权力网络。前者如婚姻关系、市场关系和各种个人之间的交往等，是一种个人可能自由选择的关系形态；后者则指血缘关系和地域关系等，这是一种先于存在的、人们无法选择的关系。族群，民族，乃至家庭主要表现为一种"归属性"社会关系和权力网络。③ 一个人的家庭关系、族属、语言、认知模式、文化环境等，都是他出生前就已既定的事实。这个"前在"的既定事实，是"祖先"通过实

---

① 至于要回答"如何为正"的问题，将大量涉及政治机制的具体运作，这可能已超出政治"正当性"的理论范围。但无论如何，这是完整的理论解释所不能回避的。谢维扬先生指出："从人类学的观点看，社会公共职务（包括政治头衔）的继承，与血缘共同体成员资格的继承，是不同的两回事。世系指的应该是血缘共同体成员资格的承继关系……从王位、君位、爵位的继承来阐述世系，实际上是把世袭（指公共职务的继承）与世系等同起来，这样做无疑是有很大缺陷的。"（氏著：《周代的世系问题及其在中国历史上的影响》，载《吉林大学学报》1985年第4期。）

② 王国维：《殷周制度论》，见王国维：《观堂集林》卷十，中华书局1959年版，第457—458页。

③ 刘昶：《华北村庄与国家》，载《二十一世纪》1994年第12期。

践和历史"创造"出来的。"与现代主要源自西方的法律相反,历史看重的是社会群体及其代表人物,而非广泛的个体。"①后代人继承了前代人的"社会记忆",并利用这种"记忆"提供的诸如权利、文化经济、政治和人口等社会资源,获得、保持和加强自己群族的利益和优势。由于这种"社会记忆"充斥着"感情",饱含着"预期",所以一定是主观的、有选择的,甚至是需要根据利益和现实的需要"杜撰"和"建构"出来的。从这个角度分析"族谱"和"家谱",才能从中获得意义。

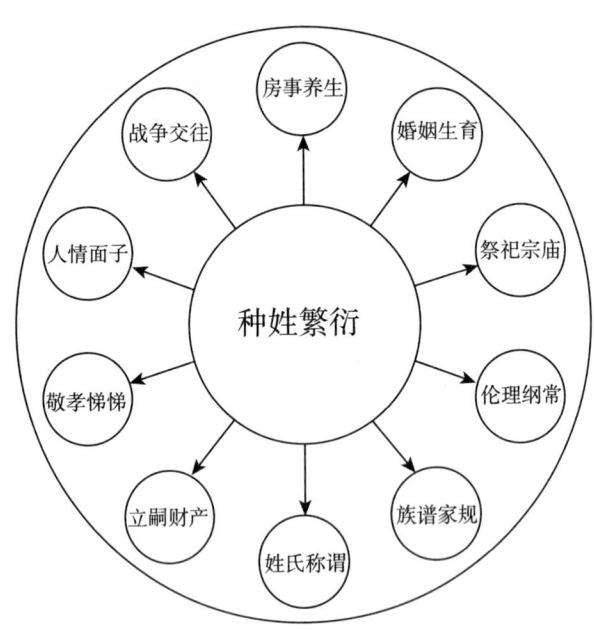

"中国思维"的人际关系系统

————————

① 纳日碧力戈:《现代背景下的族群建构》,云南教育出版社2000年版,第30—31页。

第四章 宗法：种群维系的枢纽

家族意识在中国社会日常生活中一直持续了数千年，在一定意义上说，对于宗族群体的认同已经成为某种不证自明的潜意识，涉及社会事务的方方面面，成为中国人生活原则的重要部分。据学者考察，世界各民族的亲属称谓一般都在20—25种之间，古罗马因父系氏族发达，产生了122种亲属称谓。而中国古代的亲属称谓竟达到350种之多。可见中国宗法血缘的社会纽带影响之深，远超西方国家。[①]

第二，宗法精神构成特殊政体结构的基础。

在横线上，宗法制的政治思想意义还在于，这种制度设计构成了整体社会体系"分化"而"不分离"的局面。随着人口的增长和膨胀，原有的社会体系和制度空间已容纳不下众多的"关系"，这时组织"分化"成为必然。所谓"五世而迁"，从"大宗"中分化出"小宗"；这种"小宗"又变为新的"大宗"……由此无限循环。所以，这种亲宗的"分化"制度，在理论上可以适应人口的无限膨胀和扩大的需要。但是问题在于：一般来说，"分化"就意味着"分散"，宗族的无限分化很可能导致宗族统一体的瓦解而形不成统一体系。但"祖宗信仰"仿佛是一个无形的纽带，又把各"宗"（无论是"大宗"，还是"小宗"）联系在一起，以血缘"祖宗"为中心，相互凝聚和认同。换言之，在组织形态上相互"分化"，但在信仰形态上又相

[①] 参见 P. Bonannan and J. Middleton, *Kinship and Social Organization*，转引自何炳棣：《原礼》，载《二十一世纪》1992年第11期。

互"认同",从而恰在"分化"与"认同"的结构张力中产生了某种凝聚的效能。正如涂尔干在论述宗教精神的本质时所说:"它们不断倍增却又不是一体,它们不断分解却又没有减少。"①应当说,这种结果正是"宗法"精神长久不衰的秘密之所在,正是中国传统社会结构的特色之一。

宗法制在很大程度上成为中国古代知识界乃至下层社会,认同"大一统"思想方式的原因之一。所以许倬云认为:"西周的族制,自然不是任何人发明的,更不是为了分封制度而设计的。然而,这种以亲属血缘为基础的宗族组织,超越了地缘性团体。西周的分封诸侯,一方面须与西周王室保持密切关系,休戚相关,以为藩屏;另一方面,分封的队伍深入因国的土著居民之中,也必须保持自群之内的密切联系,庶几稳定以少数统治者凌驾多数被统治者之上的优势地位。是以现实的考虑,延长了周室的诸姬姓及异姓亲戚的族群意识与族群组织,在中国古代典籍上留下了宗族制度,驯致西周王权式微后,这份亲属的意识成为春秋诸姬姓间主要的维系力量。"②

第三,宗法精神使整体性群体意识生成。

由于"族群"是"家族"结构的扩展,它不仅是血缘的凝结果,而且是一个价值共同体,所以,一方面作为血缘中心

---

① [法]涂尔干:《宗教生活的基本形式》,渠东、汲喆译,上海人民出版社1999年版,第564页。

② 许倬云:《西周史》,生活·读书·新知三联书店1994年版,第161页。

第四章 宗法：种群维系的枢纽

的"祖"占有重要地位；另一方面作为价值中心的"士"也具有不能忽略的作用。但是，无论是"祖"还是"士"，由"家族"衍生出来的政治体系都强调"人治"，亦即"社会精英"的观念与行为，成为整合社会关系和实施政治统治的动力源泉。显然，"祖"的扩展（具有复杂的隐喻过程）成为"王"，"士"的扩展（相对更为直接）成为"臣"。作为社会基础的"民"的地位非常复杂，一方面他是统治阶层政治行为的全部目的，另一方面他也是统治阶层政治行为的全部基础。

换言之，在宗法精神的影响和支配下，个体在社会发展中的作用，只有与家族整体相联系才有可能，才有价值，才有意义。个人的成败兴衰在本质上只是家族发展的缩影。因此西方意义上的"个人主义"理念（individualism）在中国传统社会就无法生成。这是因为：其一，我们知道，社会契约论假设的逻辑起点是无政府的"自然状态"，在激烈的竞争中，恐惧时时侵害着自然人的生活。为了减少这些耗损，保证安全，自然人们不得不自愿放弃自己的自然权利而相互订立契约，从而共同受到契约这种"普遍意志"的保护。显然，"契约论"的基本预设是每个人都以具有主权资格的个人而存在，用基督教话语说就是"每位信徒都是上帝的选民"。所以"原子论"意义上的"个人权利"成为"契约论"之所以成立的绝对前提。但在中国古代的宗法结构中，最基本的主权单位不是"个人"而是"家族"，在这个系统中没有原子个体的地位。因此，经典的"契约论"原则在此找不到历史动力和逻辑起点。以保存和扩展"家族"的整体意志,并不自然地来自个人意志的契约,而是来自祖先的责任,"族长"以及"传统"成为社会整合的权威来源。所以,由于中国社会结构的规定,其宗教信仰只能是"祭祖"而不可能是"上帝",其政治权威也只能是"家长"而不可能是"领袖"。其二,既然中国社会结构并不支持"契约论"原则的产生,因此就不可能出现普遍意义和超越意义上的"法"的观念。① 在古代中国,真正对社会起整合作用的是"礼"。"礼"本身就是一个以"人情"为基础的、具有"差序格局"的等级体系。社会行为以"人伦"中的"血缘距离"为评价准则。而"刑"和"罚"只是维系宗族秩序不得已而为之的补充措施,它不具有形而上的理论和信仰意义。这是我们今天理解中国古代社会的关键环节之一。所谓"以礼治国"的基本内涵,只是"家族体制"的放大与扩展。其最明显的表现,就是中国传统政治以"纲常名教"为重,极端重视"名分"的"人治"(依人伦而治)体系。

学者认为,"家族血缘意识、家族血缘关系以及据信有家族血缘关系的家族成员行为,互相之间存在复杂的互动关系,仅就家族血缘有约定成俗关系的亲属制度而言,至少可以划分出'类别'(categories)、'规则'(rules) 和 '行为'(behaviors) 等三个层面:首先是人们据以对周围世界进行分类和概念化处

---

① 参见梁治平:《法辨——中国法的过去、现在与未来》,贵州人民出版社1992年版。

第四章 宗法：种群维系的枢纽

理的类别体系，它小亲属制度上典型的表现为亲属称谓；其次是一系列用亲属称谓描述的行为准则；最后是基于概念化的类别体系和受行为规则制约的社会行为。类别体系不一定与行为准则相符合……人们把类别体系视为自然的同时，其行为准则却表达了他们有意识的追求；人的社会行为也可以进一步划分为总体倾向性的'集体行为'（collective behavior）和需要在特殊环境下做具体解释的'个人行为'（individual behavior）。……'种族'概念是传统上对人类集团的分类，它主要是一种直觉的想象和民间知识；'种族'准则是人们在'种族'概念的基础上在一定时间和空间范围内的认知活动的具体结果，它对'种族'之间关系进行规范；'种族'行为则是在'种族'概念基础上，在'种族'准则制约下的具有'种族'意识的行为"[①]。所以，在中国传统中，人们的行为背后是由"集体责任"（collective responsibility）支撑着，而"个人责任"（individual responsibility）则不发挥作用。探求其究竟，肯定要从社会结构的制度安排角度去找原因。

---

① 纳日碧力戈：《现代背景下的族群建构》，云南教育出版社2000年版，第96—97页。

第五章 "天命"：宇宙秩序的政治意涵

知地者智，知天者圣。

——《周髀算经》

在中国文化中，与"宗"占有同等位置的另一重要概念就是"天"。据古文字学家考证，"天"的早期构型与人的身体有关。在殷代卜辞中，"天"字宛如张手伸腿站立的正面人形，而其头部被特别夸大。后来演化为目前的"天"字。

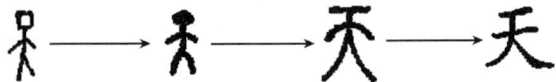

王国维说：

> 古文天字，本象人形，殷虚卜辞或作🙂……其首独巨。案《说文》："天颠也"。《易·睽·六三》："其人天且劓"。马融亦释天为凿颠之刑。（按：《释天》："天，刺也。马融云：刺，凿其额曰天"。）是天本谓人颠顶，故象人形……所以独坟其首者，正特著其所象之处也。……又作🙂，则别以一画记其所象之处。……🙂字于🙂上加一，正以识其

第五章 "天命":宇宙秩序的政治意涵

在人之首……此盖古"六书"中之指事也。①

"天"处于人身之最高位置,这在造字之初就已隐含下了"至上"的意思。至于这种大头人形如何与"自然天体"相联系,学者论证简要。② 但仅从字形角度,如果推测"大头之人形"所表征的恰是"祖先",那么,这种意义上的"天"必然与已去世的祖先具有连带关系,而不可能是纯粹的自然现象。实际上,"天"字的早期构型与人的身体有关。③

但一个有意思的历史事实是,从概念发生的角度上看,"天"比"宗"晚出。这个事实对解释"天"的性质具有重要的意义。正如考古学家已指出的那样,在商代,"天"在很大的程度上是与已逝去的英明祖先联系在一起的,人们认为已逝祖先的神灵升在"天"上,仍然保佑和观察着后人的作为。④ 这时

---

① 参见王国维:《释天》,见王国维:《观堂集林》,中华书局1959年版,第282页。

② 刘翔:《中国传统价值观诠释学》,上海三联书店1996年版,第19页。

③ 如果殷代卜辞中的"天"确为"自然之天"的话,那么,我们将无法解释为什么记载具体天象的字,如日、月、风、云、雷等比比皆是,而唯独代表抽象意义的"天"字却极为罕见。直到以后的金文中,"天"具有了一种抽象且综合的含义,并与人类命运的联系愈来愈紧密了。(参见刘翔:《中国传统价值观诠释学》,上海三联书店1996年版,第24—30页。)

④ 董作宾《殷历谱》(载《中央研究院历史语言研究所专刊》,1945年)已涉及商殷卜辞中的昭穆排列顺序。王国维也有突出建树。特别是刘朝阳的论文《殷历质疑》(载《燕京学报》1931年第10期);《再论殷历》(载《燕京学报》1933年第13期);《三论殷历》(载《中山大学研究院文科研究所历史部专刊》1936年第1卷第2期)更将历法与祭祖紧密地联系在一起了。

的"祖先"仍与具体的血缘—政治共同体发生着直接的关联。但是到了周代,由于政治世界发生了剧烈的变动,原有的政治认同符号的局限性逐渐显现出来,于是政治思维上产生了一个"突破"的需求。

一方面,在人口、实力、区域和文化方面都处于劣势的"小周",竟成功地取代了"大殷",其原因何在,迫切需要政治理论的解释;另一方面,曾经与周文王会盟盟津,并在两年后共同"克殷"的所谓"八百诸侯"并不属于一个共同的血缘祖先,而新的政治共同体需要一个更为抽象的符号以显示其内在力量的一致性。这样,无论在政治上,还是在逻辑上,都需要一个超越血缘祖先的、具有更大涵盖范围的政治符号取而代之。于是,就自然出现了"天"。

其实从早在周康王时期的"何尊"的铭文中,我们已清楚地看到"天"这时已具有了明确的社会政治意义。

第五章 "天命":宇宙秩序的政治意涵

"何尊"铭文曰:

原　文	今　译
惟王出迁宅于成周,复禀武王丰,福自天。……肆文王受兹大命,惟武王既克大邑商,则廷告于天。……祝于公氏,有爵于于……小恭德裕天。	周王开始迁室于成周,再次禀承武王的祭礼,举行福祭由祭天之室开始……文王承受了这个大命,武王战胜了商国,就向天帝占卜祭告。……要向先辈学习,要为天帝建立劳绩……周王敬尚道德,丰享天帝。

资料来源:《文物》1976年第1期。年代考证从李学勤:《何尊新释》,载《中原文物》1981年第1期。

不难看出,这里三次出现的"天"字,均为抽象意义,而把"天"与"大命"联系起来,则特别值得注意。

但是,与西方,特别是希伯来—基督教文明不同的是,中国古人观念中的"天"并不是一个纯粹抽象的形而上实体,如海外学人反复指出的,它绝不能与英语"Sky"一词相等同,甚至也不能简单与"Heaven"相混淆。① 换言之,"天"并不是类似于上帝那样的"看不见的实在"(invisible reality),而是一种以人的眼光、感觉和体悟所接触的实体,甚至是被人们所建构的"可见的世界"(visible reality)。中国思想的独特性在于,"天"一方面的确是一种客观实体,另一方面,它也是判断和认识的一种主观准则。而在这个主—客观相互渗透的体系中,人

---

① 参见[美]郝大维、安乐哲:《汉哲学思维的文化探源》,施忠连译,江苏人民出版社1999年版,第239—252页。

类自身和人类生存的地球，一直是衡量一切的中心，日心说在中国古代很难出现。这样一种性质的"天"，建构出了一个以地球为中心的所谓"七曜"（日、月、金、木、水、火、土）纵横交错、相互交叉、彼此关联、秩序井然的天体文化系统。《说文》曰："文，错也"，是指相互交叉的轨迹，用于书法则为字迹和文章；用于天象，则为星球运行的轨迹。所谓"天文"就是星际运行的纹路。

就中国古代而言，这个"天文"体系绝非今天所谓科学意义上的"天文学"（astronomy），而是一个更具人文精神的"算星术"（astrology），它是一个充满人类感情和祈望的解释性文化系统。[①] 在古人的观念中，天文星象被划分为两大部分，或者可称为两大类型：一是可以掌握的天体现象运行规则的部分，对此古人是通过运算来完成的，以达到标定时节的目的。对于这部分内容，我们今天一般称为"理性"和"科学"。但另一部分是对尚未掌握的天体现象的解释，人们并不知晓其原理的部分，古人则投射以宗教性的思维。在这部分内容中，保留了大量文化解释的因素。反映在历史文献中，"天学"的功能是由史官（"大史"，即后来所称的"太史"）来承担的。《周礼》在确

[①] 江晓原早已指出：中国古代"天文"一词不能简单以西文"天文学"（astronomy，由拉丁文 astronomia 而来）对译，虽不为无因，终不免大违"天文"之传统本意。第以约定俗成既久，当然不妨继续沿用。（参见江晓原：《上古天文考：古代中国"天文"之性质与功能》，载《中国文化》1991 年第 6 期。另见江晓原：《天学真原》，辽宁教育出版社 1991 年版。）

第五章 "天命":宇宙秩序的政治意涵

定"宗伯"一职时规定:"惟王建国,辨方正位,体国经野。设官分职,以为民极。乃立春官宗伯,使帅其属而掌邦礼,以佐王和邦国。礼官之属。"而其下属又分为"冯相"和"保章"两职。具体职责是:

> 冯相氏掌十有二岁,十有二月,十有二辰,十日,二十有八星之位,辨其叙事,以会天位。冬夏致日,春秋致月。以辨四时之叙。……冯相氏中士二人,下士四人,府二人,史四人,徒八人。①

> 保章氏掌天星,以志星辰日月之变动,以观天下之迁,辨其吉凶。以星土辨九州之地所封,所封封域皆有分星,以观妖祥。以十有二岁之相,观天下之妖祥。以五云之物,辨吉凶、水旱降丰荒之祲象。以十有二风,察天地之和命、乖别之妖祥。凡此五物者,以诏救政,访序事。……保章氏中士二人,下士四人,府二人,史四人,徒八人。②

由此可见,自始中国古代"天学"就显示出了其浓重的解释性的文化性质。质言之,中国古代的"天学"所关注的重心,

---

① 《周礼·春官宗伯·冯相氏》。
② 《周礼·春官宗伯·保章氏》。

不仅是"自然",而且是"政治",但就最根本的目的而言,前者只是证明后者的必要途径和手段而已。

以下我们将进一步从"天象""天数"和"天意"三重要素的角度,对中国古代"天学"的政治性质展开简要的分析。

一、"天象"的图景

"天文"是与"人文"相对而言的。《说文》曰:"文,错画也。"王弼注:"刚柔交错而成文焉,天之文也。"所以,古代"天文"就是一种天之纹饰,实指"天象",即各种天体交错运行而在天空所呈现的景象,指天体实物和运动轨迹,指天体、星座、气象等形态及其变异。如天体运行中星辰有序的变化,以及日食、月食、流星等变异,北斗七星位置不同所体现的季节转移,气候与物候变化以及地震、海啸、台风等现象。所以,"天象"是指宇宙之自然本体的"图像"。从考古实物和历史文献我们得知,中国人观念中的"天",主要是由"日月系统""五星系统"和"北极系统"这三个参照模式所组成的宇宙体系。[①]

既然"天"是一种从人"眼"中可以看到的具体图景,而不是在人"脑"中建构出来的抽象概念,那么,"图像"就发挥着比"逻辑"更为重要的作用。历史事实的确如此。

[①] 参见江晓原:《天学真原》,辽宁教育出版社1991年版,第27页。

第五章 "天命"：宇宙秩序的政治意涵

　　山东省莒县出土的约公元前 3000 年的陶器上的符号，反映出古人对太阳的直接观测。图中描绘了一个带翼的太阳从五峰中升起。据专家分析，这样的天象只有在"春分"和"秋分"时才会出现。[①] 可见那时人们对"天象"的意义，已具有了明确的意识。

大汶口文化陶尊和其上的日出符号

　　现在我们所知，最早涉及天文图像的考古资料，是著名的河南濮阳西水坡 45 号墓出土的仰韶文化蚌塑星象图。这一墓穴属仰韶文化遗迹，跨越公元前 5000 年至前 3000 年的时期。根据天文考古学家解释，此墓穴的形状采取的是一个"天圆地方"

---

① 王树明：《谈陵阳河与大朱村出土的陶尊"文字"》，见山东省《齐鲁考古丛刊》编辑部编：《山东史前文化论文集》，齐鲁书社 1986 年版，转引自冯时：《中国天文考古学》，社会科学文献出版社 2001 年版，第 198 页。

的模式，其中不仅有北斗星象征，还有左苍龙、右白虎的图样。其他殉葬的三人，其方位分别为东、西、中三个方向，实际上在"春分"和"秋分"日出与日入的日行轨道上。而中间的一人，则方向朝北，暗示着与"冬至"具有某种关系。

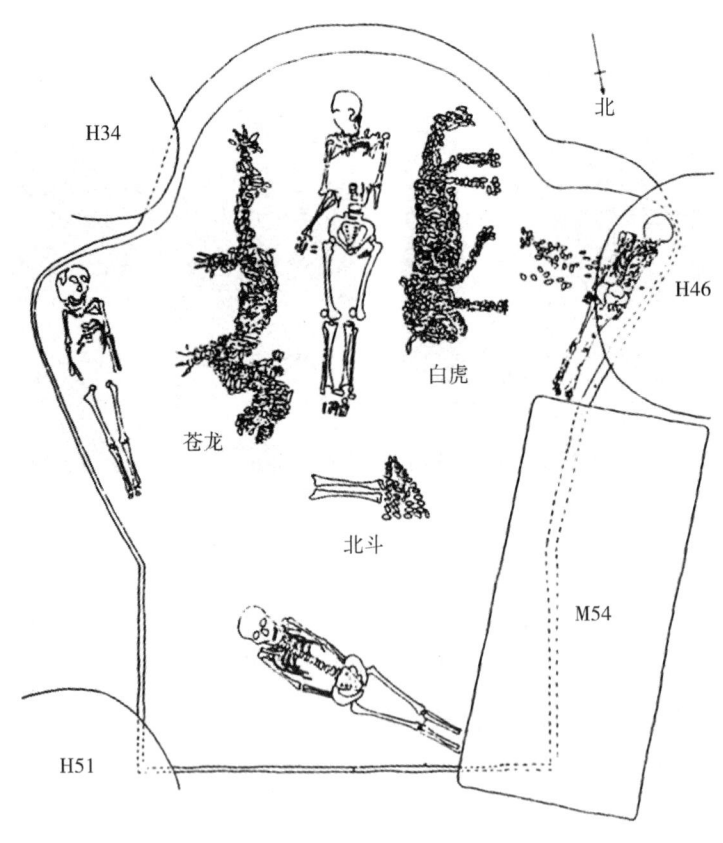

河南濮阳西水坡 45 号墓平面图

第五章 "天命"：宇宙秩序的政治意涵

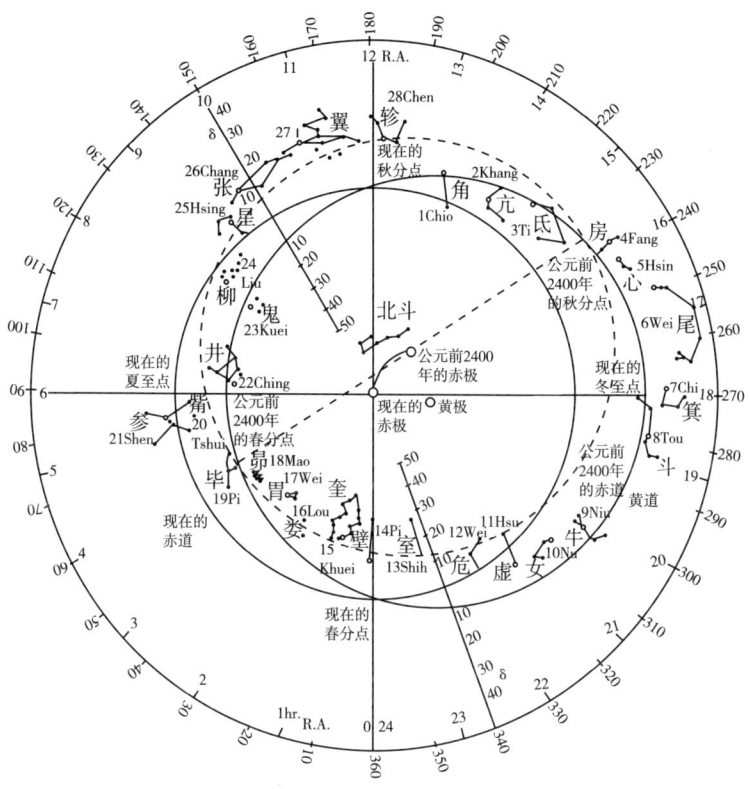

中国二十八宿北斗星图

专家考证，河南濮阳西水坡45号墓在极大的程度上，是用葬墓的形式显示了一幅古代的二十八宿天文图。不仅其中的各种天文要素基本具备，而且二者之间的相似性甚至可以用"若合符契"来形容。①

---

① 具体考证参见冯时：《中国天文考古学》，第六章"星象考源"，社会科学文献出版社2001年版，第258—339页，特别是278—302页。

此后,考古发掘不断证实,古代天文星象图被不断地复制和精致化,成为中国文化的重要资料,但在原则上却没有超出上述"天象"的框架。

在古代,"天象"的确成为中国人规范时间范畴,特别是制定生活原则的一项重要的参照系。由于"天象"不可能是人为的,这就在一定程度上排除了主观臆造的可能性,从而成为增强公共认同意识的必要条件。笔者认为,这是中国传统政治思想中极具特色的部分。"天象"的呈现,就像一部超越人为意志的"洪范"(大法)①,成为统摄上至宇宙,下至人间的统一准则,实在是中国传统政治思想中的重中之重。美国著名中国问题专家史华慈关于中国古代思想的研究,虽然东西方学术界对其有所争议②,但笔者仍然认为,如果我们不在西方哲学和宗教的意义上解释"超越"一词,那么,史华慈的观点仍然具有强烈的启发意义。他在一

---

① 这里所用"超越"一词,不是西方哲学和宗教意义上的原意。而是指"天"作为自然本体,具有人类不可复制和不可控制的特性。这样,它才大大减少了由个人或家族以及政治集团"制造"天象的可能性,从而具有了公共参照系的意义。关于西方思想意义上的"超越"(transcendence)含义,以及在中国思想研究中套用此一概念的误读,参见[美]郝大维、安乐哲:《汉哲学思维的文化探源》,施忠连译,江苏人民出版社1999年版,第226—260页。

② 参见 Angus. C. Graham, "Making out the Way", *The Times Literary Supplement* (London), July 18, 1986, p. 795. 文章一开始葛瑞汉就说:"一些研究中国思想的西方学者倾向于把中国人想成和我们一样,而另一些人则不然。一种倾向是运用那些超越文化和语言差异的概念,透过所有表面的不同,去发现中国思想中对普遍问题的探索。另一种倾向是透过所有的相同点,去揭示那些与受文化制约的概念系统相关的,以及与汉语和印欧语言结构差异相关的关键词汇的差别。史华慈的《中国古代的思想世界》就是前一种观点的非常突出的代表。"

第五章 "天命":宇宙秩序的政治意涵

系列研究中把中国传统"天学"思想放到了统摄社会—政治—文化之自然秩序的高度予以评说:

> 人们有这样的疑问:它(中国的宇宙秩序论思想)是否关涉任何一种超越观,因为它似乎凝固和压缩了那些现存的、关于实在内容的印象,而不是超越它们。然而,至高无上的神,或曰天,与自然和祖先神灵截然不同,祖先神灵可以说只是完成他们自己的职责,以对规定的祭礼作出反应,可是天被视为超越的统治者,他(天)是一种统一的道德意志,维持世界的正常秩序……他(天)不偏离这一秩序。
>
> ············
>
> 天命的观念确实表现了对于社会—政治—文化上的规范的秩序与事物实际存在的状况之间悲剧性矛盾的意识……超越的成分不可否认地存在于对于理想的社会秩序与实际的事态之间巨大矛盾的意识之中。①

但是,有两点必须在此提请注意:其一,"天象"是一种可见的实在,虽不可改、不可触,但却与西方意义上的"形而上",无论是柏拉图的"理念",还是希伯来—基督教的"上

---

① Benjamin I. Schwartz, "Transcendence in Ancient China", *Daedalus*, Vol. 104, (Spring) 1975, pp. 57−68.

帝",都形成鲜明对照,而后者本质上暗含着思辨的逻辑;其二,虽然"天象"不是人为的,但对它的解释则不可避免地要通过主观取向,这就给"天命"的阐释保留下了极大的空间。所以,"天象"既具有超越的性质,同时又保留了解释性空间,在二者之间构成了某种特殊的紧张关系。正是在此种微妙的关系中,蕴涵着中国思想和中国政治的深刻奥秘;作为一种符号体系,"象"由此在中华文明中发挥着比其他文明更加实质性的社会政治功能,这对以仪式控制为重要整合手段的中国古代社会来说,具有特殊的意义。

二、"天数"之推演

如果说"天象"是一种静态的"图形",那么,星际之间的运动和转移就应被视为某种"轨迹"。所谓"天数"亦称"天运",就是指"天象"变化和运转的周期、节奏和韵律。对于"天数"考察和计算的直接结果,就是所谓"历法"。古人认为这种"大秩序"运转节奏不仅不以人的意志为转移,而且规定着人间的生活秩序,因此必须敬而仰之,尊而循之的。具有相当高水准和连续性的中国传统"历法"系统,就是这一观念最完美的体现。对于"天运"计算、考察的直接结果,就是"历法"。"历法"越精确,就说明天人关系越近。正如众多学者所言,"历法"的本质是制定一套以纪、年、月、日为单位以规划时间的规则。通过这样的规划,人们不仅得以确立集体生活所依据的框架,而且还可通过其预测功能,使这种生活进入某种

第五章 "天命":宇宙秩序的政治意涵

可以调适的有序世界。这里所谓"集体生活",一方面涉及农业生产的便利,另一方面涉及政治共同体的认同,实际上具有"自然"与"政治"的双重意义。

殷代甲午月食卜辞(《甲骨文合集》11484 正)

依据制定原理的不同,中国早期历法可分为三大类:一是"物候历",即以天文星象参合物候而规划时间,如《大戴礼记·夏小正》《尚书·尧典》所述的历法;二是"自然历"(或曰"星象历"),是以实际观测星象运动所得之时间划分规则,主要是春秋战国时期各国的时令;三是"推步历",即根据岁实(回归年)与朔策(朔望月)对天体运行进行推算,通过置闰方法以调和二者周期的时间安排。需要指出的是,在历史发展的过程中,这三种性质不同的历法并非呈进化程序演进,而是相互交叉,同时存在于同一个历史时段之中。历史相传的中国上古黄帝、颛顼、夏、殷、周、鲁的"古六历",应当被看作曾长期流行于世的不同历法。①

根据甲骨文资料,中国学术界一般对殷商天文历算的性质持两种不同的观点。一种观点以董作宾、吴其昌、严一萍为代表。认为在殷历一回归年长度为365.24671日,朔望有周期为29.530585日。回归年长度合于四分历,朔望有长度接近四分历;大月、小月相间安排,大月30日,小月29日;并已知置闰,初期用年终置闰法,称十三月,后期采年中置闰法;以朔日为月首,正月建丑。②另一种观点以束世澂、刘朝阳、孙海波为代表。此派学者也认为,殷历的根本目的与祭祖相关。商王庙号以十天干为纪,这是一种十进位的计数法。而在众多甲骨卜辞中出现的"旬"字,是一个记日单位,它特别强调十日

---

① 参见梅政清:《中国上古天文学之社会文化意涵》,台湾成功大学历史研究所硕士论文,2003年,第16—19页。

② 文献参见董作宾:《卜辞所见之殷历》,载《安阳发掘报告》1931年第3期;《殷历的几个问题》,载《中央研究院历史语言研究所集刊》第四本三分册,1934年;《殷历谱》,载《中央研究院历史语言研究所专刊》,1945年。

第五章 "天命":宇宙秩序的政治意涵

为旬的概念,因此这种历法主要是为迁就先王先公排位的政治历。结合对月相变化的理解,殷历每月有三旬,每旬都是十日,每月故为三十日;没有大小月的区分;也没有闰月;纪日的干支在各个月份之中都有严格的位次,每月的第一日必定是甲日,最后一日必定是癸日;每年固定为十二个月;每年长度都是三百六十日。①

近年来甲骨学研究者常玉芝在前人研究的基础上,对殷历实况的探讨又有所推进。她在肯定了"殷商时期行用的是太阴纪月、太阳纪年的太阴太阳历,亦即阴阳合历"之后,同时也指出,殷历在具体纪法上也未必如董作宾所说的那样严整:

> 殷人的天文知识还比较有限。他们已认识大火星(即心宿二、天蝎座α),并以大火星昏见南中为岁首;他们还不能准确地测得冬至和夏至,卜辞中还没有日至的记录;还没有十二节气的概念;他们还不了解月食(当然也包括

---

① 参见束世澂:《殷商制度考》,载《国立中央大学半月刊》1930年第2卷第4期。刘朝阳论文主要是:《殷历质疑》,载《燕京学报》1931年第10期;《再论殷历》,载《燕京学报》1933年第13期;《三论殷历》,载《中山大学研究院文科研究所历史部专刊》1936年第1卷第2期;《殷历轮廓》,载《华西大学下颌骨文学研究所专刊》乙种第二册,1944年;《晚殷长历》,载《华西大学下颌骨文学研究所专刊》乙种第三册,1945年。其中部分论文收入李鉴澄编《刘朝阳中国天文史论文选》,大象出版社2000年版。孙海波:《卜辞历法小记》,载《燕京学报》1935年第17期。

日食）发生的原因……还处在日月食发生后的观察和记录阶段。

············

……殷历月有大小相间安排的，也有连大月和连小月的现象。这些说明殷历月是以观察月相为准的太阴月。殷人的历法已有闰月的安排。他们始终是年终置闰法与年中置闰法同时并用的。……他们的置闰还是随时依靠观察天象或物候来决定的，发现不合，就随时在年终或年中安置闰月予以调整。由殷历中有闰月，可以得知殷人行用的是太阴纪月、太阳纪年的阴阳合历。[①]

从现有较成熟的研究成果看，在中国远古可能存在着多种历法模式，除了后来被普遍承认的"四分历"以外，还存在着两种著名的历法模式，其一是通过云南彝族文化考古所发现的"十月历"，另一个则是中国早期史料中反复记载过的"火历"。由于"十月历"直接涉及《周易》数理的来源，"火历"也牵涉到历法中"12周期"（涉及六十甲子循环）的天道原则，所以近20年来受到学术界的高度关注，并引发了一系列争论。由于本书主题的限制，更由于笔者对此问题的理解不够深入，这里不能对此一专题展开深入讨论。但必须提起注意的是，"十月

---

① 常玉芝：《殷商历法研究》，吉林文史出版社1998年版，第424—426页。

第五章 "天命":宇宙秩序的政治意涵

历"和"火历"性质和数理的研究,对于透视"中国思维"是一种非常重要的视角和途径。[①]

以下我们仅用最简单的方式,对司马迁的《历术甲子篇》和刘歆的《三统历》的运算原理和基础数据,做一些描述,其目的则是以此说明中国古代所谓"天学"信仰并非子虚乌有的纯粹臆断。正是一定的数理因素,奠定了古人一定程度的"实证"基础,并在这个基础上建立了政治权力更迭的模式和法则。汉初的历法基本上是沿用秦以来的颛顼历。颛顼历是一种古四分历,《历术甲子篇》和《三统历》都以此为基础。

首先,我们讨论司马迁《历术甲子篇》的演算原理。

历的基本要素是年、月、日三者的长度。在阴阳观念的作用下,中国古历一开始就不是纯以回归年周期为依据的"太阳历"(阳历),也不是纯以朔望月周期的"太阴历"(阴历),而是同时考虑太阳和月亮的视运动,把回归年与朔望月两个周期并列为制历的基本数据的"阴阳历"。由于这两个周期之间没有公倍数,所以必须设法调平年、月、日三者的长度。《历术甲子篇》的划分就以此为依据。其步骤是:

[①] 我们在此所做的省略,实为不得已而为之。将来有时间和有机会整理这些文稿,必当予以完整的补充。涉及相关资料,请参见陈久金、卢央、刘尧汉:《彝族天文学史》,云南人民出版社 1984 年版;庞朴:《"火历"初探》,载《社会科学战线》1978 年第 4 期;田合禄、田峰:《中国古代历法解谜:周易真原》,山西科学技术出版社 1999 年版。

(1) 要想对"天运"进行计算,首先必须选择一个计算的起点。在历法上就是"历元"。"元"的本意就是"始"。古人把"冬至"作为一岁的开始;把朔日(日月交会的一日,即阴历初一)作为一月的开始;把夜半子初作为一天的开始;"甲子日"则作为干支纪日周期的开始。所以,冬至(一年之始)之"年统"、朔旦(一月之始)之"月统"、"甲子夜半"(一日之始)之"日统"、甲子日(干支之始)之"干支统"四者重叠,才是"历元"的理想起点。

(2) 有了"历元",还要调平年、月、日之间的长度关系。一回归年为 365.2422 日;一朔望月为 29.5306 日,12 个朔望月为 354.3670 日。这样,"岁实"(1 个回归年)与"朔策"(12 个朔望月)相差 11.25 日(365.2422－354.3670)。因此必须"三年一闰,五年再闰,十九年七闰"才可能近似调平它们之间的长度。因此,19 年就成为一个循环圈,被称为"一章"。

(3) 因为"一章"仅是一个近似的调平周期,如果想再进一步精确化,就必须运转 4 个周期($19 \times 4 = 76$)才能完成。这样,76 年就又再成为一个更高层次的循环,所以被称为"一蔀"。

(4) 经过 20 蔀($76 \times 20 = 1520$),共 1520 年,甲子日夜半冬至合朔又回复一次,所以被称为"一纪"。

(5) 1520 年仍然不是 60(干支)的整倍数,只有完成 3 纪

第五章 "天命":宇宙秩序的政治意涵

(1520×3＝4560),共 4560 年,才回到真正的甲寅年甲子月甲子日甲子时(夜半)冬至合朔。所以,4560 年的大循环,被称为"一元"。

这样看来,在古代的理论上首先是按标准确定一个合理的"历元"点,由此确立数据推导的基础,而实际上则是由于"回归年"与"朔望月"这两个自然循环之差需要进行必要的协调,历法体系又是这一协调的结果。所以在这个意义上,历法体系既要具有一种面向未来的预测功能,同时又必须论证实施这种推导的前提依据。①

由于司马迁《历术甲子篇》与刘歆《三统历》在基础理念和推导方法上都属于"四分历"框架,因此在基本的数据结构方面二者相近。

---

① 按照今日的天文计算,"四分历"仍有疏漏。

"四分历"采用 365.25 日为一回归年,较今测 365.24219828 日,长出 0.00780172 日。

∵ 1∶0.00780172＝x∶1;∴ x＝128.185;∴ 每隔 128.185 年则相差 1 日。

"四分历"采用 29.53085 日为一朔望月,较今测 29.53058800 日,也长出 0.00026200 日。

∵ 1∶0.000262＝x∶1;∴ x＝3816.794;∴ 每隔 3816.794 月则相差 1 日。

又∵ 3816.794 月＝308.592 年;又∵ **每隔 3816.794 月,即 308.592 年,则历法相差 1 日。**

而这个 308.592 年的数据,很可能就是纬书《春秋保乾图》关于"王者三百年一蠲法"和纬书《考灵曜》关于"三百年斗历改宪"之说的历法依据。

司马迁《历术甲子篇》	刘歆《三统历》
一岁：12月	一岁：12月
一章：19年，235月	一章：19年，235月
一蔀（4章）：76年	一会（27章）：513年
一纪（20蔀）：1520年	一统（3会）：1539年
一元（3纪）：4560年	一元（3统）：4617年

注：二者相差57年（57＝19×3），即相差3章。故整体上属于同一系统。

资料来源：张汝舟：《二毋室古代天文历法论丛》，浙江古籍出版社1987年版，第578页；《汉书·律历志》，中华书局1962年版，第961页。

所以，司马迁发现周考王五十四年（前427年），除了当天不是甲子日以外（实为"己酉日"），其他条件一一吻合。所以这天只是"历元近距"。要想进一步精确，就只能向前推到前1567年，那天才是真正完全符合所有条件的理想"历元"。① 司马迁《历术甲子篇》取甲寅年为太初元年（指历元，非指汉武帝之年号），以甲子月甲子日夜半冬至合朔为"历元"，其"历元近距"是周考王五十四年（前427年）甲寅年己酉日冬至夜半合朔。由此推演千百年之干支纪年，朔日余分，一丝不错。因此，"四分历"是中国历法的起点。作为一年而言，"冬至日"（历点）成为古代的大祭之日。

其次，我们再讨论刘歆的《三统历》。

---

① 张汝舟：《二毋室古代天文历法论丛》，浙江古籍出版社1987年版，第577—578页。

第五章 "天命":宇宙秩序的政治意涵

如前所述,在推演原理上刘歆的《三统历》与司马迁的《历术甲子篇》属于同一历法系统,所不同的是前者"历元"要素中增添(或附会)了许多主观(或文化)的因素。① 西汉末年,刘歆以"三统者,天施、地化、人事之纪"为准则修订太初历,更名为"三统历"。换言之,所谓《三统历》实际上就是运用"三统"文化思维解释历法。②

刘歆首先给定了治历的"基本原则",曰:

---

① 汉武帝时,公孙卿、壶遂、司马迁等受命议造汉历。最后,在 18 种改历方案中选定了邓平所造的八十一分律历,称太初历。太初历以 365.385/1539 日为回归年长度,29.43/81 日为朔望月长度。

② 参见《汉书·律历志》(上、下)。本节中所用数据和推导,完全依据张汝舟《二毋室古代天文历法论丛》(浙江古籍出版社 1987 年版);刘操南《历算求索》(浙江大学出版社 2000 年版);刘洪涛《古代历法计算法》(南开大学出版社 2003 年版)三书。张汝舟、刘操南二先生无缘谋面,而笔者 2001 年夏季曾于南开赴会期间专程拜访过刘洪涛先生,直接请教过有关"三统历"问题。由于是事先经过联系的,所以见面时刘洪涛先生随身带上了《汉书》的有关卷本。记得当我提出"三统"与"五行"关系的具体问题后,刘洪涛先生纯熟地翻到《汉书》表述其意的地方,当即做出了详细的讲解。并告诉我,他所著《古代历法计算法》早已终稿,但不知何时可以出版。并表示如果需要,他愿意把家里的手稿借我阅读。第二年秋季当我入学南开大学历史学院,想再拜访他时,才知道刘洪涛先生已于数月前离世了。2003 年《古代历法计算法》出版,在为该书所撰的序文中,我的导师刘泽华先生这样写道:"2000 年进行博士生导师遴选,洪涛也提出了申请。别人都是长篇大论,他在介绍自己时只有几句话,大意是:我这个人老大不小了,还提这个问题,没有出息,实在有些惭愧。如果名额有限,不须大家为难,有或没有,不碍事。我没有钱(项目),现在也许钱比学问更有效?我实在不知道行情,请大家批评!在我的印象里,刘洪涛得了全票。我以为这次不会再有问题,遗憾的是,上一级又没有通过,据说还是因为没有'钱'的缘故。"(见刘洪涛:《古代历法计算法》,南开大学出版社 2003 年版,第 3 页。)

> 三统者，天施，地化，人事之纪也。……其于三正也，黄钟，子为天正；林钟，未之冲丑，为地正；太簇，寅为人正。三正正始
>
> ……………
>
> ……天施复于子，地化自丑毕于辰，人生自寅成于申。故历数三统。①

笔者根据刘操南先生的逐字解释和数理运算，以及乐爱国博士的简化复原②，大致描述《三统历》的推演步骤：

(1) 八十一为日法。 根据《周易》乾之初九，音律黄钟律长九寸，为天统；坤之初六，林钟律长六寸，为地统；八卦，太簇律长八寸，为人统。刘歆的《三统历》采用太初历的日法八十一，并说："太极中央元气，故为黄钟，其实一龠，以其长自乘，故八十一为日法。"③

算式表达为：

$$\frac{81}{81}=1$$

(2) 朔望月的日数。 根据《周易·系辞上》"大衍之数五十，其用四十有九。分而为二以象两，挂一以象三，揲之以四

---

① 《汉书·律历志》，岳麓书社1994年版，第438—450页。
② 参见刘操南：《历算求索》，浙江大学出版社2000年版，第116—152页；乐爱国：《儒家文化与中国古代科技》，中华书局2002年版，第100—103页。
③ 《汉书·律历志》，岳麓书社1994年版，第448页。

第五章 "天命"：宇宙秩序的政治意涵

以象四时，归奇于扐以象闰，五岁再闰，故再扐而后挂"，刘歆认为："元始有象一也，春秋二也，三统三也，四时四也，合而为十，成五体。以五乘十，大衍之数也，而道据其一，其余四十九，所当用也，故蓍以为数，以象两两之，又以象三三之，又以象四四之，有归奇象闰十九，及所据一加之，因以再扐两之，是为月法之实。"

算式表达为：

$$\{[(1+2+3+4)\times 5-1]\times 2\times 3\times 4+19+1\}\times 2=2392$$

$$2392\div 81=29\frac{43}{81}日$$

（3）回归年的日数。按照十九年七闰法，就可得一回归年的日数。

算式表达为：

$$(19\times 12+7)\times 29\frac{43}{81}\div 19=\frac{562120}{1539}=365\frac{385}{1539}日$$

（4）统岁。根据《周易·系辞上》所谓"天一，地二，天三，地四，天五，地六，天七，地八，天九，地十。天数五，地数五，五位相得而各有合。天数二十有五，地数三十，凡天地之数五十有五，此所以成变化而行鬼神也"，所以刘歆说："并终数为十九，《易》穷则变，故为闰法"；"日法乘闰法，是为统岁"。

要使得二者平衡就要置闰月，19年要置7个闰月，这是第一次平衡，叫做"一章"；经过3章后，日、月关系进一步精确化，共513年，叫做"一会"；再是3会成1统，共1539年。

至此，历算均是在调整日、月关系。

算式表达为：

$$(9+10)\times 81 = 1539 \text{ 年} = 562120 \text{ 日}$$

(5) 元岁。 根据"三统者，天施，地化，人事之纪也。其于三正也"的前提，所以"三统，是为元岁"。即所谓"历数三统，天以甲子，地以甲辰，人以甲申"。

实际这是要实现干支记日法60日一周期的循环，而同时成就"三统"循环的周期年数。因为，一统的日数562120除以60，余数为40，所以，若以甲子日为元，一统后为甲辰，二统后为甲申，三统后才又到甲子，因而三统为一元。

算式表达为：

$$1539 \times 3 = 4617 \text{ 年}$$

(6) 太极上元。 在这一基础上，再根据《周易·系辞上》所谓"四营而成易，十有八变而成卦"，推出"阴阳比类，交错相成，故九六之变登降于六体。三微而成著，三著而成象，二象十有八变而成卦，四营而成易，为七十二，参三统两四时相乘之数也。……以阳九九之，为六百四十八，以阴六六之，为四百三十二，凡一千八十……八之，为八千六百四十……又八之，为六万九千一百二十，天地再之，为十三万八千二百四十，然后大成"的结论。

这实际是金、木、水、火、土五大行星汇合周期的年数。

用算式表达：

$$\{[(3\times 3)\times(2\times 4)\times(9+6)]\times 8\times 8\}\times 2 = 138240 \text{ 年}$$

再往下，"以乘章岁，为二百六十二万六千五百六十，而与

第五章 "天命"：宇宙秩序的政治意涵

日月会。三会为七百八十七万九千六百八十，而与三统会"。

这实际是由于日、月19年一会，五大行星138240年一会，三会就等于日、月、金、木、水、火、土七大星球的会合周期，所谓"七曜齐同"，等于7879680年。

用算式表达：

$$19 \times 138240 \times 3 = 7879680 \text{ 年}$$

接着，再往下，"三统二千三百六十三万九千四十，而复与太极上元"，这实际是在考虑冬至、朔旦与日月五星的共同会合，所谓日分、月分、食分、日名、五星俱终，完成了最后的循环。

用算式表达为：

$$7879680 \times 3 = 23639040 \text{ 年}$$

实际上是5120元为单位的"太极上元"的大周期。此时"天下之能事毕矣"。[①]

此外，《三统历》在运用"三统"解释历法时，还涉及历法理论，有节气、朔望、月食及五星等的常数和运算推步方法，还有基本恒星的距离。与以往的历法相比，《三统历》包含了不少新的内容。它提出了所谓"朔不得中，是为闰月"的设置闰月的方法，即以没有中气（二十四节气中，从冬至起，奇数的为中气，如大寒、雨水、春分、谷雨等十二节气）的月份为闰月。《三统历》还提出以135个朔望月为交食周期，其间有23

[①] 以上数据推导均见乐爱国：《儒家文化与中国古代科技》，中华书局2002年版，第100—103页。

次月食,并且给出了月食发生的月份的推算方法。这样,《三统历》所测的五星行度和会合周期的精度都较前有明显提高。《三统历》在中国古代历法的发展中具有很高的地位。著名中国古代天文学研究专家陈遵妫赞曰:它是"我国古代流传下来的一部完整的天文学著作","世界上最早的天文年历的雏形"。[1]

这样,刘歆曰:

> 三代各据一统,明三统常合,而迭为首,登降三统之首,周还五行之道。故三五相包而生。天统之正,始施于子半,日萌色赤。地统受之于丑初,日肇化而黄,至丑半,日牙化而白。人统受之于寅初,日孽成而黑,至寅半,日生成而青。天复施于子,地化自丑毕于辰,人生自寅成于申。故历数三统,天以甲子,地以甲辰,人以甲申。孟仲季迭用事为统首。三微之统即著,而五行自青始,其序亦如之。五行与三统相错。……太极运三辰五星于上,而元气转三统五行于下。其于人,皇极统三德五事。故三辰之合于三统也,日合于天统,月合于地统,斗合于人统。五星之合于五行,水合于辰星,火合于荧惑,金合于太白,木合于岁星,土合于镇星。[2]

---

[1] 陈遵妫:《中国天文学史》第三册,上海人民出版社1984年版,第1430页。

[2] 《汉书·律历志》,中华书局1962年版,第961页。

第五章 "天命"：宇宙秩序的政治意涵

不难看出，在中国传统文化系统中，"天象"和"天数"虽然涉及不同的方法，但必须建立在实测和数学通识的基础之上；只有"天意"具有较大解释空间，但它也必须以前二者为依据，不能完全地无中生有。特别是处于"天象"与"天意"之间的"天数"，对说明古代"天命"的本质极具意义。"天数"的抽象表达即历法体系，换言之，历法体系是对"天运"的数理推演，它所要直接证明的是一种客观秩序，但这种证明的目的却是要推导、预测和解释天运秩序对人类生活所具有的意义。通过对司马迁《历术甲子篇》和刘歆《三统历》数据推演的例证，我们得知中国古代"天命"的概念不能等同于西方思想中的形而上学，其真实内涵具有一定的实证依据。

三、"天意"与政治

20世纪90年代以来，中国古代天文学界，特别是以江晓原为代表的新一代学人，着重从整体的政治和文化的视角解释中国古代的"天学"，这无疑在对以往仅从科学或从史学的角度探讨问题的基础上，把研究的深度和广度推进了一步。这样，在"整体性思维"[①]

[①] 关于"整体性思维"的界定和分析，参见［英］李约瑟：《中国古代科学思想史》，第六章，陈立夫主译，江西人民出版社1990年版，第275—460页；［英］葛瑞汉：《阴阳与关联思维的本质》，张海晏译，见艾兰、汪涛、范毓周主编：《中国古代思维模式与阴阳五行说探源》，江苏古籍出版社1998年版，第1—55页；Marcel Granet, *Festivals and Songs of Ancient China*, see The Conclusion, London: George Routledge & Sohs, LTD. 1932, pp. 207−239.

的统摄下,观察"天象",筹算"天数",解释"天意",就是中国传统政治理论中著名的"天命"内涵。这样,从"象"到"数",再到"命",就形成了中国古代"天学"的政治文化体系。正是在"天人合一"的意义上,李约瑟才直截了当地说:"天文和历法一直是'正统'的儒家之学。"①简而言之,试图从"天象"和"天数"中窥测出"天意",并以此意志为中心去把握某种"沉默"的秩序精髓,就是中国传统中的"天命"含义。诚如葛兆光所概括的那样:

> 在中国古代的知识、思想与信仰世界中,"天"这种被确立的终极依据始终没有变化……作为天然合理的秩序与规范,它不仅支持着天文与历法的制定,支持着人们对自然现象的解释,也支持着人们对生理和心理的体验和治疗,还支持着王权和等级社会的成立,政治意识形态的合法,祭祀仪式程序的象征意味,支持着城市、皇宫甚至平民住宅样式的基本格局,甚至支持人们的游戏及其规则以及文学艺术对美的感悟与理解。②

历史资料显示,在中国文化传统中,所谓"天意"是指

---

① 李约瑟:《中国科学技术史》第四卷《天学》,科学出版社1975年版,第2页。
② 葛兆光:《七世纪前中国的知识、思想与信仰世界:中国思想史·第一卷》,复旦大学出版社1998年版,第47页。

第五章 "天命":宇宙秩序的政治意涵

"天"作为一个不以人的意识支配的力量,其"行为"包含着强烈的"象征意义"。而这种超越人间语言所指示出的信息,与人间的政治行为具有直接或间接的联系。

第一,把握"天命"是政治权威获得合法性的重要途径。

司马迁谈及"天命"时曾说:

> 民是以能有信,神是以能有明德。民神异业,敬而不渎,故神降之嘉生,民以物享,灾祸不生,所求不匮。……天下有道,则不失纪序;无道,则正朔不行于诸侯。幽、厉之后,周室微,陪臣执政,史不记时,君不告朔,故畴人子弟分散,或在诸夏,或在夷狄,是以其禨祥废而不统。……先王之正时也,履端于始,举正于中,归邪于终。履端于始,序则不愆;举正于中,民则不惑;归邪于终,事则不悖。①

这已清楚地说明,把冬至置于历首,把中气置于月中和把闰月置于岁末的历法三原则,在古代中国思想体系中的重要意义,以及"天文"变化与政治统治之间的密切关系。应当说,在很大的程度上,制定和修正天文历法是传统帝王的第一要务和政治责任。

现代学者江晓原也从《尚书·尧典》《史记·五帝本纪》,以及《易·系辞下》等经典中,读出反复出现的"天"与"政"

---

① 《史记·历书》。韦注:"谓正历必先称端始也。若十一月朔旦冬至也。""气在望中,则时日昏明皆正也。""归邪,音余。""余,余分也。终,闰月也。中气在晦则后月闰,在望是其正中也。"

的直接关联。如《尚书·尧典》开篇就说：

> 昔在帝尧，聪明文思，光宅天下。将逊于位，让于虞舜，作尧典。曰：若稽古帝尧曰放勋。钦明文思安安，允恭克让，光被四表，格于上下。克明俊德，以亲九族；九族既睦，平章百姓；百姓昭明，协和万邦。黎民於变时雍。乃命羲和，钦若昊天。历象日月星辰，敬授人时。分命羲仲，宅嵎夷，曰旸谷，寅宾出日，平秩东作。日中星鸟，以殷仲春。厥民析，鸟兽孳尾。申命羲叔，宅南交，平秩南讹。敬致。日永星火，以正仲夏。厥民因，鸟兽希革。分命和仲，宅西，曰昧谷。寅饯纳日，平秩西成。宵中星虚，以殷仲秋。厥民夷，鸟兽毛毨。申命和叔，宅朔方，曰幽都，平在朔易。日短星昴，以正仲冬。厥民隩，鸟兽氄毛。帝曰：咨汝羲暨和，期三百有六旬有六日，以闰月定四时成岁。允厘百工，庶绩咸熙。①

关于这篇著名的古典文献，释者千家，但是对其中主要涉及理想帝王政治职责的古训，则没有争议。此篇经典全文共计225字，其中"关于天学事物竟占了172字，即76%！……这至少说明：在古人心目中，帝尧的这项政绩（指'历象日月星

---

① 《尚书·尧典》。

第五章 "天命"：宇宙秩序的政治意涵

辰，敬授人时')比任何其他政绩都重要得多"①。这些资料表明，从商代到周代的发展过程中，"天"的概念逐渐具有了抽象的意义，并越来越具备政治含义了。甚至寡言"天象"的孔子也说过："尧曰：'咨！尔舜！天之历数在尔躬。允执其中。四海困穷，天禄永终'。"②《史记》记载同一事件时也说："于是帝尧老，命舜摄行天子之政，以观天命。舜乃在璇玑玉衡以齐七政。"③可见，告诫继世君主关注历法是头等重要的政治事务。这不仅是关注农耕收成，即所谓"敬授民时"，"闰以正时，时以作事，事以厚生。生民之道，于是乎在矣"④；同时在兼并战争的关口上，"天命"也具有生死攸关的致命意义。

> 九年，武王上祭于毕。东观兵，至于盟津。……是时，诸侯不期而会盟津者八百。诸侯皆曰：纣可伐矣。武王曰：女未知天命，未可也。乃还师归。⑤

准备数年，召集联盟八百诸侯实属不易，同时正因此一战役的胜负关系重大：胜利的结局无疑将会大大增强和巩固周族的政治统治合法性，而一旦失利则将面临功亏一篑和全面崩溃

---

① 江晓原：《天学真原》，辽宁教育出版社1991年版，第35—38页。
② 《论语·尧曰》。
③ 《史记·周本纪》。
④ 《左传·文公六年》。
⑤ 《史记·五帝本纪》。

的悲惨结局。文王深知此举之利害,于是乎毅然全线撤兵,再度筹措待机。由是,"天命"于古人的确非同小可也!

如上所述,中国传统中"天学"的重要政治功能之一就是"颁正朔"以便"大一统"。对于一个以文化建构为合法性理论支撑的民族来说,这是具有现实意义和值得展开分析的。但是历史越往后期,特别是朝代最旺盛的时期,帝王个人的意志对历法的干预越大。著名的案例是汉武帝钦定历法,进行太初改历。《史记》记载,为改历一事,汉武帝专下诏书明言:"乃者,有司言星度之未定也,广延宣问,以理星度,未能詹也。盖闻昔者黄帝合而不死,名察度验,定清浊,起五部,建气物分数。然盖尚矣。书缺乐弛,朕甚闵焉。朕唯未能循明也,绌续日分,率应水德之胜,今日顺夏至,黄钟为宫,林钟为徵,太簇为商,南吕为羽,姑洗为角。自是以后,气复正,羽声复清,名复正变,以至子日当冬至,则阴阳离合之道行焉。十一月甲子朔旦冬至已詹,其更以七年为太初元年。"[①] 从汉武帝此话中我们可以看出,他所斤斤计较的并不是历法数据的疏密,而是看这个数据于其"受命于天"的气数是否相合。其实这就是武帝"诏迁用邓平所造八十一分律历"的重要理由。司马迁本人虽不敢公开反对,却在追述汉武帝诏书之后,紧跟着撰写了自己的《历术甲子篇》,保留了古六历之四分历的76年一蔀的程序。

这就是说,在制历之前,汉武帝心中其实(或许是潜意识)

---

① 《史记·历书》。

第五章 "天命":宇宙秩序的政治意涵

已有了一个关于历法方案的预期,而选择历法自然向着这个方向抉择,历法数据本身的疏密则是第二位的,与"受命于天"的目的相比,数据只是一个纯技术性问题而已。把"日分"解释为汉王朝"应水德之胜",应当替代秦朝;而这历的"日法",又与"黄钟为宫"的律两者相合,使"气复正"而"阴阳离合之道行焉",正符合汉武帝的政治合法性的需求。[①]

考察古代政治家的这些重大举措,我们认为其中并非全归心理因素,其背后多少具有对政治共同体生命周期的某种直观体认。《史记》曾对这种可能的周期做过经典的概括表达:

> 夫天运,三十岁一小变,百年中变,五百载大变;三大变一纪,三纪而大备。此其大数也。为国者必贵三五,上下各千岁,然后天人之际续备。[②]

此处,所谓"为国者必贵三五"之"三",指的是 300 年,之"五"指的是 500 年。也有学者认为其"三"是 30 年、100 年和 500 年这"三"变;之"五"指的是 30 年、100 年、500 年、1500 年和 4500 年这"五"变。

人们不禁要问,这样划分历法的依据何在呢?古人根据什么规定关于"三""五"这样的阶段性呢?由于这种划分直接与

---

① 参见刘操南:《历算求索》,浙江大学出版社 2000 年版,第 88—90 页。
② 《史记·天官书》。

政治上的"改朝换代"相联系,所以更显得十分重要。关于历史循环之依据的解释各家不一。但学者均认为它与历法的误差有关。具体观点大致有两种:

其一,中国古代历史上的所谓"改正朔"与历法误差的调整有关。司马迁关于天道"三十岁一小变,百年中变,五百载大变,三大变一纪,三纪而大备,此其大数也。为国者必贵三五,上下各千年,然后天人之际续备"的说法,大致合于历法中一会、一统与三统的成数。在历法上,三颗外星(火、木、土)每隔516.33年会合一次,"五百年必有王者兴"的周期可能与此有关。事实上,夏、商、周三个远古大王朝,其寿命基本都在500年左右。历史学家朱维铮教授持此观点。日本学者饭岛忠夫也猜测孟子之说与占星有关。①

星名	会合周期				恒星周期			
	甘石	帛书	太初历	今测值	甘石	帛书	太初历	今测值
水	126		115.91	115.88			1	87.97
金	620/732	584.4	584.13	583.92			1	224.7
火			780.53	779.94	1.90		1.88	1.88
木	400	395.44	398.71	398.88	12	12	11.92	11.86
土		377	377.94	378.09		30	29.79	29.46

资料来源:陈遵妫:《中国天文学史》第二册,上海人民出版社1982年版,第442页,注③。

注:"会合周期":指行星两次晨见于东方的时间间隔;"恒星周期":指行星运行一周天所需的时间。

---

① 参见朱维铮:《司马迁》,见裴汝诚等:《十大史学家》,上海古籍出版社1989年版,第30—31页;[日]饭岛忠夫:《支那古代史上的天文学》,恒星社1939年版,第70—72页。

第五章 "天命":宇宙秩序的政治意涵

其二,天文学家认为,这可能与"岁差"有关。所谓"岁差"是指由于太阳、月亮和其他行星的引力影响,使地球自转轴方向发生变动,从赤极绕黄极旋转约26000年一周。也就是说,"岁差"使历法每年约差52″2,71年8个月差1度。("回归年"是指太阳接连两次通过春分点的时间,它实际等于365.24219876日,即365日5小时48分45.6秒。)但由于"岁差"影响,每年春分点向西移动52″2,若不计算"岁差",那么历法500年将相差7度,这已是极端严重的误差。但中国直到晋成帝(公元330年)时的虞喜才发现"岁差",它在历法上的应用就更晚了。即使以这时计算,从公元前104年颁布太初历到公元330年也已过了400余年,可见历法已经相差很多了。《后汉书·律历志》载,时至后汉光武帝年间(公元25—56年),历法已出现误差,即"历稍后天,朔先于历"。其原因实际上来自"岁差"。后汉学者贾逵也说:

> 故《易》金火相革之卦《象》曰:"君子以治历明时。"又曰:"汤、武革命,顺乎天应乎人。"言圣人必历象日月星辰,明数不可贯数千万岁,其间必改更,先距求度数,取合日月星辰所在而已。故求度数,取合日月星辰,有异世之术。太初历不能下通于今,新历不能上得汉元。一家历法必在三百年之间。故谶文曰:"三百年斗历改宪。"汉兴,当用《太初》而不改,下至太初元年百二岁乃改。故其前有先晦一日合朔,下至成、哀,以二日为朔,故合朔,

多在晦，此其明效也。①

上述说法与《春秋保乾图》关于"王者三百年一蠲（音：捐；意：免除）法"的说法，不谋而合。由是可知，汉代学者已知"一家历法必在三百年之间"，然知其然，不知其所以然也。由于"岁差"影响，每隔300年左右，历法就会出现误差（错乱），所以古人把这种"天演"秩序与朝代更迭相联系，自然持"一朝一历"的观念。直到唐穆宗时，"岁差"被应用于历法计算后，由于"岁差"所造成的历法误差（错乱）没有了，所以才实行"一世一历"的制度。②

这里还要指出的是，著名的"疑古派"断言刘歆造《三统历》，特别是与人事更迭相连的《世经》，主要是为王莽篡政制造舆论，但经过对《三统历》数据推演的考察，我们认为对此不能下过于绝对的定论。作为主要谋臣之一，刘歆的确难逃辅佐王莽的意图，但就"天"在他以及在王莽意识中的位置，也的确可以用"信仰"形容。我们的依据是，《世经》系谱中除上古世系具有明显想象外，自殷商以下的世系均有历算依据。这里我们依据刘操南先生的整理，但采取倒推法，恢复《世经》的脉络：

---

① 《后汉书·律历中》。
② 陈遵妫：《中国天文学史》第五册，上海人民出版社1982年版，第153页。

第五章 "天命": 宇宙秩序的政治意涵

朝代	帝王	在位时间与年号
汉代共263年	中元	2年
	光武	建武31年
	王莽	新室始建国5年、天凤6年、地皇3年,计14年。更始2年
	孺子、王莽	3年
	平帝	元始5年
	哀帝	建平4年、元寿2年、计6年
	成帝	建始、河平、阳朔、鸿嘉、永始、元延各4年,绥和2年,计26年
	元帝	初元、永光、建昭各5年,竟宁1年,计16年
	宣帝	本始、地节、元康、神爵、五凤、甘露各4年,黄龙1年,计25年
	昭帝	始元、元凤各6年,元平1年,计13年
	武帝	建元、元光、元朔、元狩、元鼎、元封各6年,太初、天汉、太始、征和各4年,后2年,计54年
	景帝	前7年、中6年、后3年,计16年
	文帝	前6年、后7年,计13年
	高后	8年
	惠帝	7年
	高帝	12年
秦49年	二世	3年
	始皇	37年
	庄襄王	3年
	孝文王	1年
	昭王	5年(52—56年)
	秦伯	5世,49年《秦本纪》

227

(续表)

朝代	帝王	在位时间与年号
(秦昭王51年灭周) 400+242+225=867年		
鲁世家 225 年	顷公	18年
	缗公	23年
	平公	20年
	景公	29年
	康公	9年
	恭公	22年
	穆公	33年
	元公	21年
	悼公	37年
	哀公	15—27年
春秋 242 年	哀公	14年
	定公	15年
	昭公	32年
	襄公	31年
	成公	18年
	宣公	18年
	文公	18年
	厘公	33年
	湣公	2年
	庄公	32年
	桓公	18年
	隐公	11年

第五章 "天命":宇宙秩序的政治意涵

(续表)

朝代	帝王	在位时间与年号
周 36 王 867 年	惠公	46 年
	孝公	27 年
	柏御	11 年
	懿公	9 年
	武公	2 年
	慎公	30 年
	献公	50 年
	厉公	37 年
	微公	50 年
	炀公	60 年
	考公	4 年
	康王	16 年
	成王	30 年 元年伯禽受封,即位 46 年。以上因籍《鲁世家》
	周公摄政	7 年
	武王	7 年
殷商	36 王	629 年。成汤卒前为天子 13 年,余无考
夏后	17 王	432 年。17 王纪年无考
虞舜		即位 50 载
上古	唐尧、帝喾、颛顼、少昊、黄帝、炎帝、太昊。即位 70 年

所以,在古代中国,"改历"与"换代"本质上是相互作用的,似乎不能简单地用人为的"政治造假"予以绝对的解释。一方面"天象"和"天数"的确对人们判断政治有机体生命周期产生意识上的影响;另一方面,社会舆论和政治心理也会积

极地参与对固有"天象"和"天数"的解释。诸如在一定的天历周期之后，谶纬、造势、表演等，往往会周期性出现，而且这个周期也大致与"天象"和"天数"周期呈同步发展的趋势，就说明了这个道理。历史资料显示，诸如谣言四起、迷信谶纬的流行和神话传说的泛滥等社会舆论和政治心理的动荡，一般都不会发生在某一朝代刚刚建立的时候，而是发生在它的后期，这是值得深入考察和深究的。所以，笔者认为，在"天命"与"政命"这两个周期之间，究竟存在着怎样的要素相关性，正是深入分析中国传统"天命"观念的突破临界点。

第二，对"天象"和"天数"的政治解读。

如果说"天数"的计算还能在客观主义框架下去理解，那么，"天意"的内涵则与此相去甚远。在本质上它所指的并不是"自然意志"，而是人们借助于"天象"和"天运"所类比、塑造和建构的"人类预期"。这也就是说，中国古代"天学"是借助历法数理的客观手段，去实现寻求良好生存位置的目的。后者才是思维的重心。近来，学者进一步指出，就像"天文学"（astronomy）与"占星术"（astrology）的关系一样，"天数"与"天意"二者虽然在知识体系上确有联系，但就其目的指向而言，却大相径庭。[①] 古代汉语中的"天文"本意即是"天象"。这里所谓"文"即人类赋予"天"的意义。因此，传统中

---

① 江晓原对中国古代天学的性质和运作做过详尽论证。参见江晓原：《天学真原》，第一至三章，辽宁教育出版社1991年版，第1—132页。

第五章 "天命":宇宙秩序的政治意涵

国的"'天'既是创造者,又是整个被创造的世界",它是"自然显现"与"人类文化创造"相结合的产物,二者连为一体,密不可分。"'天'本身就是由持续发展的文化所产生的、聚集的精神性。"① 所以,所谓的"知天",与其说其重心在于"天象"本身是什么,不如说人们更关心"天象"所昭示的意义究竟是什么。也就是说,单纯的自然"天象"和可供推论的"天数"本身并不产生特殊的意义,只有与"人事"发生互动时,才能成为一个涂尔干意义上的"社会事实"。正如后汉扬雄所言:"通天、地、人曰儒;通天地而不通人曰伎。"② **所以,"人"的因素在中国古代"天命"观念中发挥着重要作用。**

史家曾反复讨论过《春秋》详细记录"天象"的事例,结论是这种行为体现出中国历史"究天人之际"的基本性质。但《春秋》记载日食37次,《公羊传》记载36次。其中《春秋》记载与《日月食典》对勘,有4次无食。而据马端临《文献通考》卷282《象纬考·日食》注录,整个战国时期的254年中,日食记录只有7次,而春秋时期的242年中,则有日食记录37次。这一方面说明"战国扰攘","史官丧纪";同时也在一定程度上说明天文记录的人为因素。

据台湾学者黄一农教授的统计,从公元前2000年到公元2000年,具有改朝换代象征的宿度在30度之内的"五星聚

---

① [美]郝大维、安乐哲:《汉哲学思维的文化探源》,施忠连译,江苏人民出版社1999年版,第249—250页。

② 《法言·君子》。

合",共有 107 次,其中只有 40 次肉眼可以看到。汉元年以后被记录的有 19 次,其中半数以上不合实际天象,而其有 10 次极易观测的情况却未见记录。

历代文献中有关"荧惑守心"的记载

时间	天象叙述	文献中所记载的事应
1. 宋景公三十七年	荧惑守(在)心	
2. 秦始皇三十六年	荧惑守心	翌年始皇崩
3. 汉高祖十二年春	荧惑守心	四月高祖崩
4. 绥和二年春	荧惑守心	二月丞相翟方进为塞灾异自杀,三月汉成帝崩
5. 永初元年五月戊寅	荧惑逆行守心前星	十一月周章谋废邓太后及汉安帝,事觉自杀
6. 中平三年四月	荧惑逆行守心后星	三年后汉灵帝崩
7. 黄初年间	荧惑守心	魏文帝崩
8. 太康八年三月	荧惑守心	三年后晋武帝崩
9. 元康九年六月	荧惑守心	二年后晋惠帝见废为太上皇
10. 光熙元年九月丁未	荧惑守心	十一月晋惠帝崩

第五章 "天命":宇宙秩序的政治意涵

(续表)

时间	天象叙述	文献中所记载的事应
11. 永嘉五年十月	荧惑守心	七年正月晋怀帝崩
12. 成汉太和初年	荧惑守心	帝李势崩
13. 后赵石虎末年	荧惑守心	帝石虎崩
14. 后秦弘始末年	荧惑守心	
15. 太清三年正月壬午	荧惑守心	
三月丙子	荧惑守心	梁武帝崩
16. 梁太宗承圣年间	荧惑守心	
17. 贞观十七年三月丁巳	荧惑守心前星	
18. 天宝十三载五月	荧惑守心	
19. 咸通十年春	荧惑逆行守心	
20. 景德三年三月丁未	荧惑守心	
21. 庆元二年五月甲辰	荧惑守犯心大星	

(续表)

时间	天象叙述	文献中所记载的事应
22. 洪武三十一年十月	荧惑守心	
23. 崇祯十五年五月	荧惑守心	

资料来源：黄一农：《星占、事应与伪造天象——以"荧惑守心"为例》，载《自然科学史研究》1991年第10卷第2期。

同样，被视为具有大凶大灾象征的天象"荧惑守心"，在史籍记载中共出现23次，其中有17次未曾发生。而前汉以来近40次"荧惑守心"天象，却大多未见文字记载。其研究结论是：

> 从公元前第三至公元后第十七世纪间，共应见荧惑顺行留守心宿的天象21次，逆行留守心宿17次，亦即平均约五十年应出现一次荧惑守心，但绝大多数此类事件却未见文献记载。[①]

不管把这种现象说成是对自然天象的"误读""伪造"还是"人文解释"，它都极其清楚地显示出中国传统"天道"观念的基本性质和意义内涵。

[①] 黄一农：《星占、事应与伪造天象——以"荧惑守心"为例》，载《自然科学史研究》1991年第10卷第2期。

第五章 "天命"：宇宙秩序的政治意涵

实际应发生的荧惑守心天象

顺行留心宿				
公历			赤经*	
年	月	日	h	m
公元前289	3	22	16	30
公元前210	3	26	16	40
公元前5	3	22		
75	3	26	16	34
154	3	29	16	44
280	3	22	16	18
359	3	27	16	28
438	3	29	16	38
517	4	1	16	48
643	3	26	16	22
722	3	29	16	31
801	4	1	16	42
927	3	26	16	16
1006	3	29	16	25
1085	4	1	16	35
1290	3	29	16	20
1369	4	1	16	30
1448	4	4	16	39
1527	4	8	16	50
1574	3	29	16	15
1653	4	11	16	24

(续表)

逆行留心宿				
公历			赤经*	
年	月	日	h	m
公元前257	6	14	16	19
公元前178	6	18	16	31
公元前99	6	20	16	44
107	6	18	16	22
186	6	21	16	35
265	6	24	16	48
470	6	21	16	26
549	6	24	16	39
754	6	22	16	17
833	6	24	16	29
912	6	26	16	42
1117	6	24	16	21
1196	6	27	16	33
1275	6	30	16	45
1480	6	27	16	24
1559	7	1	16	37
1638	7	14	16	49

资料来源：黄一农：《星占、事应与伪造天象——以"荧惑守心"为例》，载《自然科学史研究》1991年第10卷第2期。

第三，"天命"不仅在于做政治的解释，而且还是重要的生活概念。

古人认为，4500年左右形成一次宇宙循环。按照每人60

第五章 "天命"：宇宙秩序的政治意涵

年一循环（六十甲子）计算，4500年可包括75个人生（循环）；再按照事物的"兴""盛""衰"的必然规律可划分为三段，每段25个人生；在25个人生中，再按照事物的"兴""盛""衰"的必然规律可划分为三段，每段8个左右人生；在8个左右人生中，再按照事物的"兴""盛""衰"的必然规律可划分为三段，每段3个左右人生；3个左右人生中，再按照事物的"兴""盛""衰"的必然规律可划分为三段，每60年一个人生。进一步细化，60年又可分为"兴""盛""衰"三阶段，每20年一阶段；每20年再分为三段，每7—8年为一段（男8年，女7年）……

同理，如果以20年一代人，那么，4500年可以生产225代人，完成一循环；如果以一年四季计算，那么4500年将有18000个季节，每一季节循环4500次；如果以一年12个月计算，那么4500年将有54000个月，也循环4500次；如果以一年365天计算，那么4500年将有1642500天，也循环4500次。当然一天还可以分割，这样的推算一直可以继续演算……这样，各种计算方法都可以4500这个"天演大数"为根据，以此类推。

这样，在人们的日常生活中，宇宙周期与人生周期，甚至与生理周期都可看作一个"同构体"。所以，"天命"既是社会衍生的根本，又是个体生命的依据；既具有生物的性质，又具有政治的内涵；既是宇宙的坐标，又是人间的规则。万事万物均被囊括其中，无一疏漏。因此，现代人仅把中国古代"天命观"看成某种凭借心理想象而任意建构的纯粹观念体系，进而对它做本质主义化约论的解释，则必然导致对中国思想的误读。更有甚者，在一定意义上说，中国古代的"天"本身就是一个被人格化了的巨大的"隐喻"。最典型的例子是对于"天圆地方"宇宙结构的解释。按曾子的解释，这里所谓"天圆地方"应理解为"天道**象**圆而地道象方"。在这里，"圆"是指"圆通"和"通融"之意，而"方"则是指"规则"与"限制"之意。与曾子上述讨论一样，《吕氏春秋》对同一命题讲述了下面的一番道理："天道圆，地道方，圣人法之，所以立上下。何以说天道之圆也？精气一上一下，圆周复杂，无所稽留，故曰天道圆。何以说地道子方也？万物殊类殊形，皆有分职，不能相为，故曰地道方。主执圆，臣处方，方圆不易，其国乃昌。"①

经过转化，这里的"天"虽仍包含自然之天，但却远远超出了自然之天，而是指上下（等级）之间无所阻碍的沟通与协调。显然，这对于持有重权的最高统治者来说，是必须具备的能力，也是政治支配体系正常运行不可或缺的功能。而"主"则应当就是这样的人，决策系统应当具备这样的能力和发挥这样的功能。相对而言，"地"虽仍包含自然之地，但却远远超出了自然之地，而是指万事万物，形态各异，不同的事物应有不同的规则，不可相互混淆。显然，这又是行政官僚必备的能力，也是政治执行系统必备的功能。而"臣"则应当成为这样的人，

---

① 《吕氏春秋·圆道》。

第五章 "天命":宇宙秩序的政治意涵

执行系统应当具备这样的能力和发挥这样的功能。经由这样的解释,所谓"天圆地方"就衍生出了另外一套"逻辑":天→圆→协调→君主;地→方→规则→臣民。这样,就从"天学"的"盖天说",推导出"政治"的"君臣论","天文学"转化为"政治学"。这里,我们可以轻易地体会到,中国传统思想是如何通过"天象"的观察而从中寻找或建构出"政治"意义的。"象"是前提,而"意"才是本质,在两者之间起联系作用的是"隐喻"(隐喻是非线性的形式逻辑推理)。换言之,中国传统"天学"实际上是关于"大道"的隐喻表达。正如庞朴先生所言:

> 儒家的一大创造,便是将这种社会的规则和义理归之于天,创造了义理的天;或者说,他们本着从社会性看人的习惯,也从社会性去看天帝,认为它是社会原则的化身。……所以,约略地说,儒家的所谓"天",可以说是他们对"社会"或"社会力"的一种古典表述,是被赋予了神圣外观的社会秩序。[①]

这样,在中国传统"天学"系统里,"天文内容"与"政治功能"显示出某种奇特的关系:一方面,作为客观实体的"天

[①] 庞朴:《天人之学述论》,见陈明主编:《原道》第2辑,团结出版社1995年版,第299页。

文"是超越于"人事"的，是不以人的意志为转移的力量，"人文"不能凭空制造"天文"（伪造必须有所依据），在一定的角度上"天文"是决定"人事"的。也就是说，正是"天道"对于"人事"的超越性，使其具有了支配的权威。另一方面，作为主观实体的"人"又是"天意"的唯一解释者，而且没有经过"人意"过滤的"天象"并不具有社会意义，所以失去了"人意"的主观解释，"天道"对于"人事"的权威支配又无从实现。这样，从前者的角度看，人们承认"天象"对"人事"具有客观支配性，强调所谓"听天由命""顺应天道"等等，崇尚"天文"与"人文"之间的高度一致性；但在后者的角度上，人们也承认"人意"与"天象"绝不可能环环紧扣，一一对应，否则"天文"对"人事"的警示作用将无从谈起，所以"天道"与"人事"的不一致性则成为最为现实的客观性。这样，主观诉求与客观秩序、"天文"与"人文"之间就不可避免地发生深刻的"紧张"。在汉语语境中，这种"紧张"的意义在于，"对于中国的精神性的任何一种认识都要诉诸的核心概念——'天'"，就其性质而言，"既是非超越的，又具有深刻的宗教性"。[1] 所以，在传统中国，国家之所以要牢牢地掌握和垄断"历法"的控制与解释权，并使其达到在当时所能达到的精确程度，其根本目的并不是出于对宇宙规律的好奇与兴趣，而是出

---

[1] ［美］郝大维、安乐哲：《汉哲学思维的文化探源》，施忠连译，江苏人民出版社1999年版，第240页。

第五章 "天命"：宇宙秩序的政治意涵

于政治权力的考虑和治国安邦的需要，只不过这种目的是以"整体宇宙的和谐系统"的基本理念为前提罢了。

从上述分析中我们可以看到，在中国文化关于"天"的历史叙述中，既深含着隐喻象征的形而上建构，又把这一建构与日常生活的形而下经验联系在一起。在对"天"的恐惧和祈望中，自然产生对"天"的信仰和依赖。人们以"天运"为依据，时时揣摩和建构"天意"，以此作为判断政治行为是否得当的准则，从而生成完整的"天"的正当性意识。

> 《春秋》谓"一元"之意，"一"者万物之所以从始也，"元"者辞之所谓大也。谓"一"为"元"者，视大始而欲正本也。《春秋》深探其本而反自贵者始，故为人君者，正心以正朝廷，正朝廷以正百官，正百官以正万民，正万民以正四方，四方正，远近莫敢不一于正，而亡有邪气奸其间者。是以阴阳调和而风雨时，群生和而万民殖，五谷熟而草木茂，天地之间被润泽而大丰美，四海之内闻圣德者而皆来臣，诸福之物可致之祥莫不毕至，而王道终矣。①

所以，这个以"历元"为基础所推演出的结果，就是"命"这个中国概念的真实内涵。这个"命"既是个体生命的依据，又是社会生活的根本；既具有生物的性质，又具有政治的内涵；

---

① 《汉书·董仲舒传》。

既是宇宙的坐标，又是人间的规则。万事万物均被囊括其中，无一疏漏。所以，掌握了这套知识的"士"，既懂"历法"又会"算命"，还能当"医生"。哈贝马斯（Jurgen Habermas）在《交往行为》第一卷中讨论韦伯（Max Weber）时，称东方宗教为"宇宙中心主义式的"（cosmocentric），而称西方宗教为"神中心主义式的"（theocentric），是值得深思的。① 在传统政治的角度上讲，其实这种"天运"的整体性循环周转以及由此产生的政治意义，在被后人比喻成传统中国之"宪章"的《春秋》"大一统"观念中得到充分的体现。《春秋》之所以"贵始"，之所以强调"正本"，其依据就存在于"天运"与"天意"的"紧张"之中。

---

① 参见 Jurgen Habermas, *The Theory of Communicative Action Vol.1*, Thomas McCarthy (trans.), Boston: Beacon Press, 1984, p.275. 同时，也可以看出 theocentric 与 theory 之间词源角度的关联性。

第六章 德性：群族禀赋的精神象征

> 君子之道，造端乎夫妇；及其至也，察乎天地。
>
> ——《礼记·中庸》

"德"是中国经典中纯粹的原生概念之一。在中国文字语言发展史上，是一个使用频率极高的词汇，从周初至今，延续不衰。同时，它又是中国传统政治理论中一个综合性的重要概念，含义复杂，且影响深广。"德"的创立、变异与发展，从一个角度上反映了"中国思维"的关注重心，同时反映着"政治价值"的认同功能。

据郭沫若考证，"德"在甲骨卜辞中未见。他在《先秦天道观之进展》一文中说，卜辞和殷人的彝铭中没有德字，而在周代的彝铭中明白有德字出现。[①] 但也有古文字家认为，郭说过于绝对，甲骨文中的"𢛳"字实为德之初文。该字从彳从直，后来发展为金文中的"惪"字。[②] 但近来又有学者提出反证，

---

① 《郭沫若全集·历史编》第一卷，人民出版社1982年版，第336页。
② 徐中舒主编：《汉语古文字字形表》卷二，四川辞书出版社1981年版。

认为卜辞确有"𢔶"字,但如将此字释为"德"之初文,则卜辞无法通读。卜辞中的"德伐土方"或"德土方",若将"德伐"读为"挞(ta)伐",意为征伐,则文通理顺。而挞、直古音相通,"所以,释卜辞'德'为德之初文,是错误的"①。但无论如何,"德"字大量见于金文则是不争事实。

如果认为"德"字晚出,始见金文,那么按一般看法它最早清晰地出现在周康王时代的"大盂鼎"和"何尊"。其字形演化如下:

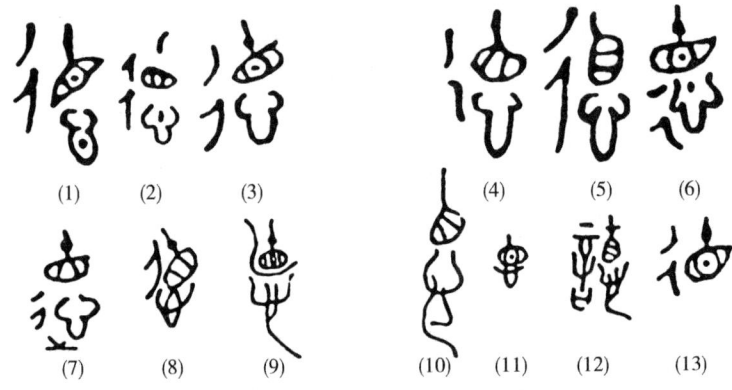

根据这一字形,释者较集中认同《说文》之意,亦即"外得于人,内得于己"②。另,吴大澂《说文古籀补》、孙诒让《名原》、林义光《文源》卷十、郭沫若《青铜时代》等均各有解释。③

---

① 刘翔:《中国传统价值观诠释学》,上海三联书店1996年版,第93页。
② 《说文解字》卷十。
③ 参见刘翔:《中国传统价值观诠释学》,上海三联书店1996年版,第90—95页。

第六章 德性：群族禀赋的精神象征

从以上考据可知，在字源角度上，"德"的确含"道德"的意味，是指人处理"自我"与"他者"关系的一种行为规范。非常明显的是，字源考证的结果集中于从"内得于己"到"外得于人"的解释，叙述假设的基点是个体行为。这样就自然与儒家的"德性"论相联系。也有学者释"德"时明确地超越了个体行为的框架，认为它具有"一般意义"："德的原初含义与行、行为有关，从心以后，则多与人的意识、动机、心意有关。行为与动机、心念密切相关，故德的这两个意义是自然的。从西周到春秋的用法来看，德的基本含义有二，一是指一般意义的行为、心意，二是指具有道德意义的行为、心意。由此衍生出德行、德性则分别指道德行为和道德品格。"①

一、德性本质

上述解释在具体释义时仍出现困难。如，《楚辞·天问》："月光何德，死则又育？"《易·系辞下》："天地大德曰生"，"乾阳物也，坤阴物也，阴阳合德而刚柔有体"。《易·系辞上》云："富有谓之大业，日新谓之盛德，生生谓之易。"《论语·颜渊》："君子之德风，小人之德草。草上之风，必偃。"《管子·心术》："虚无无形谓之道，化育万物谓之德。"……显然，上述"德"意并非仅是行为和道德的含义。如结合历史文献，我们发现在远古

---

① 陈来：《古代宗教与伦理——儒家思想的根源》，生活·读书·新知三联书店1996年版，第291页。

时期它的含义比道德宽泛的多。先看几则常被引用的史料:

前引作为《尚书》之首篇的《尧典》,其全文以颂扬帝尧之德为主旨。文曰:

> 帝尧曰放勋。钦明文思安安,允恭克让,光被四表,格于上下。克明俊德,以亲九族;九族既睦,平章百姓;百姓昭明,协和万邦。黎民於变时雍。①

《尧典》上半部分抽象描绘帝尧之品格,后半部分则具体述及这种品格的实际内容,可谓前虚后实。克,能;俊,大。所谓"克明俊德",亦即明其大德。而明其大德的内容则为处理好"九族"之间的关系。且不论"九族"是"同姓"还是"异姓",帝尧显然是在梳理氏族内部的血亲秩序,使其"伦常"不至混乱;由是外推,达到协调天下诸邦之关系。这样就可以使天下秩序井然,众人友善和睦了。所以,"王治"的首要标志就是"建德","建德"的内容就是澄清血缘人际关系,从而建构等级政治秩序。以"王"为中心,从"九族"到"百姓"再到"万邦",逐渐外推,就可以达到天下太平和顺之目的。故有学者明确指出,"此处'德'是特属于某一族群的共同属性,而不是道德善行之义。同族者同德,德有大小,能彰明其大德者,自然是族群中的领导权威。而同德之族人,亲亲为尚,故曰:'以亲

---

① 《尚书·尧典》。

第六章 德性：群族禀赋的精神象征

九族'。"①

《国语》中的记载：

> 黄帝之子二十五人，其同姓者二人而已，唯青阳与夷鼓皆为己姓。青阳，方雷氏之甥也。夷鼓，彤鱼氏之甥也。其同生而异姓者，四母之子别为十二姓。凡黄帝之子，二十五宗，其得姓者十四人为十二姓。姬、酉（有）、祁、己、滕、箴、任、荀、僖、姞、儇（宣）、依是也。唯青阳与苍林氏同于黄帝，故皆为姬姓。同德之难也如是。昔少典娶于有蟜氏，生黄帝、炎帝。黄帝以姬水成，炎帝以姜水成。成而异德，故黄帝为姬，炎帝为姜，二帝用师以相济也，异德之故也。异姓则异德，异德则异类。异类虽近，男女相及，以生民也。同姓则同德，同德则同心，同心则同志。同志虽远，男女不相及，畏黩敬也。黩则生怨，怨乱毓灾，灾毓灭姓。是故娶妻避其同姓，畏乱灾也。故异德合姓，同德合义。②

显然，当把"德"与"姓"及"性"直接相连时，"德"是指某种群族固有的文化特质。同姓则同族，同族则同类，同类则同德。血缘（同姓）和地缘（姬水、姜水）成为划分不同

---

① 王健文：《奉天承运：古代中国的"国家"概念及其正当性基础》，（台北）东大图书有限公司1995年版，第71页。

② 《国语·晋语四》。

"德性"的主要标准。文中明显遗留下早期氏族形成、分化和发展的痕迹，以及其氏族内部的某些政治规则。具体可以从三个方面展开分析。

其一，所谓"德"首先与"姓"相联系，所以才"同姓则同德"，"异姓则异德"。"姓"是某一氏族血缘相承的"宗"，所以"德"是一种血缘氏族的区别性标志，由是"德"则实指某一族群独有的特质，而非个体心性行为。从"同姓则同德，同德则同心，同心则同志"的意思看来，这里的"心"和"志"都不是"个人行为乃至个性的褒贬观念"。① 甲骨文中有"姓"字，有"氏"字，而无"德"字②，恰恰证明后起的道德之"德"在商殷时代还未被抽象出来。这种关于族群特质的概括表述，反映着中国文化独特的发源基础，在此"群"具有极其特殊和重要的位置，而个体心性、态度和修养等道德则还不能以"德"相称。

其二，"德"与血缘、婚姻事宜紧密相关，反映族内禁忌的某些规则。文中按"姓"将人群划分为"族内"和"族外"两个部分。所谓"同志虽远，男女不相及……是故娶妻避其同姓"，就是人类学所说外婚团体，其族内禁止通婚，否则"怨乱毓灾，灾毓灭姓"，族内之人，"畏黩敬也"，从而保证血缘纯性和种姓优化。而"异姓则异德，异德则异类。异类虽近，男女相及，以生民也"。异姓通婚，反映出氏族之间的交往关系。异

---

① 参见陈来：《古代宗教与伦理——儒家思想的根源》，生活·读书·新知三联书店 1996 年版，第 291 页。

② 此说存有争议。笔者暂从此说。

第六章 德性：群族禀赋的精神象征

德则异类，所以"二帝用师以相济"，处于敌对状态，所谓"非我族类，其心必异"是也。所以才有"异德合姓，同德合义"之说。因此，"德"在古代就是政治关系。通过外婚制，既可以保持以男性血缘为基础的"宗"的传承，又能通过婚姻与外邦建立血缘联盟。由此，"德"从一开始就在骨子里带有政治性质。

其三，在黄帝二十五子中，只有二宗承本姬姓，十二宗配以他姓，另十一宗无姓，"同德之难也如是"。这样就形成了"本姓""封姓"和"无姓"三类人群。"本姓"为"大德"，"封姓"为"小德"，"无姓"则"无德"。而"无德"者实际上就意味着被排除出黄帝血缘脉络的宗系。如果宗系在古代实质上内含着族内权力支配的秩序，那么，"无姓"自然意味着淘汰出局而沦落为"他者"，血缘身份的被剥夺就标志着支配权力的丧失。显然，这里已透露出嫡庶等级的功能划分。换言之，这也意味着宗法制的起源和萌芽。所以，"德"又是氏族分裂和社会等级分化的政治符号象征。

联系史家关于上古三代各有所"统"，亦即"夏尚忠，商尚敬，周尚文"的解释，不究其天文历数依据，"三统"即指"三德"，所谓"忠""敬""文"无非就是夏、商、周三个族群不同的文化特质。钱穆先生对此解释说："汉人传说：'夏尚忠，商尚鬼，周尚文'。……大抵尚忠、尚文，全是就政治、社会实际事物方面言之，所谓'忠信为质而文之以礼乐'，周人之'文'，只就夏人之'忠'加上一些礼乐文饰，为历史文化演进应有之步骤。其实西方（指夏、周）两民族皆是一种尚力行的民族，其风格精神颇相近似。商人尚'鬼',则近于宗教玄想,与夏商两族之崇重实际者迥异。故《虞书》言禹为司空治水,弃后稷司稼穑,而契为司徒主教化。禹、稷皆象征一种刻苦笃实力行的人物,而商人之祖先独务于教育者,仍见其为东方平原一个文化优美耽于理想的民族之事业也。"① 从《左传》和《国语》所记述的资料看,"德"作为区别族群系统的标志性功能,就表现得十分明白了。《左传·僖公二十五年》载:"德以柔中国,刑以威四夷"。《国语·晋语六》曰:"乱在内为宄(轨),在外为奸,御宄以德,御奸以刑。"这就是说,处理族内矛盾的规则是以本族之"德性"进行教化,对待族外冲突的规则则用"刑罚"实施恐吓。"德"—"刑"分化由此展开。斯维至先生认为,"德"的内涵中本根性地包含着族群的习惯法,所谓"德治"即以传统习惯法治理国家,其内容则为"礼乐"教化。② 另外,我们也可以从反方向理解"德"之含义。著名的武王伐纣,当誓师牧野之时,其讨伐理由中最重要的一条就是纣王"失德"。这里,所谓"失德",一指乱男女之别;二指弃祖先祭祀;三指废昆弟不用;四指使外族逃犯为官;五指暴虐百姓,奸宄商邑。③ 以上种种,均与宗法习惯相违,由此可见"德"

---

① 钱穆:《国史大纲》(修订本),商务印书馆1996年版,第29页。
② 斯维至:《说德》,载《人文杂志》1982年第6期。
③ "今商王受,惟妇言是用,昏弃厥肆祀弗答,昏弃厥遗王父母弟不迪,乃惟四方之多罪逋逃,是崇是长,是信是使,是以为大夫卿士。俾暴虐于百姓,以奸宄于商邑。"(《尚书·牧誓》)

第六章 德性:群族禀赋的精神象征

之本义。陈来教授也认为:"'俊德''否德'都是在德的前面加一个形容词,在这种用法中,德并不表示'有道德',只表示一般的可以从道德上进行评价的行为状态或意识形态,从而这种状态可以是好的,也可以是不好的。这种意义上的德只标示在价值上无规定的意识—行为状态。"① 但他关于"德性与伦理的区别在于,德性是指属于个性的一种内在品格,如刚强或宽厚,正直或坚强。伦理则是发生在人与人间关系的规范"② 的基础性划分,则需要进一步考量。

正如涂尔干所创造的那个给人留下深刻印象的术语"会发芽之血浆"(a germinative plasm)所显示的内涵一样,从社会本质的角度上看,某一氏族绝不仅仅是"物理—物质"意义上的、僵死的社会单位,也是一种旨在与其他氏族进行身份区别的、活生生的"血统繁殖发生器",它的功能就是生产"一种文化 DNA"(DNA of culture)。③ 在这样的意义上,我们可以把氏族看成是一个"血缘身份的制造厂"。这样的"厂家"也必须拥有自己的"品牌",这种非经济意义上的"品牌"就是"身

---

① 陈来:《古代宗教与伦理——儒家思想的根源》,生活·读书·新知三联书店 1996 年版,第 292 页。

② 陈来:《古代宗教与伦理——儒家思想的根源》,生活·读书·新知三联书店 1996 年版,第 300 页。

③ Kenneth Thompson, *Durkheim and Sacred Identity*, in N. J. Allen, W. S. F. Pickering and W. Watts Miller (eds.), *On Durkheim's Elementary Forms of Religious Life*, Published in conjunction with the British Center for Duckheimian Studies, 1998, pp. 95 - 96.

份"(identity)。毋庸赘言,"身份"的功能在于"区别",就是通过彰显自我的特征以表明"我是谁"和"我不是谁"。既然如此,那么,每个氏族就必须制造独属自己的"虚拟的血缘身份",以达到显示"我就是我"(I am Who I am)的目的。① 假若氏族成员不认可这种身份,也就是说他们向氏族"文化DNA"认同的精神链条被打断,那么,实际上就意味着该氏族的崩溃和解体。所以,氏族中的每一个成员向该氏族的"文化DNA"的认同,就成为一个无论其个人愿意与否都必须一致遵循的法则。当这种"没商量"的法则内化为个人行为的自觉义务,伦理就自然产生了。这样看来,所谓"伦理"只不过是"文化DNA"的抽象形式而已。当然,"伦理"并不是指代"文化DNA"唯一可能的表达方式,诸如"集体精神""群族禀赋"

---

① 基督教经典再清楚不过地说明了这一真理。《圣经》对 God 的定义恰恰就是:"I am Who I am"。(《出》3:14) 这当然可以成为最为深刻的例证。正是在这种人们通常斥之为犯有循环论证的逻辑常识错误的地方,其实确实蕴涵着那种超越个体的,而与集体生活,甚至整体人类命运相联系着的"绝对存在"。所以《圣经》又说:"所以,我们不丧胆。外体虽然毁坏,内心却一天新似一天。我们这至暂至轻的苦楚,要为我们成就极重无比、永远的荣耀。原来我们不是顾念所见的,乃是顾念所不见的;因为所见的是暂时的,所不见的是永远的。"(《哥后》4:16—18)。God 至少可以被称为 Soul 和 Spirit 的意思,在英文表达中更为明显:"Therefore we do not lose heart. Though outwardly we are wasting away, yet inwardly we are being renewed day by day. For our light and momentary troubles are achieving for us an eternal glory that far outweighs them all. So we fix our eyes not on what is seen, but on what is unseen. For what is seen is temporary, but what is unseen is eternal."显然,这里"an eternal glory"是指"基督精神"或"圣灵"。在这样的意义上,所以我们说,由于宗教只能是集体性的,它才可能是永恒不朽的。

第六章 德性：群族禀赋的精神象征

等也可表示相同的内涵。但在远古时期，人们更愿意用"灵魂"（soul）这样更具宗教和感情色彩的词汇来表达这一内涵。这样，"灵魂"所实际指涉的，并不是什么难以理喻的神秘特质，只不过是某种实在的"集体精神"而已。所以，"灵魂"本质上不是一种感觉，更不是一种想象，而是实实在在的"实在"，只不过是一种"看不见的实在"（invisible reality）罢了。在物质主义的意义上，个体的肉体迟早要死亡，但这与氏族集体的持续发展没有直接关系。如果"灵魂"本质上是指氏族的"集体身份"，是指渗入每一个集体成员血液之中的"文化 DNA"，是指该氏族之所以区别于他人的"伦理实在"和"群体精神"的话，那么，"灵魂"不仅可能"不朽"，而且必须"不朽"！！！只要"会发芽之血浆"仍然持续不停地、高速有效地"制造血缘身份"，"灵魂"就会永远地活着。这就是"灵魂永生"的真实含义。

综上所述，在汉语语境中，"德"的原始语意是指涉"族群禀性"，我们称其为"德性"。也就是说，"德"首先是"群族禀性"的代名词，它所指涉的是"集体范畴"，是一个整体性概念。所谓"姓"即"性"（性格、性质），"性"即"德"。既然如此，首先，"德性"就表现为一种文化界标，以示族群边界。由此对外族而言，"德性"具有独占性特征。其次，在族内，族人都具有同样的"德性"，也就是说，其成员共同分享同一种文化构成。"德性"在族内具有开放性特征。最后，某一族群的"德性"呈现整体性特征，某一种"德性"其要素之间具有极其紧密的有机联系，拆散其中某一要素，整体即将不复存在。如，祭祖、敬天、保民，三者之间相互定义，失去一项，"德"的性质则发生变化，因而具有不可分割性。由于"德性"具有这样三重特性，所以发扬"德性"就等于保持"族性"。在组织行为的角度上，向族群"德性"认同，就成为保持和增强组织凝聚力的途径。《礼记》云："有德此有人，有人此有土，有土此有财，有财此有用"[①]，把"德"看成人、土、财的基础。无疑，这对于一个族群"自我"的生存、凸显、巩固和扩展具有重要意义。我们甚至可以说，作为一种关乎族群整体安身立命的"集体精神"，"德性"理所当然地具有某种实用性（非超越性）的"神圣属性"。当人们把可见可感的具体"德性"与不可见、不可测的抽象"天命"相联系后，用"德性"验证和体现"天命"，那么，实用性的"神圣属性"就增加了形而上的支撑。这样"德性"就转变为某种"集体信仰"：从族群内部讲，遵循这一属性行事，则族群兴旺；悖逆这一属性行事，则族群衰亡。从族群外部讲，遵循这一属性行事，族群就扩张；悖逆这一属性行事，则族群减缩。如果说，传统中国的"国"是"族"的扩展和复制，那么，"德性"作为一种"族群禀性"的传统，亦可称为"立国精神"。族人对这种"神圣属性"，就必须肃穆崇敬，恪守不渝，只能"守护"，不能"违反"，只能"尊奉"，不能"亵怠"。这样"德性"对于族内所有成员来说就具有超越性

---

① 《礼记·大学》。

第六章 德性：群族禀赋的精神象征

和公共性。这就是"德性"具有正当性的理由。由此，向"德性"认同，不仅是族群成员的共同责任，而且也是该族之所以成为该族的立命之本。

二、"以德配天"与"敬慎厥德"

在论述周初政治思想的特征时，其与商代政治思想不同的地方就是周人特别突出了"天命"和"德"在政治中的作用。刘泽华先生说：

> "德"在殷代已是一个政治概念。周公最重要的贡献之一是把德当作政治思想的中轴。有了德，上可得天之助，下可得民之和。有天之佑，又得民之和，便能为王，历年而不败。
>
> ……………
>
> 德是一个综合概念，融信仰、道德、行政、政策为一体。依据德的原则对天、祖要诚，对己要严，与人为善，不得已而用刑要慎之又慎。①

张荣明先生也根据有选择的古籍文本，对"天""祖""帝"三个核心概念在商周时代的使用情况进行了初步的统计。尽管我们期望对统计文本的选择理由和范围应有进一步

---

① 刘泽华：《先秦政治思想史》，南开大学出版社1984年版，第37—38页。

说明，但从下面这个简单的表格中，明显可以看到"天"作为抽象概念在使用频率方面的提升，而"祖"和"帝"则呈下降趋势。①

	天	祖	帝	资料来源
商晚期	20	76	4	《尚书·盘庚》
周早期	52	36	12	《尚书·周诰》
周中期	62	19	19	《尚书·吕刑》
周晚期	62	29	9	《诗经·变雅》

资料来源：张荣明：《中国的国教：从上古到东汉》，中国社会科学出版社2001年版，第105—108页。

在进入历史语境之后，我们看到，周人首倡之"德"，在一定意义上其实是对殷商"天命"信仰的政治发展和思想深入。这里有两个相关的问题需要讨论：一是周人提出"敬德""慎德"的目的是什么？与此相关的另一个问题则是，他们所论之"德"的主要内容究竟是什么？

---

① 当然，相反的证据也存在。据唐兰先生《西周青铜器铭文分代史徵》一书的统计，情况则有不同：

	成	康	穆	孝	厉
帝	—	9	—	19	9
祖	57	58	73	75	50
天	43	33	27	19	25

但考虑到钟鼎文一般是为封赐而作，所谓"铭功记德"也，目的在于光宗耀祖，故"祖"字必居主流。

第六章　德性：群族禀赋的精神象征

前一个问题就是学人常提到的政治合法性问题。据前辈学者详尽的考证和研究①，居住在今山西一带的周族"小邦"，在人口、技术、军事实力和文化素养方面，都远落后于"有典有册"的殷族"大邦"。但前者经过努力，竟然将后者取而代之，这是一个在常识范围内不可思议的事件。为何如此？这无论对于已取得胜利的周族，还是对已战败的商族后裔，都是必须予以回答的问题。不如此，不仅不足以使殷商后裔臣服，在理论逻辑上也将形成断层。

周公摄政，除了在制度和军事上采取必要的措施以外，于政治思想上的重要贡献，就是完成了对周族取代商族的政治合法性的论证。正是在做出这一论证的过程中，周公实际上已超出了简单地为现政权辩护的层次，而是提出了一个包括夏商在内的整体政治权力转移的必然规则。这个规则就是著名的"以德配天"。《尚书》保留下来的片段史料，反映了当时的这种认识：

> 我闻曰："上帝引逸，有夏不适逸；则惟帝降格，向于时夏。弗克庸帝，大淫泆有辞。惟时天罔念闻，厥惟废元命，降致罚；乃命尔先祖成汤革夏，俊民甸四方。自成汤至于帝乙，罔不明德恤祀。亦惟天丕建，保乂有殷，殷王亦罔敢失帝，罔不配天其泽。在今后嗣王，诞罔显于天，

---

① 关于周族自身发展的详细历史，参见王玉哲：《中华远古史》，第十一、十二章，上海人民出版社 2004 年版，第 424—545 页；许倬云：《西周史》（增补本），第二、三章，生活·读书·新知三联书店 2001 年版，第 33—112 页。

矧曰其有听念于先王勤家？诞淫厥泆，罔顾于天显民祇。惟时上帝不保，降若兹大丧。惟天不畀不明厥德，凡四方小大邦丧，罔非有辞于罚。"①

非天庸释有夏，非天庸释有殷，乃惟尔辟以尔多方大淫，图天之命屑有辞。②

在此，周公把话讲得很清楚："上帝"自有意志，当初他选择了有夏，但"弗克庸帝，大淫泆有辞。惟时天罔念闻，厥惟废元命，降致罚"。此后，"上帝"又选择了你们殷族，"乃命尔先祖成汤革夏，俊民甸四方"。自成汤至于帝乙，"罔不明德恤祀"，保有天命。但因以后诸王"诞淫厥泆，罔顾于天显民祇"。并不是"上帝"特别地忌恨夏和殷，而是他们欺压小方，戏辱天命。文中虽名言天命转移之道理，但其中却深含德性之关键。《诗经》中，涉及此意的段落多矣，其中两段是为重要：

荡荡上帝，下民之辟。疾威上帝，其命多辟。天生烝民，其命匪谌。靡不有初，鲜克有终。
文王曰咨，咨女殷商。曾是强御，曾是掊克。曾是在位，曾是在服。天降滔德，女兴是力。

---

① 《尚书·多士》。
② 《尚书·多方》。

第六章 德性：群族禀赋的精神象征

文王曰咨，咨女殷商。而秉义类，强御多怼。流言以对，寇攘式内。侯作侯祝，靡届靡究。

文王曰咨，咨女殷商。女炰烋于中国，敛怨以为德。不明尔德，时无背无侧。尔德不明，以无陪无卿。

文王曰咨，咨女殷商。天不湎尔以酒，不义从式。既愆尔止，靡明靡晦。式号式呼，俾昼作夜。

文王曰咨，咨女殷商。如蜩如螗，如沸如羹。小大近丧，人尚乎由行。内奰于中国，覃及鬼方。

文王曰咨，咨女殷商。匪上帝不时，殷不用旧。虽无老成人，尚有典刑。曾是莫听，大命以倾。

文王曰咨，咨女殷商。人亦有言，颠沛之揭。枝叶未有害，本实先拨。殷鉴不远，在夏后之世。①

文王在上，於昭于天。周虽旧邦，其命维新。有周不显，帝命不时。文王陟降，在帝左右。

……文王孙子，本支百世。凡周之士，不显亦世。……假哉天命，有商孙子。商之孙子，其丽不亿。上帝既命，侯于周服。

侯服于周，天命靡常。殷士肤敏，祼将于京。厥作祼将，常服黼冔。王之荩臣，无念尔祖。

无念尔祖，聿修厥德。永言配命，自求多福。殷之未

---

① 《毛诗·大雅·荡》。

丧师，克配上帝。宜鉴于殷，骏命不易。命之不易，无遏尔躬。宣昭义问，有虞殷自天。上天之载，无声无臭。仪刑文王，万邦作孚。①

许倬云解释，这些文献都是在说明，周取代殷，只是"天命"降临的结果，并非"天"偏爱周"德"，"乃大命文王"，而在于周"德"自有其优势。"天"看上的不是哪族，而是重视何德。"相对的，无论殷人周人都当修德，以自求多福，天命是否更易，全在人自己的作风。……说明了周人对天命的认识，以及周人因此而时时以天命靡常自诫。"②所以，著名的"以德配天"，已经不是一个"不可言说"的"神秘"心态，而已变成了某种可由人为努力而达到的"神圣"事实。从周公论证看，其中显示着"天命"与"人德"相统一的暗示。20 世纪 80 年代中期，刘泽华先生在《先秦政治思想史》中，用专章讨论周初"敬德"思想。③今天看来，这是强调中国政治思想从重宗教转向重德性的关键一步，由此才有了以后中国政治思想的基本格局。

那么，接下来的问题则是，被"天"所看中的周"德"究竟具有哪些具体的内涵？

依据史家考证，我们可以总结出周族精神气质的几个主要

---

① 《毛诗·大雅·文王》。着重号为引者所加。

② 许倬云：《西周史》（增补本），生活·读书·新知三联书店 2001 年版，第 108 页。

③ 刘泽华：《先秦政治思想史》，南开大学出版社 1984 年版，第 20—28 页。

第六章 德性：群族禀赋的精神象征

方面：

第一，周族始祖后稷"好农耕"，但在其子时"弃稷不务"，长期流徙于戎狄之间。直到两代之后的刘公，才复修后稷之业，务耕种，行地宜，取地用。后再遭戎狄所迫，迁徙岐下，恢复农耕。由于渴望农耕，直接与生产土地接触，农业社会生活的环境养成了他们**节俭**和**勤奋**的品质，环境所迫使其对于奢华和淫逸产生本能的抵制。

第二，作为殷属小邦，周族并没有高贵的血统，祖宗不能成为其自恃的资本。同时，周族长期流徙于戎狄之间，处于长期的紧张生活状态之中，随时准备防范自己的敌人。这样，长期处于高度警觉之中的周人，又铸就了高度的**务实精神**和**谨慎**的作风。

第三，周族长期处于劣势地位，随时可能被大族吞灭，因此保持时刻的警惕和繁殖族内的人口，就成为兴族振邦的必要条件。[1]于是，我们从他们反复强调的"敬"中，体会到了某种深刻的"忧患意识"和"保民恤民"责任使命。

---

[1] 对此，徐复观先生有一较详细的阐述："忧患心理的形成，乃是从当事人对吉凶成败的深思熟虑而来的远见；在这种远见中，主要发现了吉凶成败与当事人的密切关系，乃当事者在行为上所应负的责任。忧患正是由这种责任感来的要以己力突破困难而尚未突破时的心理状态。所以忧患乃人类精神开始对事物发生责任感的表现，也即是精神上开始有了人的自觉的表现。"（徐复观：《中国人性论史》，台湾商务印书馆1988年版，第20—21页。）另，《易传》亦曰："作《易》者，其有忧患乎？"牟宗三先生也言："中国哲学之重道德性是根源于忧患的意识。"（牟宗三：《中国哲学的特质》，台湾学生书局1974年版，第16页。）"重民意识"滥觞于周初关于政治合法性的需要，是中国政治思想史中极重要，也极复杂的内容，限于本文主题，更碍于本人的知识限度，此处全省略。

以上这些群族气质（ethos），可以被概括为四个字："敬慎厥德"。所以，节俭戒奢、勤劳奋斗的精神；"克自抑畏"、审慎忧患的品格；内部凝聚、"重民""保民"的方略；承天之命、克己尽忠的历史使命感；等等，就成了周族所特有的族风和价值。换言之，就成为被"上帝"所嘉许的美德。①

所以，侯外庐说："'有孝有德'的思想，只是说明一个贯通周代文明社会的道德纲领，在这个纲领之下，周初新的道德概念出现甚多，如敬、穆、恭、懿等。"他在引《庄子·天下》周人"以天为宗，以德为本"以后说："在宗教观念上的敬天，在伦理观念上就是延长而为敬德。同样地，在宗教观念上的尊祖，在伦理观念上就是延长而为宗孝，可以说'以祖为宗，以孝为本'。先祖克配上帝，是宗教的天人合一，而敬德与孝思，是使'先天的'天人合一，延长而为'后天的'天人合一，周氏族的'宗子'地位要求在伦理上发展当初的天命，这样才能'子子孙孙永保命'，'其帅型受兹休'。"②

---

① 参见谢松龄：《天人象：阴阳五行学说史导论》，山东文艺出版社1989年版，第10—13页。傅斯年先生晚年概括《尚书·周诰》的精神主旨时指出："凡求固守天命者，在敬，在明明德，在保民，在慎刑，在勤治，在毋忘前人艰难，在有贤辅，在远憸人，在秉遗训，在察有司；毋康逸，毋酣于酒，事事托命于天，而无一事含人事而言天，祈天永命，而以为惟德之用。"（《傅孟真先生集》卷3，台湾大学出版社1952年版，第92—99页。）虽然傅先生明显地在借史以铭鉴政治当局，但其历史体验也不可谓不深刻也。

② 侯外庐、赵纪彬、杜国庠：《中国思想通史》第一卷，人民出版社1957年版，第93—94页。

第六章 德性：群族禀赋的精神象征

在一定的意义上，周族的这些群族美德，后来铸成了中华民族的民族性格的重要组成部分，以至于孔子念念不忘"克己复礼"，明确表示："周监於二代，郁郁乎文哉！吾从周。"①

三、"德性"与"德行"的融合

在理论上，笔者倾向于把"德性"与"德行"区分开来。如果说"德性"具有"神圣"的族群"属性"（我们姑且称为"伦理"，ethics），那么"德行"则表示"道德行为"的价值内涵，特别是指反映在族群首领行为上的素质、品性、风格等等（我们姑且称为"道德"，morality）。就"德性"而言，它更多地与"族性"相联系，但"德行"却已扩展到了"行为"。而"圣王"则是联结"德性"与"德行"的中介。在历史文献中，这些群族美德是通过对尧帝和文王的赞美和表彰而得到彰显的。

> 呜呼，厥亦惟我周太王、王季，克自抑畏。文王卑服，即康功田功。徽柔懿恭，怀保小民，惠鲜鳏寡。自朝至于日中昃，不遑暇食，用咸和万民。文王不敢盘于游田，以庶邦惟正之供。文王受命惟中身，厥享国五十年。……②

> 维此文王，小心翼翼。昭事上帝，聿怀多福。厥德不

---

① 《论语·八佾》。
② 《尚书·无逸》。

回，以受方国。①

不敢暴虎，不敢冯河。人知其一，莫知其他。战战兢兢，如临深渊，如履薄冰。②

如果把"族群首领"个人的道德行为看作"族群属性"的集中体现，同时它又具有群族成员共同效仿的功能，那么，"族群首领"的个人道德行为就转化为整体族群的品格。这样，"圣王"的超级道德形象就在"族群属性"与"个体道德"的联系中得到必然的凸显。在这个意义上，"圣王"自身的品性、风格、举止等道德行为，就已不再是一般意义上的"个体行为"，而成为整体族群行为的象征。这里显示了一种"德"从群体性质到首领道德的转化：开始"德"由族内成员平等分享，经由一个中介转折，"德"由部分族人所垄断。拥有"大德"之人，则拥有权力，成为国家的政治支配者。换言之，经过这一转化，全面意义上的"德"，就转化为"有德""守德"者具有支配权力；"无德""失德"者则意味着权力的丧失。所谓"德厚者流光，德薄者流卑"③是也。儒家后来将"修身、齐家、治国、平天下"作为治国途径，其思想所本，就来源于此。王国维在《殷周制度论》中说："古之所谓国家者，非徒政治之枢机，亦道德之枢机也。使天子

---

① 《诗经·大雅·大明》。
② 《诗经·小雅·小旻》。
③ 《穀梁传·僖公十五年》。

第六章 德性:群族禀赋的精神象征

诸侯士大夫各奉其制度典礼,以亲亲、尊尊、贤贤、明男女之别于上,而民风化于下,此之谓治;反是则谓之乱。是故天子诸侯卿大夫士者,民之表也;制度典礼者,道德之器也。周人为政之精髓,实存于此","周之制度典礼,实皆道德而设"①。数十年后再读上述警句,仍可说它至今不失为极具洞察的至理名言。

庞朴根据帛书和简书的研究,把中国传统的道德观念划分为三个层次,即"人之作为家庭成员所应有的人伦道德(六德)""作为社会成员所应有的社会道德(四行)"和"作为天地之子所应有的天地道德(五行)",并且"这三重道德,由近及远,逐一上升,营造了三重深浅不同而又互相关联的境界,为人们的德行生活,为人们的快乐与幸福,开拓出了广阔无垠的空间"②。这实际上反映出中国传统思想中,由"伦理"转向"道德"、由"政治"转向"哲学"的总趋势。

无独有偶,美国著名汉学家艾兰,依据列维-斯特劳斯结构主义的神话理论,通过对中国上古历史文献的细致研究,也得出中国古代世系传说的基本社会功能是要缓解氏族继承权的世袭制与社会贤才管理制之间冲突的重要结论。世袭制的本质是血液共同体维持自身纯粹性的体现,而"德性"的提出则意味

---

① 王国维:《殷周制度论》,见王国维:《观堂集林》卷十,中华书局1959年版。再如,《尚书》全文凡2500余字,而其中"德"字234见,竟占总文近10%!足知商周时人对"德"的重视程度,以及"德"在中华文明奠基时期的关键性地位。

② 庞朴:《三重道德论》,载《历史研究》2000年第5期。

着社会共同体突破血缘限制的趋向。艾兰指出：

> "德性"与世袭间对立，也具有普遍的重要性。……"德性"实质上是对更大的社团或国家的要求的反映，即使在这一要求与个人家庭或血缘亲族利益发生冲突时也如此，因为世袭是对家庭或亲族利益的保护。这一对立在任何区分以个人核心的家庭与血缘亲族的人类社会中都是固有的，但它又是随着社会的政治与社会组织的复杂而增加其重要性的。在传统中国的定居农耕社会，由于亲族组织的复杂系统，渐趋独立于世袭君主与非世袭官僚系统组成的政治组织之外，这种对立显得尤为重要。①

艾兰的这一发现解释了中国社会为什么超越了狭窄的血缘界限，而形成了一个跨血缘、跨地域，却没有分裂为若干异质国族（nations）的整体国家。这与犹太、阿拉伯世界形成了鲜明的对照。"德性"观念的提出、强化和巩固，实际上成为铸造"中国性"特质之极其关键的一环。在一定意义上说，正是由于具有了超越各异质血缘群族之上并得到广泛认同的"德性"，才使中华民族长久持续地融为一体。所有的政治要素，包括世袭帝王系统、选举官僚系统和地方家族系统，都在"德性"的价

---

① ［英］艾兰：《世袭与禅让：古代中国的王朝更替传说》，孙心菲、周言译，北京大学出版社 2002 年版，第 101 页。

第六章 德性：群族禀赋的精神象征

值网络中受到限制并相互协调。如果说，犹太和阿拉伯国家以"宗教与国族合一"为基本特征，那么，"德性"就是中华民族内在整合的精神动力和能量源泉，它实际上充当着宗教信仰的功能，发挥着公共价值的作用。中国地域之广袤、地区差异之显著、人口规模之巨大、历史连续性之持久、文化传统之深厚，在世界历史上都是罕见的。要问中国之所以然，依赖"德性"、认同"德性"、皈依"德性"、信仰"德性"，可能是最为切实的说明。正是"德性"既保留了血缘亲情，又有限地超越了它的限制，从而在多样异质的社会中建构了统一的巨型帝制－民族－国家。这种在国家最高形态和社会基层细胞中保留下血缘联系，而在中间政治管理层次实行知识考核的机制的体制构造，是传统中国的特殊性的突出体现。这种特殊的社会政治形态决定了中国传统社会和政治机制的复杂特征，构成了中国政治"正当性"理论表达和政治认知的基础。

历史时代	上古三代	春秋战国	秦汉一统
认同取向	祖先即神圣	诸侯国各自称王	圣人与帝王交叉
信仰模式	"祖—天"模式向"德—天"模式转变	诸侯国各自独称其"祖—德—天"模式	"天—德—王"一体化模式
组织形态	松散联盟	各自独立	集权一统
时间限度	长时段	短时段	长时段

随着中华共同体范围的不断扩大，以单一"守德性"为伦理根基的周代必然走向解体，而以更加具有普遍性的"倡德行"

的道德倾向自然更适应这种发展。经过春秋战国之社会共同体结构的调整,至秦汉时代,中国再次形成新的共同体形式。此后,"伦理"与"道德"合而为一。作为实现民族凝聚功能的"伦理"符号必然产生,圣王神话自然兴起,而作为规范社会行为的"道德"行为也亟须恢复,儒学的复兴和礼治的再起,则适应了这种需求。

第七章　崇圣：政治精神的神圣符号

> 曷谓神？曰：尽善挟治之谓神，万物莫足以倾之之谓固。神固之谓圣人。
>
> ——《荀子·儒效》

一、圣王与"正"

"正当性"（legitimacy）的中国传统表达是"正"或"正统"。汉语中，"正"与"邪"，"正统"与"篡逆"，在理论中是一个绝对的分界线。"正"在甲骨文中写作 ，上面是"方国"，下面是"脚止"，本意表示征伐不义之邑。《说文》曰："政者正也，从正，正亦声"。《说文》又曰："正，是也。从一从止"。即所谓平正，不偏斜。段玉裁注："十目烛隐则曰直。以日为正则曰是。从日正会意。天下之物莫正于日也。左传曰正直为正，正曲为直。"考"正"之字源，契金文皆于"止"字上作方或圆框，可实可虚，其象形意义可能是足掌之上加以两膝盖之形。后来膝盖之形演化为横画。所以有学者认为，"正"字的原意是"立身刚直不苟"，再进一步"处世处事刚直遵礼守法"。据字形则训为"小击",取"戒勉""引导"之意。因此,"启""敕""教"等字皆以"攵"显其本意。

简而言之,在汉语体系中,"正"就是关于人类政治行为基本准则的规定,但这一准则不仅是一种理念,而且也具有突出的实践意义,即所谓"以正正夫不正之谓也"①。进一步讲,关于"正"的基本准则,又可分为"自然之正"和"道德之正"两大参照系统。由于中国文化系统"天"与"人"共享同一套知识资源,二者在纯粹理念上相互重叠。② 所以推及政治层面,所谓"政者,正也"至少具有两层含义:

其一是指权力拥有者本人必须具备良好的道义品德,它又具有价值与素质的含义。显然,它的理论依据直接来源于"人伦秩序",也可叫做"德"。《尚书》说"无反无侧,王道正直"③。孔子更是多次把"正"与"政"联系起来,特别强调统治者自身的道德品行,说:"政者,正也。子帅以正,孰敢不正!"④ "苟

---

① 《皇极经世·观物篇四十四》。
② 用张东荪先生的话说,中国传统的知识系统可以说是"没有人事秩序与天然秩序之分别",所谓"人伦"(human order)、"物则"(natural order) 和"天理"(divine order) 三者相互重叠,彼此不分,进而构成了一个"神秘的整体论"(mystic integralism)。(《思想与社会》,商务印书馆 1946 年版,第 181 页。)"中国的思想始终不离所谓整体主义,即把宇宙当作一个有机体。……这个整体思想在表面是讲宇宙,实际上却是暗指社会。即把社会当作一个有机体,个人纯为社会是服务,所谓尽性,所谓知命,都是指此。"(《知识与文化》,商务印书馆 1946 年版,第 99—140 页。)
③ 《尚书·洪范》。
④ 《论语·颜渊》。

第七章 崇圣：政治精神的神圣符号

正其身矣，于从政乎何有？不能正其身，如正人何？"① "政者，正也。君为正，则百姓从政也。"② 这显然是在设定"伦理规范"。如饶宗颐所说："正统理论之精髓，在于阐释如何可以承统，又如何可谓之'正'之真理。……历史之作，正所以明人事之真是非，而折衷于正（Justice），故史家秉笔必据正立论，《易·家人》正位内，《大学》言正心，《春秋》主拨乱反正，均从正字出发。……以正统而论，正之为义尤重于统，自古以来已视为天经地义。故史家任务，要必折衷于正。Reinhold Niebuhr 从神学观点以论史学，而提出 Moral Judgment are Executed in History 一意，且云必须 gives meaning to history，此即孔子所云：'其义则丘窃取之矣'。"③ 简言之，"正"的精髓在于"义"。

其二是指政治权力的获取过程应该符合理念原则，这具有程序和规则的含义。但这些程序和规则的依据来源于"宇宙秩序"，可称其为"道"。班固将这一原则表述得直截了当："历谱者，序四时之位，正分至之节，会日月五星之辰，以考寒暑杀生之实。故圣王必正历数，以定三统服色之制，又以探知五星日月之会。凶厄之患，吉隆之喜，其术皆出焉。此圣

---

① 《论语·子路》。
② 《礼记·哀公问》。春秋时期，魏武帝请教《春秋》为何重"元"的问题，吴起回答说："言国君必慎始也；慎始奈何？曰：正之。正之奈何？曰：明智。智不明何以见正？多闻而择焉，所以明智也。"（《说苑·建本》）
③ 饶宗颐：《中国史学上之正统论》，上海远东出版社1996版，第76、79页。

人知命之术也；非天下之至材，其孰与（读'豫'）焉！道之乱也，患出于小人而强欲知天道者，坏大以为小，削远以为近，是以道术破碎而难知也。"①《淮南子》将"四极废"与"四极正"作为对立范畴使用，讲的是宇宙秩序的"复原"和"拨乱反正"。②

所以，在"天人合一"的认知框架下，"道"与"德"相互渗透，彼此支撑，成为中国人建构世界图景的主要知识路径。如上所论，中国先人根据"宗"（血缘系谱）、"天"（宇宙图式）和"德"（精神价值）三重意识，建构起一整套完整、自洽的"空间—时间—生理—心理"的秩序体系，并以这一"内在超越的秩序"为理想坐标去反观和衡量现实世界。一旦现实政治生活与这一秩序发生紧张和冲突，人们则认为形而下的政治生活出现了"变异"，就将按照这个超越的秩序准则，去"正"个人或集体的政治行为。

二、"圣"之概念、内涵与性质

崇"圣"是中国传统政治文化中十分突出的现象，从远古到近代，中国知识界对"圣"的敬奉与呼唤不绝如缕。在传统政治思想的框架中，如果说对于"人王"还存在着评论甚至抨击余地的话，那么，作为社会价值和道德楷模的"圣"，则只能

---

① 《汉书·艺文志》。
② 《淮南子·览冥训》。

第七章 崇圣：政治精神的神圣符号

是被歌颂和被效法的对象了。前人杰出的研究成果表明，在中国传统中"圣"并不是"道"本身，而只是"道"的彰显物和体现者，但其崇高的社会政治地位则是无可置疑的。面对这样一个突出的"社会事实"①，自然要求研究者对其思想性质和政治功能做出解释。

依笔者之孔见，在以往的研究中，以顾颉刚、刘泽华和王文亮为代表的三代学人，曾从历史脉络、政治思想和文化格局的不同视角对崇"圣"现象展开过较系统的梳理研究，做出了各自的贡献。这些研究成果为我们进一步对崇"圣"现象做政治符号学的分析奠定了基础。回顾他们的研究理路和基本结论，是我们发现和整理自己"问题意识"的学术起点。

在规范历史学层面上，20世纪20—30年代，顾颉刚提出了著名的"层累地造成的中国古史"说。通过对史料的缜密梳理，顾先生"读"出了古人"造圣"的事实。1923年，顾颉刚先生对被后人称为"中国历史原理"的规则，做过如

---

① 这里是在严格学术意义上使用涂尔干"社会事实"的概念。当某一事实具备或者能够从外部施加在个人身上的约束力，因而得到了人们的承认时，这个"事实"就具有了社会的性质。对于作为生物客体的个人来说，"社会事实"是客观存在的，当特定之个体去世或被替代时，"社会事实"则仍永恒地存在着。"社会事实"具有"强制性力量，这种力量使它凌驾于每个社会成员及其独立的个人意识之上"。"普遍存在于社会各处并具有其固有存在的，不管其在个人身上的表现如何，都叫做社会事实。"（参见［法］E. 迪尔凯姆：《社会学方法的准则》，第一章，狄玉明译，商务印书馆1995年版。）

下的陈述：

> 我很想做一篇《层累地造成的中国古史》，把传说中的古史的经历详细一说。这里有三个意思：第一，可以说明"时代愈后，传说的古史期愈长"。如这封信里说的，周代人心目中最古的人是禹，到了孔子时有尧舜，到战国时有黄帝神农，到秦有三皇，到汉以后有盘古等。第二，可以说明"时代愈往后，传说中的中心人物愈放愈大"。如舜，生在孔子时只是一个"无为而治"的圣君，到《尧典》就成了一个"家齐而后国治"的圣人，到孟子时就成了一个孝子的模范了。第三，我们在这上，即不能知道某一件事情的真确的状况，但可以知道某一件事情在传说中的最早的状况。我们即不能知道东周时的东周史，也至少能知道战国时的东周史；我们即不能知道夏商时的夏商史，也至少能知道东周时的夏商史。①

顾颉刚的这些议论绝非一时感悟，而是依据常年积累的厚重的史学功底。他指出："自西周以至春秋初年，那时人对于古代原没有悠久的推测。……他们只是认定一个民族有一个民族的始祖，并没有许多民族公认的始祖。但他们在始祖之外，还有一个'禹'。……然则禹是上帝派下来的神，而不是人。"但

---

① 顾颉刚编著：《古史辨》第一册，上海古籍出版社1981年版，第60页。

第七章 崇圣：政治精神的神圣符号

是随着历史的向后推移，"……商族认禹为下凡的天神，周族认禹为最早的人王"。到了孔子时代，出现了尧舜；秦灵公时始祭黄帝；后来又有神农氏、庖牺氏；《世本》则整理出古先人的世系表，而到《春秋命历序》更说"天地开辟，至春秋获麟之岁，凡二百二十六万年"。于是天皇十二人各立一万八千年。最后在汉代又把苗族始祖盘古引入古史系统，于是开天地之盘古又被排在天皇之前了。所以，"时代越后，知道的古史越前；文籍越无征，知道的古史越多"，由此形成一个明显的"背反"。①

在政治思想史层面上，20世纪70年代后期，中国政治思想史家刘泽华专攻先秦政治思想和中国政治思想通论。经多年研究体悟，刘泽华发现，自先秦以降，中国政治思想史中明显存在着一条"从神化走向圣化"的基本线索。这条线索一方面形成了与西方政治思想史不同的思路，另一方面也对现代中国政治思维产生着强力影响。90年代初，他在《中国传统政治思维》这样一部集体著作的"导论"中，明确地把"圣化"现象提升到了中国政治思想中的"思维范式"的高度上。他说：如果说商及其以前的中国社会，"神"及其神化还在政治思想中占有绝对的意义，那么，在商—周转变之际，特别是周初时期，"圣人"就逐渐替代了宗教意义上的"神"。他说：

---

① 参见顾颉刚编著：《古史辨》第一册，上海古籍出版社1981年版，第61—65页。

圣化则显示了政治思维从神向人的转变……圣人成为政治思维过程中的最高范畴和终极的决定力量,是理性、理想、智能和真、善、美的人格化,它不仅是社会和历史的主宰者,而且在整个宇宙体系中居于核心地位,成为经天纬地、扭转乾坤、"赞天地之化育"的超人。①

在20世纪即将结束的时候,刘泽华又在《中国的王权主义》一书的第四章中,专用两节篇幅论述"圣—王"关系以及孔子和"五经"神话之问题。他说:"圣与王本来不同,圣是在王之旁生出来的一个代表知识和道德体系的人。……'圣王'一词在《左传》中仅一见,载于文公六年。《老子》《论语》中未见,而《墨子》中则连篇皆是。其后几乎无人不谈圣王。圣王是贯通客体、主体、认识、实践的枢纽,是一个超级的主体,主宰着一切,是真、善、美的化身,是权力最合理的握有者。圣王是一个极大的概念,在很大的程度上关系着中国的文化的特点和特性。我们固然可以说它是对王的提高,但也可以说是对圣的占有。圣王之道成为绝对的真理,只能遵循、崇拜,不可置疑。"②

---

① 刘泽华主编:《中国传统政治思维》,吉林教育出版社1991年版,第1—2页。

② 刘泽华:《中国的王权主义:传统社会与思想特点考察》,上海人民出版社2000年版,第423页。

第七章 崇圣：政治精神的神圣符号

刘泽华不仅把"圣化"看成是一个中国政治文化的重要特征，而且撰文，明确把"崇圣"现象归结为"中国传统文化的本体"。①

在广义文化史的层面上，浸淫于日本汉学环境中的王文亮，专著《中国圣人论》，以七章洋洋40万字的篇幅对圣人文化做了全面梳理，可谓学有专攻。王文亮旁征博引，用充分的文字史料证明了"圣人"在中国文化系统和政治思想中的重要地位：

> 说中国是一个崇拜圣人的国度，这是有相当的依据的。因为无论是从哲学、史学、文学等为主干的理论型文化来分析，还是从礼仪制度、道德伦常、风俗习惯等为要素的大众型文化来观察，均能发现圣人的无所不在以及圣人观念的强大统摄作用。圣人乃是千百年来由中国人塑造、又为中国人所企慕的最高理想人格。相当于救世主的圣人，其非凡的智能以及崇高的品德，早已成为中国人在生命繁衍和文明创造中赖以汲取力量源泉以及加以奉行的规范准则，甚至圣人的存在本身就是一面具有巨大精神号召力和情感凝聚力的伟大旗帜。②

王著最突出的特点，不在于其结论的简要直白，甚至也不

---

① 参见刘泽华：《圣人——中国传统文化的本体》，见刘泽华：《洗耳斋文稿》，中华书局2003年版，第236—253页。

② 王文亮：《中国圣人论》，中国社会科学出版社1993年版，第4页。

在于其旁征博引所体现出的雄厚史料基础,而在于他肯定了"圣人"与"价值准则"和"精神境界"密切相关的联系,特别是提出了一个关键性的核心问题,那就是:

> 从中国古人对圣人的种种本质规定看,圣人属于一种超越平凡、异乎寻常的存在。那么,超越平凡、异乎寻常的圣人,其存在为什么是可能的?而且,圣人为什么能够超越平凡、异乎寻常?圣人和平凡、寻常之间又具有怎样的关联?正如宗教的上帝需要神学家去论证其存在的依据一样,中国人心目中的圣人同样不能缺少类似的论证,否则,圣人便难以作为一种伟大的人格力量牢牢统摄人们的心灵。①

尽管我们并不认为王博士给出的是最佳答案,更觉得他以"圣人与常人同类""圣人是人而不是神"为前提,进而开通了在"人性论"的框架内讨论"圣人"本质的路径值得大大商榷,但他的"问题意识"则无疑是明晰、准确和有力的。

以上前人的这些杰出研究成果,或在现象上澄清了"制造"历史的真相,或明确了"圣人"在中国思想中的重要位置和作用,或提出了规范的关键性问题,都在历史层面上使知识的层

---

① 王文亮:《中国圣人论》,中国社会科学出版社1993年版,第22页。

第七章 崇圣：政治精神的神圣符号

次向前推进了一步，从而为滋养后学奠定了可拓展基础。但是我们也应承认，这些杰出的探讨成果也留下了若干未能满足"知识拷问"的空间，需要进一步展开研究。概括而言，这些问题是：如果说古人"制造"并不是出于偶然，而是一个有意识、有规律的普遍现象，那么，我们想要知道他们为什么、凭什么非要如此而为？古人此种行为的动机、动力、机理、功能、目的和形式究竟是建立在一种什么样的思维基础之上？作为一个普遍性历史现实，"圣王绝对化"对于中国传统社会的建构为什么是必需的？

显然，解释这些问题已经超出了规范的历史学范畴，我们应当把思维的视域转向多学科交叉的探索空间。本章的主要目的，是试图在政治符号学的分析框架下透视崇"圣"现象。在学理上我们认同如下的基本假设：任何一种曾长期存在过的社会现象，必有其存在的理由。因之，与其把"制造"看成历史"现象"，不如把它视为理论"问题"。"制造"并不是某种程度上的人格扭曲，而是一种"公共符号"的想象；不仅是某种出于统治需要的外在压力，更是一种共同体生活的内在需求。在长时段的历史过滤中，某些具有本源性和本质性的集体无意识和社会功能，可能或被历史掩盖或被人们遗忘，但其核心机制今天仍然"活"在我们的日常生活之中。

在友人帮助下，笔者对"圣"字做了计算机检索，涉及中国典籍凡 290 余种①，其中经部 516 卷，命中 1659 次；史部 7038 卷，命中 29589 次；子部 1201 卷，命中 10712 次。合计获得涉及"圣"字史料 31960 条。其结果如下："圣人" 5992 见；"圣者" 161 见；"圣士" 6 见；"圣王" 1029 见；"圣帝" 205 见；"圣主" 406 见；"圣贤" 559 见；"贤圣" 238 见；"圣哲" 179 见；"圣德" 785 见；"圣明" 563 见；"明圣" 240 见；"神圣" 124 见；"圣神" 149 见；"大圣" 632 见；"至圣" 191 见；"仁圣" 201 见；"圣仁" 49 见；"圣智" 116 见；"圣知" 82 见；"圣心" 214 见；"圣功" 60 见；"圣言" 29 见；"圣道" 122 见；"先圣" 458 见；"前圣" 89 见；"后圣" 111 见；"圣经" 41 见；"三圣" 101 见；"自圣" 84 见；"齐圣" 93 见；独立词"圣"及其他与"圣"合成的词 18651 见。

统计结果显示，典籍中出现频率最高的前三个词汇是"圣人""圣王"和"圣德"，分别为 5992 见、1029 见和 785 见，远远超出其他词汇；而在这三个关键词之中，"圣人"独领风骚，超出后两者 4—6 倍之多。考虑到这三个关键词之间具有较强的交叉性，内涵界限十分模糊，其详尽考证当专文深入梳理。以下仅据《礼记》和《史记》两书以及若干前人著述，做一简单概括，以此设定我们的论述前提。

甲骨文中，"圣"字作一人而有特大的耳朵，突出其听觉之

---

① 计算机典籍检索是由博士同窗王文涛兄实施完成的。王教授精湛的计算机技术给予此项工作以强有力的支持，笔者特此表示真诚谢意。

第七章 崇圣：政治精神的神圣符号

敏感。《说文》释曰："圣，通也"。《尚书·洪范》孔安国注："于事无不通谓之圣"。《白虎通·圣人》曰："圣者通也、道也、声也"。《周礼·大司徒》郑玄注："圣，通而先识"。《艺文类聚》卷二十引《风俗通义》云："圣，声也、通也。言其闻声知情"。《国语·楚语》曰："民之精爽不携贰者，而又能齐肃衷正，其智能上下比义，其圣能光远宣朗，其明能光照之，其聪能听彻之，如是则明神降之，在男曰觋，在女曰巫。"这反映出凡聪、明、智、圣者，皆与巫觋有关。只有巫觋可以"通天地"。因此，"圣"字之本意就是"通天地"，其重点语义在于"通"。

在中国文化传统中，"圣"一般是以"人"作为存在物或想象物出现的。他无论作"士"还是为"王"，无论于"朝"还是在"野"，也无论表"实"还是就"虚"，其对象都是人物及其化身。如果不得不与西方希伯来—基督教宗教文化系统进行比较的话，那么，"圣"不可能是"上帝"，只能是"先知"。因为在《圣经》中，"上帝"具有绝对的超越性，他无法由"人"来定义，而其自我定义就是"I am Who I am"[①]。"上帝"可以使用他愿意的任何形式与人交往，是人形、是云烟、是火柱，还是灵命，那是他自己的绝对主权。与此具有根本不同之性质的是，"先知"一方面是"人"，是可见、可触的实在；另一方面，他又是"不可见"之"上帝"与凡俗庶众之间的中介，是直接

[①] 《旧约·出埃及记》3：14。此一定义《圣经》汉语翻译为"我是自有永有"，虽然这已体现不出西语中"上帝"已完全处于人之语言极限之外的精意，但其超越的意涵则仍清晰可见。

领受"上帝"旨意的"超人"。摩西是为典型,他不是救世主,但却是救世主的代言人。这其实正是韦伯心目中的"卡里斯马"(charisma)。① 对于中国传统而言,在很大的程度上,"圣"大致上可用"先知"做比喻。其基本特征反映在几个方面:

第一,天生性。"圣"之所以为圣,其依据不来自人间。"是故夫政必本于天,殽以降命。命降于社之谓殽地,降于祖庙之谓仁义,降于山川之谓兴作,降于五祀之谓制度。此圣人所以藏身之固也。故圣人参于天地,并于鬼神。以治政也。"② "诚者,天之道也。诚之者,人之道也。诚者,不勉而中,不思而得,从容中道,圣人也。诚之者,择善而固执之者也。博学之,审问之,慎思之,明辨之,笃行之。有弗学,学之弗能,弗措也。有弗问,问之弗知,弗措也。有弗思,思之弗得,弗措也。有弗辨,辨之弗明,弗措也。有弗行,行之弗笃,弗措也。……大哉,圣人之道。洋洋乎,发育万物,峻极于天。优优大哉,礼仪三百,威仪三千。待其人而后行。故曰:苟不至德。至道不凝焉。"③ 此段中,"诚者"与"诚之者"被区分开来。前者自得天命,自然而然,所以为"天之道也";而后者则需学习、慎思和笃行。这就是所谓"天命难言,非圣人莫能见"是也。④

---

① 参见[德]马克斯·韦伯:《经济与社会》,第八、九章,林荣远译,商务印书馆1997年版。

② 《礼记·礼运》。

③ 《礼记·中庸》。

④ 《史记·三代世表》。

第七章 崇圣：政治精神的神圣符号

近年发现的郭店竹简《成之闻之》第 26、27、28 三支简，认为圣人之性与中人之性与生俱来时并不易识别，但圣人之性的博大与深厚，也非中人所能仿效。考古实物再次证明了"圣人"先天命定观念的存在。其原文曰："圣人之眚与忠人之眚，其生而未又非之。节于而也，（26）则犹是也。唯其于善道也，亦非又译娄以多也。及其专长而厚（27）大也，则圣人不可由与之。此以发皆有性而圣人不可莫也。（28）"李学勤释读并翻译为："圣人之性与一般中等人之性，当其与生俱来时不易加以识别，（但实际上仍有不同。对于一般中等人来说，）到入学，就师儒而学习，仍然如此；即使对于善道，也不能通过外在的牵引而改变其中人之性。至于那些圣人之性是由于其固有的博大与深厚，并非一般中等之人所能轻易遵循与仿效。这就是所谓民都有性而唯独圣人之性不可慕习。"①

第二，纯粹性。"圣"具有超人的禀赋，它既反映在能力上，也体现在道德上，而且二者必须同时兼备，缺一不可。经曰："作者之谓圣，述者之谓明。"② "作"者，创造也。强调的是"圣"对于人类秩序的创始意义。农耕、用火、文字、历算……乃至"夫礼乐、刑政、制度，难备也久矣。始伏羲氏历于神农、黄帝、尧、舜、禹、汤、文、武、周公、孔子十有一圣人，然后大备矣。……且伏羲、神农、黄帝、尧、舜、禹、

---

① 李学勤：《郭店楚简〈六德〉的文献学意义》，载《国际简帛研究通讯》2002 年第 2 卷第 2 期。

② 《礼记·乐记》。

汤、文、武、周公、孔子十一圣人为之制，信可以万世常行而不易也"①。就"德性"与"德行"而言，称"圣"之人自当表率垂范。其史料多多，毋庸赘述。应当提及的是，徐复观先生等关于周文王渗入骨髓之"忧患意识"的解释，至今仍在后学的"圣"象解读中，留下了铭心的道德印记。②

第三，一次性。"圣"是不可遗传的，由此断绝了世袭观念的源头。既然"圣"是先天的造物，就与血缘更替没有关系。最著名的例子就是"尧，舜极圣，生朱、均；瞽、鲧极愚，生舜、禹"③。司马迁曾对此现象直言不讳：尧老需要选择接班人，大臣放齐推荐其子朱丹继位。但朱丹口无忠信之言，心非道德之义，且争讼顽梗，不可教化。于是尧说："吁！顽凶，不用"，而把王位授予舜。舜虽大"圣"，但却生于一个"顽"父、"嚣"母、"傲"弟的恶劣家庭。且舜生有庶子八人，却无一成器者。对于上述不易理解的现实，孟子的解释是："丹朱之不肖，舜之子亦不肖。舜之相尧，禹之相舜也，历年多，施泽于民久。……舜禹益相去久远，其子之贤不肖，皆天也，非人之所能为也。莫之为而为者，天也；莫之致而至者，命也。"④ 所以，"圣"

---

① 《徂徕石先生文集》卷六，转引自王文亮：《中国圣人论》，中国社会科学出版社1993年版，第288页。

② 参见台湾师范大学研究室：《忧患意识的体认》，(台北)文津出版社1987年版。

③ 《河南程氏遗书》卷七。

④ 《孟子·万章上》。

第七章　崇圣：政治精神的神圣符号

之不可复制性，是其精神与政治神圣性的重要来源。

第四，缺席性。中国传统典籍提及"圣"人之治，自然要称颂三代盛世，上溯三皇五帝。此中道理或许不难，因为所谓"传闻和所传闻"的世界，才可能容纳下恢宏的理想。王夫之甚至明言，圣人之治之所以被建构于上古，实因"商、周以上，有不可考者"①。同时，称"圣"之人必已不在世间，古人者，故人也。甚至诸如《大戴礼记·五帝德》所称"圣人"，更像是以人形而存在的神话。不可考，不可见之空缺，实际上保留了巨大的解释余地和建构空间。

应当提请注意的是，论及崇"圣"，在中国传统学术脉络中存在着关于"德"与"位"不同角色的划分问题。二者兼具者是为"圣王"，而有"德"无"位"者则称为"圣人"。三代以上"圣人"皆"圣王"，特别是孔子之后，二者逐渐分离。在这一原则指导下，又衍生出了著名的"道统"与"政统"之对立与互补的二元论。② 汉、宋、朴学皆可见其踪影，这已几乎成

---

① 《读通鉴论·叙论一》。

② 参见牟宗三先生所著《政道与治道》（台北广文书局1961年版）、《中国文化新论·思想篇》（台北联经出版事业公司1983年版）；王建文先生所著《奉天承运：古代中国的"国家"概念及其正当性基础》（台北东大图书公司1995年版）；石元康先生的大作《天命与正当性》一文（刊于《开放时代》1999年11—12月号）。除了牟宗三先生断言中国政治思想"有治道而无政道"外，萧公权先生也认为：古代中国"二千余年之政治文献，十之八九皆论治术。其涉及原理，作纯科学、纯哲学之探讨者，殆不过十之一二。就其大体言之，中国政治思想属于政术（Politik；Art of Politics）之范围者多，属于政理（Staatslehre；Philosophy, Political Science）之范围者少"。（《中国政治思想史》上册，台北联经出版事业公司1980年版，第946页。）

为学术界的公论。但是，我们也注意到，无论历史上"德"与"位"处于何种程度的紧张状态，在"政统"与"道统"背后仍然站着一个超越其上的"正"。起码在理论上，"政"与"道"都把"正"尊奉为唯一的基本准则。换言之，"正"是"德"与"位"、"道"与"政"的共同价值基础。本章的问题意识和关注焦点，不在于对"圣人"与"圣王"进行区别性分析和比较研究，而是试图抽象出它们所共同享用的价值基础并解读其政治功能。基于此种考虑，在方法论角度上，我们姑且把"圣人"和"圣王"悬置起来，也先不做专题性的历史考证，而是直接描述"圣"之特征，设问其思想本质。

概而言之，在笔者的观念中，"圣"是以人物形象而展示的政治社会共同体的某种内在精神。中国古人似乎更愿意在血缘家族框架下展开这种抽象表述，其崇拜的对象形式上是"祖宗"，而实际上则借其英名阐释该共同体的价值内涵与伦理历程。用《礼记》原典的表述就是：

> 夫圣王之制祭祀也。法施于民则祀之，以死勤事则祀之，以劳定国则祀之，能御大菑则祀之，能捍大患则祀之。是故厉山氏之有天下也，其子曰农，能殖百谷。夏之衰也，周弃继之，故祀以为稷。共工氏之霸九州也，其子曰后土，能平九州，故祀以为社。帝喾能序星辰以著众。尧能赏均刑法以义终。舜勤众事而野死。鲧鄣鸿水而殛死，禹能修鲧之功。黄帝正名百物以明民共财，颛顼能修之。契为司徒而民成。冥勤其

第七章 崇圣：政治精神的神圣符号

官而水死。汤以宽治民而除其虐。文王以文治。武王以武功。去民之菑。此皆有功烈于民者也。及夫日月星辰，民所瞻仰也。山林川谷丘陵，民所取材用也。非此族也，不在祀典。①

三、崇"圣"的符号支配

现在我们把目光转向本章讨论的主题——中国传统政治思想中之崇"圣"的分析上。依据前人较充分的研究成果，这里我们仅从几个方面复原中国早期思想的认知逻辑和发展线索，目的在于理解古人观念形态层次中对崇"圣"理念的社会需求。

第一，"巫—史—王"三位一体。

近年来，中国学术界对"巫"的研究明显形成了一个小潮流，特别是它在建构中华文明形态中的特殊作用，得到了越来越多的强调。专学家认为，中国上古时代曾有一个"巫官合一"的时代。早在1907年刘师培就曾指出，上古社会"有巫无酋"，但巫以术欺人，人以巫为神。久之，巫成为超越之物，而人民则"与以统治之权，而己身甘为服从"，于是"巫"变成了"酋"。"始也有巫无酋，继也以巫为酋，君主之制，出于酋长，而酋长即上古之巫，此又社会进化之公例也。"② 后来陈梦家也认为，商代"由巫而史而王者的行政官吏；王自己虽为政治领

---

① 《礼记·祭法》。
② 参见申叔：《无政府主义之平等观》，载《天义》1907年第4、5、7期。

袖，同时仍为群巫之长"①。1954年，李宗侗也强调，上古时代"君及官吏皆出于巫"②。但使"巫"真正成为一个学术问题，则不能不说及张光直教授的开拓性研究。③ 李泽厚专作《说巫史传统》一文，开篇即为"巫君合一"，引证颇详。④ 研究表明，"巫"的社会功能在于"通天"，试图通过理解宇宙秩序来指导人间的政治生活。在中国文化系统中"天"是一个庞大、关键和复杂的问题，并与天文历法直接相关，既是一个可见的客观实在，又具有形而上的超验含义，还随着时代的发展不断变化。限于本章主题，在此并不展开论证。

但是从甲骨文之"天"字形态看，它是一个长有硕大脑袋的人形，并不具有抽象含义，而大量的甲骨卜辞均与"问祖"有关。据后人归纳，中国人早期祭祀对象包括天神、人鬼和地祇，其中"人鬼"即祖先神。⑤ 无论"祖"本身就是"帝"，还

---

① 参见陈梦家：《商代的神话与巫术》，载《燕京学报》1936年第22期。
② 参见李宗侗：《中国古代社会史》，（台北）华冈出版社1954年版，第118页。
③ 参见张光直：《中国考古学论文集》，生活·读书·新知三联书店1999年版，第136—150页。
④ 参见李泽厚：《己卯五说》，中国电影出版社1999年版，第34—40页。另见胡新生专著《中国古代巫术》，山东人民出版社1998年版。
⑤ 如郭沫若利用王国维的考证，认定"卜辞中的帝便是高祖夔"。如依郭说，那么，殷人的"帝"即其祖灵，其观念中的"神"或"帝"就是从祖灵崇拜中发展而来，"帝"的神格金就是"以至上神兼宗祖神"。但陈梦家等古文字学家并不认同王、郭的论断，认为"先公先王可上宾于天，上帝对于时王可以降祸福，示诸否，但上帝与王并无血缘关系。人王通过先公先王或其他诸神向上帝求雨祈年，或祷告战争胜利"。(参见王国维：《观堂集林》，中华书局1959年版，第412—413页；郭沫若：《郭沫若全集·历史编》第一卷，人民出版社1982年版，第327—329页。)

第七章 崇圣：政治精神的神圣符号

是时人必须通过"先祖"与"帝"对话，总之，时人要与"天"相通必须依靠中介。《尚书·吕刑》《山海经·大荒西经》等文献记载：人类本"民神同位"，人人自可通天，于是乎权威式微，杀戮不止，酷刑泛滥，乃至天下大乱。于是"帝"乃命"重"和"黎"断绝天地之联系（"绝地天通"），命令诸王在人间治理整顿，恢复人间秩序。春秋末年，楚昭王问大夫观射父，上述故事的意思是不是"绝地天通"之前人人都可以上天？观射父答曰："非此谓也"，而是：

> 及少皞之衰也，九黎乱德，民神杂糅，不可方物。夫人作享，家为巫史，无有要质。民匮于祀，而不知其福。烝享无度，民神同位。民渎齐盟，无有严威。神狎民则，不蠲其为。嘉生不降，无物以享。祸灾存臻，莫尽其气。颛顼受之，乃命南正重司天以属神，命黎司地以属民，使复旧常，无相侵渎，是谓绝地天通。①

同时，我们在其他史料中看到了与这一主题相应的记录：

> 民兴胥渐，泯泯棼棼，罔中于信，以覆诅盟。虐威庶戮，方告无辜于上。上帝监民，罔有馨香德，刑发闻惟腥。皇帝哀矜庶戮之不辜，报虐以威，遏绝苗民，无世在下。

---

① 《国语·楚语下》。

乃命重、黎，绝地天通，罔有降格。群后之逮在下，明明棐常，鳏寡无盖。①

汤时大旱七年，卜用人祀天。汤曰：我本卜祭为民，岂乎自当之。乃使人积薪，剪发及爪，自洁居柴上，将自焚以祭天。火将然（燃），即降大雨。②

因而这可以看作中国上古时代的普遍现象。这些资料（故事）实际上是在"言说"中华民族形成初期，民族融合和建构认同的系统化过程。远古时代，氏族林立。每个氏族均有自己的信仰体系，由于信奉不同的神，操弄不同的法器，运用不同的巫术手段，所以各个氏族就表现为不同的文化观念和集体聚合模式。有多少个氏族（共同体），就需要有多少种群族精神，也就有多少属于他们自己的"德"。这个看不见的"德"就是各氏族自己的"神"。要与这个自己的"神"沟通，得到保护并凝聚力量，也就相应地产生了能够"通天"的"巫"。这就是所谓"九黎乱德，民神杂糅，不可方物。夫人作享，家为巫史，无有

---

① 《尚书·吕刑》。

② 原文引自二手资料，注为《淮南子》。查原著无此文。感谢皮庆生博士指教，此段史料出于注释。两段相似的史料为："汤之时，七年旱，以身祷于桑林之际，而四海之云凑，千里之雨至。抱质效诚，感动天地，神谕方外，令行禁止，岂足为哉！"（《淮南子·主术训》）"汤旱，以身祷于桑山之林。圣人忧民，如此其明也，而称以'无为'，岂不悖哉！"（《淮南子·脩务训》）而在《墨子》《荀子》《尸子》《吕氏春秋》及《说苑》等史料中发现了相同的记录。

第七章 崇圣：政治精神的神圣符号

要质"① 的真实意思。

氏族部落不断扩张兼并，逐渐形成华夏酋邦。但是，军事、政治和经济上的征服，并不等于文化和信仰体系的征服。"九黎乱德"现象在历史上反复出现，一再演出征服与反抗、统一与分裂的战争戏剧，其实质正体现着文化信仰和思想基础的认同危机，各个氏族仍然信奉自己的神，拥有自己的"巫"。为了建立统一的巫教祭祀体系，华夏酋邦的首领颛顼设立了稳定的专业巫师，直接隶属自己，并加强其权威，禁止各氏族的巫术活动，将巫教之组织、仪式之结构与酋邦之政治框架配合起来。因此，正如张光直先生所指出的：颛顼"绝地天通"的举措，是中国远古在宗教、社会与政治方面发生的一次重大变革。从"家为巫史"到"绝地天通"，割断了"天"与"人"之间的直接联系，形成必须依赖某种中介才能恢复"天"（自然）与"人"（社会）之间的正常沟通的格局。

由此可见，上述"绝地天通"的资料实际上叙述着宗教和政治的两个"故事"：一方面，中国远古的"巫"其实只是各氏族图腾、信仰和仪式的实践化，"绝地天通"是克服信仰危机的神话表达和权威整合的思想变革。"重"管理"天"事，专门负责宇宙事务；而"黎"管理"地"事，专门负责人间事务。这样，就将"神圣"与"世俗"明确地区分开来。值得注意的是，"颛顼"本人确是超越于"黎"和"重"之上的，也就是说，"颛顼"本人

---

① 《国语·初语》。

具有"神圣"与"世俗"的双重身份。在他之下是政教分离的,而他本人则是政教合一的,成为名副其实的"酋邦巫教寡头统治"。①另一方面,它也说明谁占据了"巫"这一解释宇宙秩序的"中介"位置,谁就拥有了社会与政治的支配权。如张光直教授所说"这个神话的实质是巫术与政治的结合,表明通天的手段逐渐成为一种独占的现象"。"通天的巫术,成为统治者的专利,也就是统治者施行统治的工具。'天'是智能的源泉,因此通天的人是先知先觉的,拥有统治人间的智能和权利。……占有通达祖神意旨手段的便有统治资格。统治阶级也可叫做通天阶级,包括有通天本事的巫觋与拥有巫觋即拥有通天手段的帝王。事实上,王本身即常是巫。"②

---

① 参见吴予敏:《巫教、酋邦与礼的起源》,载《北京大学学报(哲学社会科学版)》1998年第4期。

② 张光直:《考古学专题六讲》,生活·读书·新知三联书店1999年版,第135、392页。另参见张光直:《连续性与断裂:一个文明起源新说的草稿》,载《九州学刊》1986年第1期;杨向奎:《中国奴隶制萌芽时期的天道观》,载《文史哲》1955年第12期;徐旭生:《中国古史的传说时代》,北京科学出版社1960年版,第77—87页。葛兰言也敏锐地注意到,今天被理解为测量工具的"规矩"一词,在早期则是"巫"的象征。伏羲持"矩"曰男巫,为阳;而女娲持"规"曰女巫,为阴。伏羲是原始部落的首领,他的身份必须同时表示"阴"与"阳"(所谓"通天地""合阴阳"),这种功能是女娲所不及的。所以必须创造另一个专门的词予以表示,这就是"觋"。这样,"觋"一词就"表示同时具有阳和阴的男巫:首领与巫师。他能集其所摄取的阴和阳于一身。男巫知道如何去实施天地之交合"。([法]葛兰言:《中国的尚右与尚左》,见《国际汉学》第3辑,大象出版社1999年版,第499—501页。)正如《周礼·春官宗伯·神仕》贾公彦疏:"言在男曰觋,在女曰巫者。男子阳,有两称,名巫名觋;女子阴,不变,直名巫,无觋称。"(《十三经注疏》,中华书局1980年版,第828页。)据苏秉琦考证,这一时期历史正处于传说中的"炎黄时期","这时已出现高于氏族部落的、稳定的、独立的政治实体"。

第七章　崇圣：政治精神的神圣符号

所以"绝地天通"这则著名神话的隐喻意义，是华夏酋邦以"其不能以龙、鸟纪者，无远来之天瑞，故以就近之民事为官名"①为理由，废除了各小氏族的图腾徽号和地方性巫师，从而将社会政治架构完全依从于统一的巫教系统。颛顼的巫教和政治改革奠定了华夏文明政教合一、天人合一的基本模式。"通天"是寻找"精神实在"的过程，而"象征符号"的模式表明这一寻找过程的逐渐完成。这个过程实际上就是"崇圣"观念的生产过程，也是文化模式的形塑过程，从而使中国所以成其为中国。

神话不是信史，但它却提供了思想；思想的创生必有其功能，以神话体现的思想也不例外。神话的思想无疑包含着"想象的建构"，但人们之所以需要"想象"出一个"另外的世界"，不是由于低进化程度所产生的对变幻莫测之自然事物的恐惧，按涂尔干的说法，而是人们区别"世俗"与"神圣"，进而实现社会整合的必然结果。②正因如此，所谓"王命通天"绝非实证（科学）意义上的"人与天通"。如果说，上古中国，"天"只是一种包括天、地、人混合而一的宇宙秩序的隐喻象征，那

---

①　《春秋左传注·昭公十七年》，杨伯峻评语，中华书局1990年版，第1389页。
②　参见［法］涂尔干：《宗教生活的基本形式》，第一卷第二章第一节，渠东、汲喆译，上海人民出版社1999年版。这样看来，法国社会学家列维-布留尔影响极大的《原始思维》也以"泛灵论"与进化论为预设基础。其基本错误是把人类行为的"心理结果"误当成"社会原因"，从而颠倒了问题的因果关系。

么，作为通天形象的人也就必然带有符号的性质。也就是说，只有人类秩序的隐喻才能与宇宙秩序的隐喻相匹配、相适应。所以，司马迁才说："天者，高之极也；地者，下之极也；日月者，明之极也；无穷者，广大之极也；圣人者，道之极也。"① 这种符号与符号之间的对应与互动，才是"巫—史—王"一体和"圣"之神化的基础和理由。

简而申之，"巫"并不是中国知识系统中的独有现象，但与其他人类文明的起源形态相比较，确有其几项突出的特征。其一，中国的"巫"保留了原始巫术的实用性特征，具有预测具体行为的可操作性，基本上也是根据具体需要来实施的。但中国的"巫"更多地针对关乎国计民生的重大事项。换言之，"巫"的重要目的已不是为了个体的祈福免灾，而是为了群体的兴旺发达。这样，中国的"巫"及其礼仪制度就扬弃了个体间私人性的巫术行为，而呈现出高度的社会化和集团化。"夫祀，国之大节也，而节，政之所成也；故慎制祀以为国典。……夫圣王之制祀也，法施于民则祀之，以死勤事则祀之，以劳定国则祀之，能扞大灾则祀之，能扞大患则祀之。"② "……古者先王日祭、月享、时类、岁祀。诸侯舍日，卿大夫舍月，士庶人舍时。天子遍祀群神品物，诸侯祀天地、三辰及其土之山川，卿大夫祀其礼，庶人不过祭其祖。"③ "祀及天之三辰，民所瞻

---

① 《史记·礼书》。
② 《国语·鲁语》。
③ 《国语·楚语》。

第七章 崇圣：政治精神的神圣符号

仰也；及地之五行，所以生殖也；及九州名山川泽，所出财用也。非是，不在祀典。"① 由此可见，中国传统的祭祀有着明确的功利目的，绝非出于对"幻觉"的膜拜，也非完全是追求心灵安慰。其二，中国的"巫"所谋求的是建立一种整体的世界观和道德观，尽管它仍采用神秘的符码工具，依赖巫师本人的特殊技能和技术性解释，但其谋求建立通用词汇、结构仪式和统一规范的意图则十分明确。其目的就在于排除巫师个人解释上的主观随意性，致力于信息解读的社会通约性，从而使这种公共精神财富可以在社会范围内得到共享。其三，"巫"与暴力强制紧密相连，暴力是巫教的助力，巫教则是暴力的旗帜与合法性证明，二者相辅相成。所以，"巫"的主持者就同时具备了两重身份，一方面，他是群体精神的象征和表象，另一方面，他是国家机器和暴力强权的代表。其四，虽然中国的"巫"具有集体性、政治性和公共性的明显特征，但却仍然保持着某种"神秘"的外壳，这是统治者垄断权力的需要。因为只有神秘化才能神圣化，而神圣化恰是避免"巫"的世俗化的根本措施。在这个意义上，"王命通天"就自然成为对这一隐喻象征的政治宗教表达。

最后，我们还需说明的是，在中国文化发展的过程中，"巫"与"史"有着发展阶段上的差别，但在"通天"功能上则可视为一体。孔子作《春秋》，把"录天象"与"伐时弊"联系

---

① 《国语·鲁语》。

起来，一方面，考日食、记彗星、察天象；另一方面，述鲁史，加王心，"贬天子、退诸侯、讨大夫，使乱臣贼子惧"。正是这两者的有机结合，才正王道大同之理想，开礼乐道德之文明。司马迁其祖即为周代史官，其父司马谈继为汉朝太史令。汉初，"太史公既掌天官，不治民"，掌文史、星历，不以著史书为本职。承其家学，司马迁本人精通天学历算，曾与壶遂等人共同参与修订"太初历"。《史记》中的《天官书》《律书》更是推演盈余，规计"大数"，为后世史官所本者也，行的是巫史的本职。同时，在《太史公自序》及《报任安书》中，司马迁也多次以《春秋》为比拟，"乃因史记作《春秋》"[1]，"究天人之际，通古今之变，成一家之言"[2]。由此画出一条从"巫"变"史"的明晰线索。正如众多学者近年来均已强调的那样，在中国早期社会，"巫—史—王"实为三位一体，随着社会的分化"史"取代了"巫"，而又与"王"构成既相互对立，又彼此依赖的两大集团，形成中国社会"伦理政治"的历史格局。而在这样的历史脉络中，"圣"就成为联结两大集团的中介点，开启了以礼义风尚为特质的文明源流。[3]"圣"则作为弥散于此一文明各个环节之中的文化要素，而占有非同小可的地位，具有不可替代的功能。

---

[1] 《史记·孔子世家》。
[2] 《史记·报任安书》。
[3] 参见吴文璋：《巫师传统和儒家的深层结构——以先秦到西汉的儒家为研究对象》，（台湾）高雄复文出版社2004年版。笔者从Confusus2000网站获得该书部分章节。

第七章 崇圣：政治精神的神圣符号

第二，"精神"本质。

考古学研究证明，中华文明起源甚早。就其发展程度而言，又被称为"早熟的文明"。王国维先生认为，殷周转换之际是这一文明形成过程中的一个重要的关节点，理由就在于周人第一次明确地用"天"的范畴对"命"加以诠释，从而建立了中国政治正当性理论的意识基础。而把"天"与"命"这两项不可测因素联结在一起的，则是一个可观察的理念因素：德。王国维先生甚至认为，这个"德"之凸显是太重要了，以至于它在很大程度上规定了中华文明的基本特质：

> 古之所谓国家者，非徒政治之枢机，亦道德之枢机也。使天子诸侯士大夫各奉其制度典礼，以亲亲、尊尊、贤贤、明男女之别于上，而民风化于下，此之谓治；反是则谓之乱。是故天子诸侯卿大夫士者，民之表也；制度典礼者，道德之器也。周人为政之精髓，实存于此。……周之制度典礼，实皆道德而设。[①]

关于"德"在中华文明中的地位和作用，学术大家们都曾给予过高度的关注和评价，此不赘述。但仍需要提出讨论的是"德"的理论性质。在汉语语境中"德"包含着"伦理"和"道

---

① 王国维：《殷周制度论》，见王国维：《观堂集林》卷十，中华书局1959年版，第477页。

德"的双重含义,而且明显形成前期侧重"伦理",后期侧重"道德"的倾向。① 结合历史文献,我们发现古代时期"德"的含义要比"道德"宽泛的多。前引《国语·晋语四》的表达,显然,当把"德"与"姓"及"性"直接相连时,"德"是指某一群族故有之文化特质。同姓则同族,同族则同类,同类则同德。血缘(同姓)和地缘(姬水、姜水)成为划分不同"德性"的主要标准。文中明显遗留下早期氏族形成、分化和发展的痕迹,以及其氏族内部的某些政治特质。②

---

① 在西方思想史中,"伦理"和"道德"是不同的概念,分别概括两种不同的事物。"伦理"(Ethic)源于希腊文"ethos",再演变为拉丁文"ethice",具有"气质""品格""特色"等含义;而"道德"(Moral)源自拉丁文"Moralis",也就是拉丁文"Mos"和"custom"的结合,含有强烈的"规范""惯例""法则"等社会方面的意义。有学者认为,"道德"是欧洲基督教文明所特有的概念,而"伦理"则是普遍存在于各个文明的概念。在后来的黑格尔思想体系中,"伦理生活"(Sittlichkeit)则指对某个社群而言的特定的伦理原则,而"道德"(Moralität)则指抽象或普遍的道德原则。在黑格尔和当代社群主义者看来,前者是更高层次的德行;因为这是达到真正的自主和自由的唯一途径。而在现代自由主义思想中,后者则是一个更高层次的德行,它与抽象的、普遍的个人概念相联系。换言之,社群主义认为"道德"是相对特殊的,而自由主义则认为"道德"是绝对和普遍的。中国早期的思想资料表明,"德"之内涵更多地具有"伦理"性质,甚至显示出"伦理"对于"道德"的超越性。从以上引文中我们看到,即使王国维也没有对"伦理"和"道德"加以区分。他所说"道德"实际上指的是"伦理"。[相关资料参见俞可平:《从权利政治学到公益政治学》,见刘军宁等编:《自由与社群》,生活·读书·新知三联书店1998年版,第89页;汪丁丁:《扩展秩序与演进道德》(下篇),见刘军宁等编:《自由与社群》,生活·读书·新知三联书店1998年版,第136页注15。]

② 对于此段史料的具体分析,参见拙文《"圣德":集体身份的符号建构》,见中国人民大学国际关系学院政治学系、中山大学政治与公共事务管理学院政治科学系编印《转型中的中国政治与政治学发展:国际研讨会论文汇编》第1册,2002年,第330—338页。由于主题和篇幅的限制,此处省略。

第七章 崇圣：政治精神的神圣符号

联系史家关于上古三代各有所"统"，亦即"夏尚忠，商尚敬，周尚文"的解释，不究其天文历数依据，"三统"即指"三德"，所谓"忠""敬""文"无非就是夏、商、周三个族群不同的文化特质。所以，"德"实质上是氏族分裂—重组和社会等级分化的一种政治表达。① 这样，"德"的原始语意是指涉"族群禀性"，"德"即"姓"，"姓"即"性"（性格、气质），"性"即"德"。"德性"就表现为一种文化界标，以示区别族群边界，是"群族禀性"的代名词。正如后来《礼记》所说："有德此有人，有人此有土，有土此有财，有财此有用。"② 这里"德"之所以被看成是人、土、财的基础，是因为它是某一族群"自我"之生存、凸显、巩固和扩展的前提，是因为它直接关系到群族整体的生死存亡。"神话"的意义在于强调"非凡"，"非凡"自当要有所渊源。"莫之为而为者天也，莫之致而至者命也"③，这个渊源就是那高深莫测的"天命"。"天命靡常"之灭顶振摄，

---

① 钱穆对此解释说："汉人传说：'夏尚忠，商尚鬼，周尚文'。……大抵尚忠、尚文，全是就政治、社会实际事物方面言之，所谓'忠信为质而文之以礼乐'，周人之'文'，只就夏人之'忠'加上一些礼乐文饰，为历史文化演进应有之步骤。其实西方（指夏、周）两民族皆是一种尚力行的民族，其风格精神颇相近似。商人尚'鬼'，则近于宗教玄想，与夏商两族之崇重实际者迥异。故《虞书》言禹为司空治水，弃后稷司稼穑，而契为司徒主教化。禹、稷皆象征一种刻苦笃实力行的人物，而商人之祖先独勤于教育者，仍见其为东方平原一个文化优美耽于理想的民族之事业也。"[钱穆：《国史大纲》（修订本），商务印书馆1996年版，第29页。]

② 《礼记·大学》。

③ 《孟子·万章上》。

使之对"德"不"畏"、不"惧"、不"敬"、不"虔",就不足以表达它生死攸关的重要性。所以,《尚书》文脉所体现出的肃穆格调,大量使用令人胆战心惊的"冷"词,体现的正是对这种"集体精神"之至尊性与敬畏感。

论及至此,我们看到了涂尔干解释框架的局限性。如前所述,涂尔干把社会共同体的集体精神看作"神圣属性"的唯一来源。但在中华文明体系中则明确地存在着一个规定和认可"德性"的更高的存在,那就是"天"。换言之,只有"天"才是"命"的真正和最后的根据、坐标和来源,只有"天"才能与西方意义上的"神"相对称。"天"不是"看不见的",但他却也是"沉默不语"的,更为重要的是他具有"不可测度"的"靡常"特性。在历史文献中,古人将这种令人恐惧与困惑特征表达得非常清楚。

> 圣人,吾不得而见之矣,得见君子者斯可矣。①

> 大而化之之谓圣,圣而不可知之之谓神。②

> 井井兮其有理也,严严兮其能敬己也,分分兮其有终始也,猒猒兮其能长久也,乐乐兮其执道不殆也,炤炤兮

---

① 《论语·述而》。
② 《孟子·尽心下》。

第七章 崇圣：政治精神的神圣符号

其用知之明也，修修兮其用统类之行也，绥绥兮其有文章也，熙熙兮其乐人之臧也，隐隐兮其恐人之不当也：如是，则可谓圣人矣。此其道出乎一。曷谓一？曰：执神而固。曷谓神？曰：尽善挟治之谓神。曷谓固？曰：万物莫足以倾之之谓固。神固之谓圣人。①

所谓圣人者，德合于天地，变通无方，穷万物之终始，协庶品之自然。敷其大道，而遂成情性。明并日月，化行若神，下民不知其德，睹者不识其邻。此则圣人也。②

这里我们可以看到古代睿智哲人关于"看不见的实在"的描述。为什么"圣"只能"听"而"看不见"呢？顾颉刚则著长篇论文，诠释"圣"字是"声入心通，入于耳，出于口"的意思。③ 庞朴也认为，从造字本意的角度看，最初的"聽"即为"聖"，所谓"闻而知之，圣也"。④

在我们的框架中，"圣"之所以不能"看"而只能"听"，是因为他本不是一种物理的存在，而是一种"看不见的实在"。

---

① 《荀子·儒效》。
② 《孔子家语·五仪解》。
③ 顾颉刚：《"圣"、"贤"观念和字义的演变》，见《中国哲学》第1辑，人民出版社1980年版，第80页。
④ 庞朴：《儒家辩证法论纲》，见《中华学术文集》，中华书局1981年版，第508页。

精神的东西自然看不见,只能通过"听"去体会其深刻内涵了。在这个意义上,"圣"最不可能的就是他是具体的"活人",而只可能是抽象的"精神"。《史记》中使用"圣"字最多的章节是卷二四"乐书",加注释凡43见。"乐"当然只能用"耳"去"听",进一步延伸就是用"心"去"悟",足见"圣"与抽象之精神实在之密切关联。即使用人的形式进行表达,那也是出于理解上的便利而使用的隐喻、比拟和想象,实是不得已而为之的产物。

第三,政治神圣性的符号建构。

著名解释人类学家吉尔兹指出,要使一种信仰系统对社会生活产生影响,必须具备两个基本条件:其一是要形成一套"头脑中假想的宇宙秩序";其二是要"把宇宙秩序的镜像投射到人类经验的层面上"。在"特定的形而上学"与"具体的生活方式"形成基本一致,并"使得双方各自借助对方的权威而相互支持"的情况下,信仰体系就会"塑造出一个民族的精神意识(spiritual consciousness)"。这种"精神意识"或许并不是物理、历史和科学上的"真实",但却能再现人们精神需求的内涵,因此才是"真正的真实"(really real)。[①] 这种"真正的真实"存在于当事人头脑和心灵之中,对于某一特定社会发挥着现实的思想作用。吉尔兹的意思是说,这种所谓的"真正的真

---

① [美]克利福德·格尔兹:《文化的解释》,纳日碧力戈等译,上海人民出版社1999年版,第104、129页。

第七章 崇圣：政治精神的神圣符号

实"，既不是物理意义上"客观的真实"，也不能被视为心理意义上的"虚假的捏造"，而是被倾注了明显群族偏好和特殊价值情感的社会认知体系（cognitive system），是特定社会群族实现身份认同的工具和途径。

我们已知，在中国政治思想中，所谓"头脑中假想的宇宙秩序"和"宇宙镜像的经验投射"这两个基本条件都是具备的。第一个条件的显现形式是"天"，而第二个条件的表达形式则是"德"。正是"天"与"德"之间的彼此联系和相互支持，才构成了中国思想所特有的"民族的精神意识"。如果说，所谓"真正的真实"就是认知上的"理所当然"和情感上的无条件认同，那么，"信仰"在此基础上就得以生成。而政治正当性也就从这种"信仰"中"自然而然"地确立起来。

那么，接下来我们的问题就是：在历史过程中，形而上的"假想的宇宙秩序"与形而下的"具体生活方式"究竟是怎样联结在一起的呢？换言之，"天"与"德"毕竟是性质相异的事物，把它们联系在一起需要某种二者皆有的共同要素。这样，一种中介物必须同时要具备"形而上"和"形而下"、"自然性"和"人为性"、"不可及"和"可操作"等多重相反的品格，才能实现锻造"民族精神"的根本目的，也才能在逻辑上完成政治正当性的理性论证。从反面而言之，缺少了这种特殊的中介物，政治信仰体系就将失去立足的基础。这样，联系"天"与"德"的中介物，就成为关乎中国政治正当性信仰如何被人理解，又能否征服人心的重要问题，是中国政治正当性理论逻辑中不可或缺的关键环节。

但是令人十分遗憾的是,我们所需要的这种完整具备诸多异性品性的事物,在现实的物质世界中根本就没有!!!精神的需求已大大超越了物质的供给。所以,我们伟大祖先所承担的艰巨思想任务恰恰就是:不仅要向"无"要"有",而且还必须"无中生有"。如前所述,"集体精神"是一种"看不见的实在",是一种超物理的存在。正是这种性质的"实在"或"存在"成为凝聚共同体意志的精神核心。由于"看不见的实在"(精神)必须用"看得见的物质"(物理)来体现,于是建构"政治符号"就不可替代、无与伦比和恰如其分地发挥了自己所独有的特殊功能。而作为某种政治理念的"圣",就充当着这种把"天"与"德"贯通为一体的中介功能。在这样的角度上,我们可能会更深入地理解董仲舒关于"天人合一"的具体论述:

> 古之造字者,三画而连其中,谓之王。三画者,天、地与人也;而连其中者,通其道也。取天、地与人之中以为贯而参通之,非王者孰能当是?[①]

在笔者看来,董仲舒是最能理解"政治符号学"精义的古代大哲人。《春秋繁露》中的精彩论述,其概念的内涵往往具有深刻的宗教旨意,实际上是用与实证主义完全不同的话语在论

---

① 《春秋繁露·王道通三》。

第七章 崇圣：政治精神的神圣符号

证问题。所以笔者赞赏少数学人对上述常识史料所做的诠释，"王不单纯是一个人，他不单纯系于人类历史、社会和政治的命运；王，贯天地人三道而参通之，是天地人合以成体的体现；他的失道，不仅会引起人事紊乱，而且会造成天地异象，因此体验世界的命运，既不支配于天，也不决定于人，而是二者'合以成体'的产物。然而，五德终始，'周期性革命'，王的'奉天承运'，却又是体验世界既定命运的表象"[①]。

董仲舒的论述当然不是孤证，我们在《礼记》和《周易》中可以读到类似的记载：

> 唯天下至圣，为能聪明睿知，足以有临也；宽裕温柔，足以有容也；发强刚毅，足以有执也；齐庄中正，足以有敬也；文理密察，足以有别也；溥博渊泉，而时出之。溥博如天，渊泉如渊，见而民莫不敬，言而民莫不信，行而民莫不说。是以声名洋溢乎中国，施及蛮貊。舟车所至，人力所通，天之所覆，地之所载，日月所照，霜露所队。凡有血气者，莫不尊亲，故曰配天。唯天下至诚，为能经纶天下之大经，立天下之大本，知天地之化育，夫焉有所倚。肫肫其仁，渊渊其渊，浩浩其天。苟不固聪明圣知达天德者，其孰能知之？[②]

[①] 谢松龄：《天人象：阴阳五行学说史导论》，山东文艺出版社1989年版，第290页。

[②] 《礼记·中庸》。

夫大人者，与天地合其德，与日月合其明，与四时合其序，与鬼神合其吉凶。先天而天弗违，后天而奉天时。天且弗违，而况于人乎？况于鬼神乎？亢之为言也，知进而不知退，知存而不知亡，知得而不知丧，其唯圣人乎？知进退存亡而不失其正者。其唯圣人乎？①

这里，近乎全能的"中正"是世间人力所不能及的，即使再伟大的"明君"也实难企及。换言之，除了"神"没有谁可以达到如此的境界和实现这样的功能。所谓"肫肫其仁，渊渊其渊，浩浩其天。苟不固聪明圣知达天德者，其孰能知之？""下民不知其德，睹者不识其邻"等，都明明白白讲的是那个"看不见"，"不可测"的实在，而且正是这种超越的力量支配着命运。虽然在圣王之上还有"天"，但是知"天"者唯"圣"矣。有些文献虽然是在讲"人"，但是这种"人"与其说是人，不如说是借着人在说"神"，因为在世间我们从来未曾见过，且不祈望将来见到这样的"大人"。或许正是在这个意义上孔子才不无感慨地说，"圣人，吾不得而见之矣，得见君子者斯可矣"②，并且再三强调"畏天命，畏大人，畏圣人之言。小人不知天命而不畏也，狎大人，侮圣人之言"③，明确认为自己还够不上"圣"的资格。在这里，我们与其把孔子此语解读为伟大

---

① 《周易》第一卦"干干为天干上干下"。
② 《论语·述而》。
③ 《论语·季氏》。

第七章 崇圣：政治精神的神圣符号

的谦逊，不如说他凭借经验道出了一条真理："圣"只能处于一种"缺席的在场"之特殊状态。因为"圣"本不是物质实体，而是借助于这一物质形态以承载和象征着的群族精神。从这个角度，我们就可以解释为什么祭祀的对象"必须"是"死人"（即"缺席的在场"），而不可能是"活人"（即"在场"）的基本理由。在这里，即使被祭祀者是以"人"的形式出现，但其真实的意义则是持守和纪念特定共同体之内在精神（即"只有缺席才能在场"）。之所以要强化族群的血缘意识，目的在于突出该社会共同体的内在凝聚力和向心力。所谓"故人"的本质是"已不存在的人"，通过这种对"死去了的人"的纪念，实际上是再明显不过地强调祭祀的真实对象不是"人"本身，而是"看不见"的共同体精神，而"故人"只是这一精神的象征，是一种名副其实的"图腾"。如果把仍然健在的族群长辈作为祭祀的对象，那实际上就等于在突出"个人实体"而淡化"族群精神"。这种行为的本质是以个体代替群族，用有限物界定无限性，因此理所当然地被严格禁止，以至于在文化系统中演化为普遍的社会禁忌。[①] 请读太史公论"圣"一节，"圣"的基本性质既已显而易见：

太史公曰：至矣哉！立隆以为极，而天下莫之能益损

[①] 当然，现代选举中政党候选人的画像满天飞，其目的无超其外。这种政治上"消费禁忌"的现象，可视为"现代性扭曲"的案例之一。

也。本末相顺，至文有以辨，终始相应，至文有以辨，至察有以说。天下从之者治，不从者乱；从之者安，不从者危。小人不能则也。礼之貌诚深矣，坚白同异之察，入焉而弱。其貌诚大矣，擅作典制褊陋之说，入焉而望。其貌诚高矣，暴慢恣睢，轻俗以为高之属，入焉而坠。故绳诚陈，则不可欺以曲直；衡诚县，则不可欺以轻重；规矩诚错，则不可欺以方员；君子审礼，则不可欺以诈伪。故绳者，直之至也；衡者，平之至也；规矩者，方员之至也；礼者，人道之极也。然而不法礼者不足礼，谓之无方之民；法礼足礼，谓之有方之士。礼之中，能思索，谓之能虑；能虑勿易，谓之能固。能虑能固，加好之焉，圣矣！天者，高之极也；地者，下之极也；日月者，明之极也；无穷者，广大之极也；圣人者，道之极也。[①]

只有在这样一个硕大的多维框架中考察，我们才能看到崇"圣"观念所暗含着的"自然"和"人类"、"物质"与"精神"的双重属性。如果我们仅从任何单一属性的视角去看待崇"圣"现象，那么，这种所谓的"圣"一定是一种不人不神、半人半鬼、若有若无的"怪物"，正如我们在《山海经》以及其他诸多神话传说中所看到的离奇图景一样。所以，顾颉刚先生眼中的"累进层级"地"造史"，反映出正是古人制造政治符号以表现

---

① 《史记·礼书》。

第七章 崇圣：政治精神的神圣符号

"真正的真实"的社会—政治之潜意识心理动机和文化意象的折射表达。①

对于前现代社会而言，"神圣性"是政治共同体存在的精神基础。具体到中国古代社会的前期，情况也大致如此。社会"神圣性"其实并非是纯粹的"迷信"和"幻觉"，而是"天命"与"德性"之间紧张和冲突关系的反映。这个对于传统社会来说具有周期性的紧张，给中国政治思想留下了极其广阔的解释空间。正是在这个解释空间中，"革命""禅让"和"继承"获得了被安置、可理解的可能性。无论"以德配天"还是"替天行道"，都是这种思想理论上紧张关系"挤压"出来的结果。②

但是，特别需要提出的，紧张关系的"挤压"还没有涉及中国政治思想的本质。真正的问题是，正是在"天命"与"德

---

① 其实，类似的形象在所谓"史前艺术"中是常见的现象。先人之所以会"画"那样的形象，本质上不是由于绘画水平低下，而是出于要用具体的形象体现抽象的精神。文字的发明，实际上是用一种抽象的符号体现抽象的精神，人类从此就"自由"多了。同理，在现代抽象派艺术中，远古的艺术形象得到进一步再现，其原因仍然是试图突破文字限制，实现"用具体的形象体现抽象的精神"的意图。与西方拼音文字不同的是，汉字骨子里是一种图像，所以更容易形成"想象"。在这样的语言系统制约下，中国思想的发展必然会展现出独特的形式、方向、精神和问题。在这样的框架和脉络中，制造崇"圣"符号是对"未能解释"（unexplained）和"不可解释"（inexplainable）的解释。而我们知道，这正是所谓"宗教"的核心内涵与功能。

② 参见［英］艾兰：《世袭与禅让：古代中国的王朝更替传说》，孙心菲、周言译，北京大学出版社2002年版。

性"之间的紧张关系中,建立了中国政治正当性理念的"神圣性"因素。换言之,"天命"与"德性"的不对称和无规律性,是产生政治"神圣性"的根源。依据韦伯的定义,对权威的"心悦诚服"和"被认可的值得性"(worthiness to be recognized)是政治正当性的核心内涵,而这一特性必须建立在"敬畏—尊重"的信仰基础之上。[①]"敬畏—尊重"的对象不管是神、先知、传统、帝王,还是契约或宪法都是形式,本质则在于人类对于超验秩序的不可知心态。对"命运"之不可把握、无法测度的信念,是人类宁愿放弃自由意志而服从"他者"(others)的可能条件。历史经验反复证明,当"人类意志"违逆了"命运"时,其唯一的后果只能是苦难。循环性深重苦难的历史记忆,是人类政治"敬畏"意识产生的渊源。

在以上的思维逻辑线索中,我们不难理解为什么中国传统文化中长期存在着崇"圣"现象。而且更为重要的是,我们也深切地懂得,正是由于"圣"实际上充当着沟通"天—德"的非凡角色,所以他"必然"具备某种人界凡俗既"不可为"也"无能为",以至于达到"精神颠倒"程度的特殊性质。不如此之"惊世骇俗"则不足以称为"神圣";不如此之"悖逆常理"则不足以显示其"能量";不如此之"不可思议"则不足以值得顶礼膜拜!严格地说,这就是崇"圣"成为一种根深蒂固之政

[①] 参见[德]马克斯·韦伯:《经济与社会》,第七、八章,林荣远译,商务印书馆1997年版。

第七章 崇圣：政治精神的神圣符号

治思维惯习（habit）的"理性"基础和逻辑结构。① 而崇"圣"现象实为支撑中国古代所谓"宇宙王权"（Universal King）的政治宗教基础和坚实的精神支柱。王权可以更迭，朝代也在替换，但崇"圣"信仰却始终如一。崇"圣"之正当性意识已经如此深刻地影响着民族记忆，以至于一方面，它已被深深镶嵌进了文字构造的文化血脉之中，在无意识的层面上时时施展着无声的霸权；另一方面，崇"圣"信仰也深深渗透于中国政治制度理念的根系之中，从而导致了无论在理论上还是在实证上，数千年来竟然没有出现过任何超越其外的颠覆性替代方案。② 借用布迪厄（P. Bourdieu）评价"符号权力"的话说，崇"圣"

---

① 在中国古代"天人合一"的"宇宙王权"框架内看问题，许多直观判断可能将遭到质疑。如孟子关于"民重君轻"的命题，不可能推出"民主"的含义，而无论你对民主持有何种理解。我们说孟子关于"弑贼"的主张之所以不是革命性的，是因为他的思想没有超出旧有宇宙观的假设。如果可以把"弑贼"看作严厉的政治惩戒的话，那么，这种惩戒的对象与目标只是个别"无道"之"昏君"，在本质上它只是个人的道德行为。在此，王朝的演替原则并没有受到任何损伤，其社会政治机制依然如故。用康纳顿（P. Connerton）的话说就是："谋杀帝王如何不触动帝制？因为加缪的简洁说法，没有一个谋杀者会想象让王位空着。"（[美]保罗·康纳顿：《社会如何记忆》，纳日碧力戈译，上海人民出版社2000年版，第3页。）

② 关于古人对具体君主个人的批评乃至抨击，在中国历史上从未中断。（参见张分田：《中国帝王观念：社会普遍意识中的"尊君—罪君"文化范式》，中国人民大学出版社2004年版。）但这样的批判一直被限制在中国传统"正当性"的框架之中。笔者认为，真正对这种"正当性"理论基础提出挑战的，应当是"戊戌变法"时期以康有为为代表的思想体系。所以，如果以政治"正当性"在理论上的突破为标准，那么，中国政治思想史的近代转折就应以1895年左右为界限。目前中国政治思想史的这种宏观分期，已得到学术界的逐渐认可。

信仰已内化为一种"和谐结合的无意识基础上的不假思索的默契"。① 正是在这样的意义上,《礼记》才把"圣人"(实际上是崇"圣")提升到神通天地、礼序遍野的普遍性高度,甚至把"乃以天下为一家,中国为一人"的华夏政治共同体神圣符号赋予他们:

> 故参于天地,并于鬼神,以治政也。处其所存,礼之序也;玩其所乐,民之治也。
>
> ············
>
> 故圣人耐以天下为一家,以中国为一人者,非意之也,必知其情,辟于其义,明于其利,达于其患,然后能为之。②

基于上述理由,我们认为,崇"圣"是基于共同体认同所建构或想象出来的一种高级"政治图腾",是一种具有强烈象征意义的"公共符号"。在"宗"的角度,"圣"是"祖宗",他是氏族的血缘繁衍的孕育中心;在"天"的角度,"圣"是"大巫",他是天人交通的联系中介;在"德"的角度,"圣"是"族性",他是人性伦理的辐射中枢。在纯粹的理论角度上,有必要把"圣"与"人"区分开来,特别是重新明确界定"圣人"

---

① 转引自[美]L. 华康德:《论符号权力的轨迹:对布丢〈国家精英〉的讨论》,李猛译,载《国外社会学》1995年第4期。
② 《礼记·礼运》。

第七章 崇圣：政治精神的神圣符号

与"圣王"这两种性质不完全相同，甚至完全不相同的政治概念。"圣"是表征"宇宙纲纪"的政治宗教符号，"圣人"代表文化话语的知识权力，而"圣王"则指涉着"世俗人间"的政治统治权力。作为体现"正"的正当性象征，其价值来源于"圣"，其传播承载于"圣人"，落实在现实政治中则体现为"圣王"。传统中国人向政治"正当性"认同，并不能简单地等同于向世俗王权认同。但在中国古代政治的实际运作过程中，世俗王权则以各种名义获取神圣的政治符号资源，从而在世俗政治权力的网络中占据了绝对的支配地位。但是，这已超出了政治价值的论证，而进入政治制度的领域了。

第八章 礼治：中国式"政治宗教"

> 名以制义，义以礼出。礼以体政，政以正民。
> ——《左传·桓公二年》

一、"礼"之释义

第一，字源与含义。

"礼"是中国儒家治世理论最为重要的范畴之一。但这个字并不像"天""德"那样抽象，具有相当的可操作性。

据学者分析，"礼"字西周铭文为🈳，且"飨醴"连用。①据《说文》，"醴"是一种甜酒。这样，"礼"最初有两个基本含义，一是"酒"，二是"祭"。前者是实物和本体，后者是符号与功能，所以从本源上它就具有象征的符号意义。

金文中，"礼"出现得更多。从字形上看，"礼"字最早是表示礼器的象形字。关于此字，《说文》解曰："🈳，行礼之器也。从豆，象形。……读与礼同。"王国维说："象二玉在器之

---

① 参见刘翔：《中国传统价值诠释学》，上海三联书店1996年版，第107页。

第八章 礼治：中国式"政治宗教"

形。古者行礼以玉，故《说文》曰'𤤴，行礼之器'，其说古矣。"① 据段玉裁和郭沫若证明，"礼"字上半部为"玉"，下半部为"鼓"。②

远古时代祭祀活动多击鼓献玉。鼓声可以天知，玉器则可同灵。用此可以敬奉神灵。这样，"鼓""玉"均为祭祀的圣物与法器，更演化为一种祭仪。③ 正如《礼记·礼运》所云：

> 夫礼之初，始诸饮食，其燔（fan，烧）黍捭（bai，分开）豚（猪肉），污尊（酒器）而抔（pou，用手捧东西）饮，蒉桴而土鼓，犹若可以致其敬于鬼神。④

由训诂和文献可知，中国早期的"礼"是一种"人—神"交流方式。商代以"尚鬼"为其文化特质，那时就出现了以祭天祭祖为主要内容的政治宗教仪式，"祭朔"即为证明。周代开始，"以德配天"，"礼"涵盖了越来越复杂的社会关系和政治机制，"礼"的重点也从人与自然的关系转变为人与人之间的关系，"礼"也从宫廷向民间扩散，宗教政治仪式逐渐转化为社会之风习、规范和民俗。"礼"起源于宗教而又向人间转化这一性

---

① 王国维：《观堂集林》卷六"释礼"，中华书局1959年版。
② 郭沫若：《卜辞通纂》，科学出版社1983年版，第54页。
③ 参见刘翔：《中国传统价值诠释学》，生活·读书·新知三联书店1996年版，第107—109页。
④ 《礼记·礼运》。

质上的微妙变动值得注意，因为这架起了沟通"信仰"与"世俗"之间的桥梁，"礼"恰恰通过人际交往的世俗生活实现了凝聚信仰的神圣价值，因而体现了"世俗之神圣"的复合性质。这显示了中国传统礼仪政治文化的本质特征。

第二，"礼"之内涵。

周代以降，"礼"的原始内涵更加扩大，泛指各种制度和规则。我们可以从"形式"和"内容"两个角度进行归纳。

从"形式"角度，"礼"可被划分为"礼器""礼仪"和"礼理"三个方面。"礼器"是指一种工艺文明，它是表达"礼"的物质载体，它包括特殊的用具、服饰等。通过赋予不同的器物以不同的意义，人们可以从中去体验"礼"的存在。例如，"鼎"从器物的角度看，只是一件青铜器，但当人们把它看成是权力的象征时，不同大小、轻重、数量的"鼎"就显示着不同的社会等级。如《公羊传·桓公二年》何休注："礼祭，天子九鼎，诸侯七，大夫五，元士三也。""问鼎轻重"就具有了政治的含义。"礼仪"是指一种具有特殊意义的行为表演，它是人们理念和情绪的外化，是用"身体"显示意义的一种方式。"礼"的意涵就是通过这种身体动作得以传达和显现。例如，"下跪"这一身体动作，就表达了一种下级对上级的关系秩序，具有"尊重""臣服"等意思。"礼理"则除了是意义的语言表达外，主要是以连续性、解释性的清晰信息表达意义的内涵。著名的《礼记》就是解释"礼"的理论的经典之作。

在现实生活和政治活动中，"礼器""礼仪"和"礼理"三

第八章 礼治：中国式"政治宗教"

者是融为一体，相互支持和密不可分的，缺少其中的任一要素，都不能使"礼"得到完美无缺的表达。当然，由于"礼"具有鲜明的符号性特征，正因如此，很多场合需要表达"不能言说"或"不愿言说"的意义，借用詹姆斯·C.斯科特的术语就是：在需要实现"隐蔽文本的公开表达"（The public declaration of hidden transcript）① 时，表面上只留有"礼器"和"礼仪"，而"礼理"则被隐藏了起来。这不仅并不意味着"礼理"的消失，而恰恰说明了"礼理"无所不在的不证自明性，以及故意迂回的行为策略性。这时，"礼理"在暗处发挥着积极支配作用。关于"礼器""礼仪"和"礼理"三者之间的关系，孔子怒斥季氏的故事极为典型。古代舞乐，八人成一列，称为一"佾"（音，易；意，羽。舞蹈时头上插的羽毛，即称佾）。祭祀时根据不同身份所享有不同的"排场"。按照礼的等级规定，天子八佾，是说他可享有八组"佾"的待遇，即 8 人×8 组＝64 人。诸侯用六佾，大夫用四佾，士用二佾。其排列方式为：

天子：1 佾×8 排＝64 人；

诸侯：1 佾×6 排＝48 人；

大夫：1 佾×4 排＝32 人；

士：1 佾×2 排＝16 人。

鲁国的祖先是周公旦，封鲁为国。周天子成王和康王为了

---

① 参见 James C. Sott, *Domination and the Arts of Resistance：Hidden Transcripts*, New Haven：Yale University Press, 1990, p.202.

追念周公的功劳,曾自毁名器,特赐鲁国世世代代可用天子之礼祭祀周公,即"舞用八佾"。但鲁公后代却不仅祭祀周公时用"八佾",在祭祀自己的直接祖先时也用"八佾",这就超出并违反了"礼"。在周公后代中只有隐公明分守礼,祭祀祖先时只"初献六羽",意示自己只是诸侯身份。但到昭公二十五年,鲁国家族中的属季孙辈分,仅有大夫身份的意如,竟肆无忌惮地把祭祀襄公(诸侯)的"六佾"仅留下二佾以充景,把撤下来的"四佾"加上自己(大夫)所有的"二佾",在家庙中献"八佾之舞"。这样,只具有"大夫"身份的意如,竟用起了"天子"身份的礼仪。这就大大悖逆了等级礼法。所以,孔子见到此景极其气愤地说:"(季氏)八佾舞于庭,是可忍,孰不可忍?!"[1]

在内容的角度上,"礼"又可划分为"吉""凶""军""宾"和"嘉"五个方面,是谓"五礼"。《周礼·大宗伯》对"五礼"做过详细解释,大致归纳如下:

吉礼:祀昊天上帝、日月星辰等;祭社稷五祀、五岳山川;享先祖。

凶礼:葬(天子崩、诸侯薨、卿大夫卒)、饥馑、战败、寇乱等天灾人祸(荒、吊、恤)等。

军礼:校阅、搜守、出师、乞师、致师、献捷、献俘等。

宾礼:赐命、朝聘、会盟,及其接待宾客之礼。

---

[1] 《论语·八佾》。

第八章 礼治：中国式"政治宗教"

嘉礼：婚嫁、冠冕、飨燕、立储、宾射、庆贺等喜庆的典礼。①

第三，"礼"之功能。

现代礼学家沈文倬认为，"礼"可从两个方面识别其功能："其一，礼家称之为'名物度数'，就是将等级差别见于礼典时所使用的宫室、衣服、器皿及其装饰上，从其大小、多寡、高下、华素上显示其尊卑贵贱。文明把这种体现差别的器物统称之为'礼物'。其二，礼家称之为'揖让周旋'，就是将等级差别见之于参加者按其爵位在礼典进行中礼物的仪容动作上，从他们所应遵守的进退、登降、坐兴、俯仰上显示其尊卑贵贱，文明把这些称之为'礼仪'。无论礼物或礼仪，都起着等级身份凛然不可侵犯的作用……这是政治生活中的大事，不容许任何人破坏和违反。"所以，"礼"的真正作用是：使人从举行的各种礼典中，形象地感觉到这个贵贱尊卑的等级差别出于天帝安排，使人们相信"礼"是宇宙秩序的象征，从而产生敬畏的服

---

① 《礼记·昏义》也讲"五礼"，但内容与《周礼》有所不同，谓："礼始于冠，本于昏，重于丧、祭，尊于朝、聘，和于射、乡。"这就是所谓"始""本""重""尊""和"的五类八种"礼"。其中"射"现为体育竞赛；"乡"为民间聚会，亦即唐诗所云："桑柘影斜春社散，家家扶得醉人归"。《礼记·王制》则说为"六礼"，其内容是：冠、昏、丧、祭、乡、相见。有学者指出，"礼"之五、六之分，不仅是数量有别，而在价值上也有所侧重。"五礼"显然是以国家意识形态为主体而运行，而"六礼"则是"专言礼之在民者"的社会习俗。（参见陈来：《古代宗教与伦理——儒家思想的根源》，生活·读书·新知三联书店1998年版，第248页。）

从。这就是"礼"为"政之舆也"的含义。① 所以史曰：

> 夫礼服之兴也，所以报功彰德，尊仁尚贤。故礼尊尊贵贵，不得相逾，所以为礼也。非其人不得服其服，所以顺礼也。顺则上下有序，德薄者退，德盛者缛。②

> 名以制义，义以出礼，礼以体政，政以正民，是以政成而民听。……故天子建国，诸侯立家，卿置侧室，大夫有贰宗，士有隶子弟，庶人工商各有分亲，皆有等衰，是以民服事其上，而下无觊觎。③

> 夫礼，先王以承天之道，以治人情，故失之者死，得之者生。……是故，夫礼必本于天，殽于地，列鬼神，达于丧、祭、射、御、冠、昏（婚）、朝、聘，故圣人以礼示之，故天下国家可得而正也④。

也有学者更为现代地指出："'礼'在中国，乃是一个独特的概念，为其他任何民族所无。其他民族之'礼'一般不出礼

---

① 沈文倬：《略论礼典的实行和〈仪礼〉书本的撰作（上）》，见《文史》第15辑，中华书局1982年版，第30页。
② 《后汉书·舆服志上》。
③ 《左传·桓公二年》。
④ 《礼记·礼运》。

第八章 礼治：中国式"政治宗教"

俗、礼仪、礼貌的范围。而中国之'礼'，则与政治、法律、宗教、思想、哲学、习俗、文学、艺术，乃至于经济、军事，无不结为一个整体，为中国物质文化和精神文化之总和。"①

二、"礼治"秩序

按现代思想的理解，"礼"是某种社会生活的仪规，目的在于实现人际关系的等级秩序。那么，"礼"又如何与政治统治发生联系的呢？换言之，"礼"是如何发挥"治"的功能的呢？这一问题就涉及"礼治"的基本原理。

第一，"礼治"前提：分。

从思想史角度讲，某种理论的成立有赖于其立论的基础，思想在这个基础上得以展开、延伸，这个基础，我们称之为"前提预设"。简而言之，"礼"是建立在人与人的等差基础之上的。也就是说，儒家认为，人来到这个世界上不可能是完全相同的，其差异性是与生俱来、不证自明和天经地义的，所谓"物之不齐，物之情也"。孟子也说："物之不齐，物之情也，或相倍蓰，或相什百，或相千万，子比而同之，是乱天下也。"②这种"物之不齐"是自然衍生的产物。它体现在人际关系中，就表现为人的地位、身份、权力、财富、智力、职业等方面的差异。在实际的社会分层中，儒家从三个方面展开例证：

---

① 邹昌林：《中国古礼研究》，（台北）文津出版社1992年版，第12页。
② 《孟子·滕文公上》。

其一，以"家族"为单位，按辈分、年龄、性别等条件，划分出亲—疏、贵—贱、长—幼的分野界限，以"宗"的原则规定各种角色的等级地位。在这个空间架构中，"伦"作为识别个人在"家族"中角色地位的标准，相应地规定他们的关系行为，以"亲亲"为人们相处的基本原则。荀子说，有酒食先生馔，有事子弟服其劳，况为父兄？"今人饥，见长而不敢先食者，将有所让也，劳而不敢求息者，将有所代也。夫子之让乎父，弟之让乎兄，子之代乎父……"[①] 讲的正是这种先后秩序的人际等级。家喻户晓的"孔融让梨"的故事所崇尚的价值，也正是这种根据年龄秩序而区分轻重的规则。

其二，以"社会"为单位，按爵位、身份、名望等条件，划分出尊—卑、上—下、君子—小人等不同层级。在士农工商的不同角色中，人被分为"君子"（劳心）和"小人"（劳力）两大类型，相应地被赋予不同的权利与义务。因此儒家反复讲："有大人之事，有小人之事。……或劳心，或劳力。劳心者治人，劳力者治于人。治于人者食人，治人者食于人。天下之通义。"[②] 在《左传》《国语》等文献中，这种论述比比皆是。当然，这里需要解释的是：其一，在儒家的概念中，"君子""小人"并不完全具有褒贬的含义，它主要的是指人的不同类型；其二，在儒家的这一划分中，"君子""小人"的角色并

---

① 《荀子·性恶》。
② 《孟子·滕文公上》。

不是永恒不变的，也就是说，"小人"可以变为"君子"，"君子"也可以变为"小人"，关键在于人性之修养。在这样的"社会"关系中，"德"成为衡量优劣的标准，人们相处以"尊尊"为基本原则。所谓"德高望重"正是这一秩序的通俗体现。

其三，以"知识"系统为空间构架，按智愚、贤不肖等条件，将人划分为师—徒、先—生等不同等级。一般而言，从师某一学派，必有所源，如儒家奉孔子为祖，道家则推老子为先。作为门徒应当把发扬光大其师祖学说视为维护道统之己任。为自家学说增光者，贤人者也；败坏自家声誉者，不肖之徒之谓也。"智"（不是聪明，而是睿智）成为考评好坏的标准，人们相处以"贤贤"为基本原则。

"礼"治的社会等差原理

空间	家族	社会	学说
角色条件	辈分、年龄、性别	爵位、身份、名望	智—愚、贤—不肖
区分标识	亲疏、贵贱、长幼	尊卑、上下、君子—小人	师传、门徒、学派
划分依据	以血缘宗法之为轴心	以爵、禄、位、势为标准	以学术信仰为依归
内在原则	亲亲（父）	尊尊（君）	贤贤（师）

把"家族""社会"和"知识"三者分别列出，是出于分析的需要。在实际政治中三者相互重叠、彼此交叉，从而构成了

一个"礼"的等级网络。根据不同的准则及其相应的规则,人们就可以在这一网络中寻找到自己的适宜位置,进而扮演已被规定的角色,履行相应的权利和义务。这样,"个人"就被安排到"社会"的系统之中,"个体"就与"整体"融汇为一。毋庸赘言,支撑这一制度安排的理论预设就是"分""异"或"份",用现代术语说就是"差序等级"。孔子"作"《春秋》所感叹的"礼崩乐坏",正是这种尊卑、贵贱、亲疏、长幼等差别的混乱、无序,甚至颠倒。所以荀子说:"故人之所以为人者……以其有辨也。……故人道莫不有辨,辨莫大于分,分莫大于礼。"同时他更直接地把"幼而不肯事长,贱而不肯事贵,不肖而不肯事贤"视为"人之三不祥"[1]。管子则称"上下有义、贵贱有分、长幼有等、贫富有度"八种关系为"礼之经也"[2]。《礼记·礼运》曰:

> 故天子祭天地,诸侯祭社稷,祝嘏莫敢易其常古,是谓大假。祝嘏辞说藏於宗祝巫史,非礼也,是谓幽国;盏斝及尸君,非礼也,是谓僭君;冕弁兵革,藏於私家,非礼也,是谓胁君;大夫具官,祭器不假,声乐皆具,非礼也,是谓乱国。[3]

---

[1] 《荀子·非相》。
[2] 《管子·五辅》。
[3] 《礼记·礼运》。

第八章 礼治：中国式"政治宗教"

这段古代经文的意思大致是说：所以，天子祭天地，诸侯祭社稷时，祭者辞告于神以及神赐福于祭者，都应按古规不敢改变，这可称之为大中之大。主人告神之辞以及神赐福于祭者的言辞，收藏于宗庙、祝人、巫者和史官之家，违背了应以法令形式颁布于国的旧制，这就叫做使国家昏暗；祭祀所用酒杯，给代祭之人或由君主自己使用，不符合祭祀礼仪，这叫做僭越君位；朝官尊服及其随身武器，本为公共官场之用，大夫们却私藏于家，这就叫做劫胁君主；大夫人人都有掌管自家土地的官，祭器都是整套的，乐器也要高档次的，这都违反了礼，臣于君无差别，这就叫做败乱之国。

这样，有了"差别"就有了"等级"，有了"等级"就有了"统属"，有了"统属"就有了"秩序"，有了"秩序"就可以"天下大治"。所以，"礼"就成为关系到国家之兴衰存亡的"政治事件"。我们甚至可以说，"礼"就是传统中国的"宪法大纲"，它具有权威，它产生秩序，它化解冲突……总之，"礼"成为"治"之根本，而"礼"的前提又在于"分"。所以《中庸》说："仁者人也，亲亲为大；义者宜也，尊贤为大"，"亲亲、尊尊，而仁义在其中矣"。①

简而言之，"礼"就是显示社会身份，区分政治角色的一套办法，从而使人们明确地知道什么应当做，什么不应当做；什么可以做，什么不可以做。在"礼"的道德框架内，人们能够

---

① 《礼记·中庸》。

按照自己的角色内涵选择自己的行为模式。所以，"礼"虽然纷繁复杂，但实质却很明确简单，它是限定社会政治行为的一种规则，论及本源，它体现为 institution 意义上的"制度"。

在逻辑上，"社会等差"并不是目的，它只是形成秩序的基本方式，而要使"社会等差"真正发挥秩序的作用，对其进行"整合"是必不可少的。这种实际上起着贯通性"整合"功能的理论，就是著名的"孝"的观念。"夫孝，天之经也，地之义也，民之行也。天地之经，而民是则之。则天之明，因地之利，以顺天下，是以其教不肃而成，其政不严而治。"[①]

第二，"礼治"依据：义。

"礼"与"义"的关系，在古代文献得到了反复的论说：

> 名以制义，义以礼出。礼以体政，政以正民。[②]

> 君子义以为质，礼以行之，孙（逊）以出之，信以成之。[③]

> 君子喻于义，小人喻于利。[④]

[①] 《孝经》。
[②] 《左传·桓公二年》。
[③] 《论语·卫灵公》。
[④] 《论语·里仁》。

第八章　礼治：中国式"政治宗教"

见义不为，无勇也。①

这里，"义（根据）—礼（表现）—政（秩序）—名（符号）—义（根据）"形成了一个封闭的循环圈。"义"指的是与善行、品质相联系的价值。冯友兰说："礼之义，即礼着通之原理。"②

按孟子的意见，"义"是指人性中所固有的"良知"和"良能"，所谓"羞恶之心，义之端也"③。"至于心，独无所同然乎？心之所同然者何也？谓理也，义也。"④ "大人者，言不必信，行不必果，惟义所在。"⑤ 从孟子关于"恻隐之心"的著名比喻体验，所谓"义"就是没有经过文化装饰的、纯粹的人性本身。所以它是人所以为人的依据。在训诂的角度讲，"义"就是"宜"，有"应当""合适"的意思。在道德哲学的角度上讲，可以说是指某种超越了"个体意欲"的社会生活准则。荀子说："水火有气而无生，草木有生而无知，禽兽有知而无义；人有气有生有知亦且有义。"⑥ 用现代语言表达就是：人所以为人的依据，就在于"人"能把握群体生活中适宜的"度"，从而具备了

---

① 《论语·为政》。
② 冯友兰：《中国哲学史》，商务印书馆1936年版，第335页。
③ 《孟子·公孙丑上》。
④ 《孟子·告子上》。
⑤ 《孟子·离娄下》。
⑥ 《荀子·王制》。

中国思维的根系——研究笔记

超越自我的"社会性"本质：

　　礼起于何也？曰：人生而有欲，欲而不得，则不能无求，求而无度量分界，则不能不争。争则乱，乱则穷。先王恶其乱，故制礼、义以分之，以养人之欲，给人以求，使欲必不穷乎物，物必不屈于欲。两者相持而长，是礼之所起也。①

　　（人）力不若牛，走不若马，而牛、马为用，何也？曰：人能群，彼不能群也。人何以能群？曰分。分何以能行？曰义。故义以分则和，和则一，一则多力，多力则强，强则胜物。……故人生不能无群，群而无分则争，争则乱，乱而离，离则弱，弱则不能胜物。②

　　欲恶同物，欲多而物寡，寡则必争矣。故百技所成，所以养一人也。而人不能兼技，人不能兼官；离居不相待则穷，群而无分则争。穷者患也，争者祸也。救患除祸，则莫若明分使群矣。③

儒家甚至把人类的"本能欲望"与人类的"不幸结局"联

---

① 《荀子·礼论》。
② 《荀子·王制》。
③ 《荀子·富国》。

系起来,认为在"欲"必然走向"恶"的悲剧性过程中,"礼"起码具有协调二者,减缓悲剧发生的程度和速度的作用。如《礼记·礼运》所言:"饮食男女,人之大欲存焉,死亡贫苦,人之大恶存焉。故欲恶者,心之大端也;人藏其心,不可测度也。美恶皆在其心,不见其色也,欲一以穷之,舍礼何以哉?"所以,在儒家而言,"礼"的建立绝不是目的,而只是手段。"礼"的目的是保持人性中固有的"义";反之,保持住了"义","礼"才成为有意义的举措,否则,"繁文缛节"的"虚饰"与"做作"恰恰是儒者所不为和鄙视的。君君、臣臣、父父、子子、夫夫、妻妻,各种角色处于与"义"相适宜的"应当"的位置上,就叫做"中庸"。"中庸之为德也,其至矣乎!"[①]

第三,"礼治"载体:仪。

在其理论系统的内部,"礼"是靠"义"的原则进行支撑的,而在其理论系统的外部,"礼"又是靠"仪"的表达进行控制的。从字面上我们即可看出,"仪"是"义"的表现,"义"是"仪"的本质。关于"礼治"载体"仪"的社会政治功能,在中国典籍中得到了充分的体现。《礼记正义》引郑序云,"礼者,体也、履也。统之于心曰体,践之于行曰履"。也就是说,"仪"是一种"身"与"心"相结合的某种运作(operation)。

春秋时期,北宫文子认为,"仪式"并非仅仅是某种装饰,

[①] 《论语·雍也》。

它的政治整合意义重大，关系到权威的信念和秩序的顺畅。"有威而可畏，谓之威；有仪而可象，谓之仪。"所谓进退施舍、周旋容止的语言与动作，因为它是一种象征，一种符号，人们可以通过模仿、复制、再现，"则而象之"。这样，社会就有了秩序，有了秩序，政治就安然无恙。所以"威仪"是建立和保持秩序的必要文化设施。北宫文子对卫侯说："君有君之威仪，其臣畏而爱之，则而象之，故能有其国家，令闻长世。臣有臣之威仪，其下畏而爱之，故能守其官职，保族宜家。顺是以下皆如是，是以上下能相固也。"①

"礼"与"仪"是不可分割的。如前所说，在结构上"礼"由"礼器""礼仪"和"礼理"三个部分组成。孔子深知三者之间的关系，故反复强调"仪"的确是符号、是形式，但这种符号与形式不是可有可无的，因为它在中国政治中占有特殊的地位。

> 唯名与器，不可以假人，君之所司也。名以出信，信以守器，器以藏礼，礼以行义，义以生利，利以平民，政之大节也。若以假人，与之政也；政亡，则国家从之，弗可止也。②

美国加州大学伯克利分校中国史教授大卫·约翰逊（David

---

① 《左传·襄公三十一年》。
② 《左传·成公二年》。

Johnson）著有论文集《仪式的戏剧与戏剧的仪式："木兰救母"》(*Ritual Opera, Operatic Ritual: "Mulien Rescues His Mother" in Chinese Popular Culture*，1989)，专门对此做过阐述。由于中国人的道德是借用行动来表达的，道德伦理不是理论的存在而是实践的行动，所以表演在中国文化中就显得特别重要，从而使仪式及其与仪式有密切关联的戏剧特别发达。中国人的生活中无论是宗教的或非宗教的，神圣的或世俗的随时随地都要举行仪式，借助仪式行为以表达其对人际关系的肯定，因此仪式的准确性与否甚至比实际行为还要重要。

第四，"礼治"目的：和。

如前所述，"礼"的本意是"分"，是"份"，即区别人们之间的身份和等级，所谓"尊尊、亲亲、贤贤"是也。由此构成社会分化，人人"安分守己"，形成秩序。"仪"则是这种社会分化与角色差异的外在标识，如器物、位置、服饰、姿态、语言等等。但正如专家们指出的，严格说来，"礼"本身并不是目的，只是用以达到"有别"的手段。甚至在终极的意义上，"有别"也并非根本目的，"礼"的目标应当是：有差别的和谐。孔子有两句家喻户晓的名言：

礼之用，和为贵，先王之道斯为美。[①]

---

① 《论语·学而》。

君子和而不同，小人同而不和。①

杨树达先生解释，这里的"和"为"合适、恰当、恰到好处"的意思，近似于"中庸"于"致中和"。所谓"同"则当"雷同""趋同"解。这里，孔子的意思是说，"和"才是"礼"的最终目的。本书中我们多次引用《左传·昭公二十年》的资料。这里，为避免过多重复，更为通俗地理解"和"与"同"的区分，此处使用现代汉语译文：

一天，齐侯打猎回来，晏子在遄（音：川）台这里随从伺候。这时，叫梁丘据的人驱车前来诣见。齐侯说："只有梁丘据这个人跟我和谐啊！"晏子回答："梁丘据只不过是相同而已，哪里谈得上和？"齐侯于是说："难道'和'与'同'还有什么不同？"晏子回答说："当然不同。'和'好像做羹汤，用水火醋酱盐梅来烹调鱼和肉，用柴火烧煮。厨师加以调和，使味道适中。味道不够就增加调料，味道太过就减少调料。君子吃了这样的羹汤，内心就会平静。君臣之道也如此。国君认为可以的，其中有不合适的，臣下指出其不合适的就可以使君的意见更加完善。国君认为不可以的，其中也有合适的，臣下指出较合适的方面，就可以去掉那些不合适的方面。这样就会政事平和而不违背

---

① 《论语·子路》。

第八章 礼治:中国式"政治宗教"

礼义,民众就没有争夺之心。……先王调匀五味,谐和五声,是用来安静人们的内心,从而完成政业。声音也像味道一样,是由一气、二体、三类、四物、五声、六律、七音、八风、九歌相互组成。是由清浊、大小、短长、缓急、哀乐、软硬、快慢、高低、出入、疏密相互调节的。君子听了,内心就会平静。内心平静,德行就和谐。所以,《诗经》说:"德音没有瑕疵。"梁丘据眼下的行为却不是这样。国君以为可以的,他就认为可以;国君认为不可以的,他必认为不可以。这就像用清水调剂清水,谁肯食用呢?这也像琴瑟总弹一个调,谁又愿意听呢?"相同"并不见得总是好结果的道理也是如此。

也有学者认为,孔子之"和"与"同"的差异,即是"协调"(mingle)与"混同"(mix)的区别。前者是把两种以上的成分集合起来,组成一个和谐的新整体,但并不牺牲所有成分的特征和个性,这有利于所有成分最大限度地加强自己的可能性;而后者则通过使一个成分与现存的标准完全一致,靠牺牲一个成分来强化另一个成分,以此求得一致性。[①] 孔子下面的话最能表明他追求美学境界上的"和",而不是形式上的"同"的深刻含义:

[①] 参见〔美〕郝大维、安乐哲:《孔子哲学思微》,蒋弋为、李志林译,江苏人民出版社1996年版,第125页。

> 孔子对曰:"……人之言曰:'予无乐乎为君,唯其言而莫予违也'。如其善而莫之违也,不亦善乎?如不善之违也,不几乎一言而丧邦乎?"①

这话是说,孔子回答说:"……有人说:'对我来说,做君主并没有什么可高兴的,唯一值得高兴的事,就是我说的话没有任何人敢于违抗。'如果这个人所说的话正确而没有人敢于违抗,不是也很好吗?但是,如果他所说的话不正确,也没人敢于违抗,这不就接近于那句老话'一言则可以丧邦'了吗?"

由于强调"和"的价值与功能,因此孔子对政治事务中的宗派主义持激烈的批评态度。他说:"君子周而不比,小人比而不周"②,"君子矜而不争,群而不党"③。这就是说,一个光明正大的"君子"应遵循道义的原则,与人讲团结而不互相勾结;只有"小人"才喜欢暗中挑拨是非,玩弄小动作,从而谋取私利(周,与人团结;比,暗中勾结)。君子应态度庄重而不与人争胜,因为他尊重自己而不侵犯别人;君子能够合群而不与人勾结,因为他团结友爱而不相互偏袒。

前节已述,依据"礼治"的框架,在政统、亲统和道统中,"君""父""师"是最具权威的社会政治角色,并以尊尊、亲亲、贤贤的规矩来治国经邦。但在"礼"之深处,则是在这

---

① 《论语·子路》。
② 《论语·为政》。
③ 《论语·卫灵公》。

第八章 礼治：中国式"政治宗教"

"三位"之下抽象出"和"来。历史学家阎步克说：

> 然而就在这种情况下，"礼制"孕育出了一种深刻的理念，一种处理分化要素的原则，这就是所谓"和而不同"。"礼治"是立足于"分"（在社会层面就是"名分"）而求其"和"的，既立足于三统的相异相分，又力求在其间建立和维持互补互渗的协调关系。
>
> ……
>
> "和而不同"这一原则承认甚至保障要素之间的差异性，并对"以同裨同"加以否定和排斥；然而其间的差异却并不导向于"分"、导向于"离"，差异之中又有同一性。……这一理念深深地贯注于"礼治"之中，由此本来就具有无所不包性质的"礼"，便具有了容纳要素间因时势推移而产生的更大差异的强大涵摄力。[1]

这样，不仅"君""父""师"这样的角色被此一原则所涵摄，而且《周礼》中把天子、诸侯、公卿、大夫、士、庶人、工商、皂隶、牧圉、父子、兄弟、侧室、贰宗、师保、瞽史等社会角色纳入一个统一的关系序列之中，进而处理"千品""万方""亿事""兆物"的各个层面的各项事务。[2]

---

[1] 阎步克：《士大夫政治演生史稿》，北京大学出版社1996年版，第107、114页。

[2] 阎步克：《士大夫政治演生史稿》，北京大学出版社1996年版，第114页。

据此，我们该给"礼"的秩序结构画一张草图了，其观念的"前提""载体"和"目的"，形成了一种紧密的互动关系，以至于牵一发而动全身。

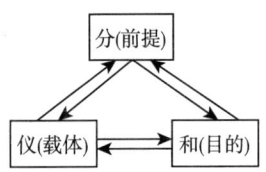

三、"礼治"运作：德化

"礼"是通过设定人们的身份等级，以"差异性"原则构成行为规范，由此奠定社会政治秩序的基础。那么，关于"身份"的规定又是如何具体转换为控制人们行为的机制的呢？也就是说，"礼"治的原则具体通过什么样的方式和途径来实现其社会整合与政治控制的功能呢？我们可以在以下几个方面进行讨论。

第一，"道德宗教"。

司马迁在《史记》中专设"礼书"，为后世史家所效法。对"礼"之来源，他说："乃知缘人情而制礼，依人性而作仪，其所由来尚矣。"所以"礼"是从"俗"发展而来的。应当说，把日常生活中的"社会习俗"，通过"礼"的中介，最后转化为"意识形态"，儒家在其中起了一个极为关键的作用。

根据对现实生活关系的归纳，儒家把人与人之间可能形成的相互关系概括为五种形式，亦即夫妻、父子、君臣、兄弟、

第八章 礼治：中国式"政治宗教"

朋友。由于这五种关系是人生正常永久的关系，是社会生活频繁遇到、不能回避的基本关系，所以古人称之为"五常伦"。在这里，所谓"伦"就是指一组社会角色，不同的社会角色都拥有自己的权利和义务，都要按"礼"的规定实现自己的权利，同时履行自己的义务。这五层关系是：夫—妻、父—子、君—臣、兄—弟、朋—友。

第一层，夫—妻：这是最基本的人际关系，因为没有男女就没有了人际社会。这一对关系的和谐与稳定，在一定意义上决定着其他关系的情况。①

第二层，父—子：这对关系是夫—妻关系的延伸和结果，有夫妻才有父子。但这层又成为五伦中的上承祖先，下启子孙的关键层。

第三层，君—臣：这层是父—子层向政治方向的移位。

第四层，兄—弟：这层是父—子层向族内方向的移位。

---

① "男女有别，然后父子亲，父子亲，然后义生；义生，然后礼作，礼作，然后万物安。无别无义，禽兽之道也。"（《礼记·郊特牲》）由此类推，有家庭关系（男女），才有社会关系（父子），才有政治关系（君臣）。这方面古人特别在乎，甚至把"夫妇之礼"视为众礼的基础和发端："君子之道费而隐。夫妇之愚，可以与知焉；及其至也，虽圣人亦有所不知焉。夫妇之不肖，可以能行焉；及其至也，虽圣人亦有所不能焉。……君子之道，造端乎夫妇；及其至也，察乎天地。"（《礼记·中庸》）"礼始于谨夫妇。"（《礼记·内则》）"有天地然后有万物，有万物然后有男女，有男女然后有夫妇，有夫妇然后有父子，有父子然后有君臣，有君臣然后有上下，有上下然后礼义有所措。"（《易·卦序》）"天为物本，祖为王本，祭天以祖配，此所以报谢其本。"（《礼记·郊特牲》孔颖达疏）"有虞氏以上尚德，禘郊祖宗配有德者而以，自夏已下稍用其姓氏之先后次弟。"（《礼记·祭法》郑玄注）

第五层，朋—友：这层是父—子层向社会方向的移位。

在这五种关系中，每一对角色都被赋予了固定的规范，即所谓夫和—妻顺、父慈—子孝、君仁—臣忠、兄爱—弟敬、朋友—信。《礼记·大学》曰："为人君止于仁，为人臣止于敬，为人子止于孝，为人父止于慈。"概括起来就是中国传统政治伦理著名的"十义"：

> 父慈、子孝、兄良、弟悌、夫义、妇听、长惠、幼顺、君仁、臣忠。①

这里，每一对关系中，前者是"角色内涵"，后者是"角色规范"。恪守这一一对应的"内涵—规范"，则为"守礼"，逾越了它们则是"乱伦"。正如文献所言："君令、臣共、父慈、子孝、兄爱、弟悌、夫和、妻柔、姑慈、妇听，礼也。君令而不违，臣共而不贰，父慈而教，子孝而箴，兄爱而友，弟敬而顺，夫和而义，妻柔而正，姑慈而从，妇听而婉，礼之善物也。"②

不难看出，诸如"令""共""慈""孝""爱""敬""和""柔""听"等规范都具有抽象的意味，解释空间很大，具体实施要通过可操作的"仪式"予以体现，从而使任何一个角色明确地知道在什么样的场合怎样做才是"达礼"。《礼》曰：

---

① 《礼记·礼运》。
② 《左传·昭公二十六年》。

第八章 礼治：中国式"政治宗教"

　　以（礼）奉宗庙则敬；以（礼）入朝廷则贵贱有位；以（礼）处室家则父子亲、兄弟和；以（礼）处乡里则长幼有序。……聘问之礼，所以使诸侯相尊敬也。丧祭之礼，所以明臣子之恩也。乡饮酒之礼，所以明长幼之序也。昏姻之礼，所以明男女之别也。①

　　这样，各人守各人之"礼"，各人安各人之"份"，就能形成有效的社会政治秩序，就能避免人与人之间相争不下，发生冲突。由此可见，"礼"使群体相处的环境得以顺畅，不歧不"乱"，亦即上所谓"治"矣。因此可以说，"五伦""十义"是"礼治"的基础内涵。

　　但是，我们必须看到，在原始儒家的理论设计中，实际上潜藏着深刻的理论危机。作为政治伦理关系的"五常伦"，其内部的角色之间的权利—义务关系是对等的，如果一方违反规范，不遵守自己的义务，那么，另外一方则也不必要遵守相应义务。亦即君不君，则臣可不臣；父不父，则子可不子；夫不夫，则妇可不妇。孟子正是基于这种相反相成的伦理关系，认为如果君主不行君道，不尽君德，则杀之可也，即所谓"贼仁者谓之贼，贼义者谓之残，残贼之人谓之一夫。闻诛一夫纣矣，未闻弑君也"②。孟子的意思很清楚：君不仁，臣则可以不义；反过

---

① 《礼记·经解》。
② 《孟子·梁惠王下》。

来说也一样，臣不义，君也可以不仁。如果没有一个关于"君仁"和"臣义"的制度规定，那么就意味着政治混乱将永远持续下去，这就实际上意味着角色双方"权利—义务"关系的解体。因此，春秋战国时期出现"弑君五十六"的情况是非常自然的。① 毋庸置疑，"五常伦"所体现的社会政治观念还是比较"自然"和"原初性"的，也就是说更符合人的"自然本性"。但这种对等的关系也必然性地蕴涵着潜在的秩序危机。因为"君君、臣臣、父父、子子"只是一种理想的期望和假设。只要社会上还存在君不君、父不父和夫不夫的可能，那么，臣子弑君、子不孝父、妇不尽道的现象就不可避免。显然，在没有"超越性权威"调解的前提下，角色双方随时可能由于意见分歧而产生矛盾，而化解矛盾的方式只能是一方消灭另一方。社会政治的发展必以激烈的社会政治冲突与残酷的杀戮为代价。所以，来源于"自然本性"的"五常伦"规则，就其基本的社会整合精神而言，并不具备政治稳定性的特质。在这一思路之下，我们甚至可以说，秩序的混乱与颠覆具有了政治合法性。这也就意味着，当对等的"权利—义务"关系发生偏差时，"五常伦"将失去作用，失范必然发生，"治"将转变为"乱"，全部社会整合的理论大厦面临崩塌。所以贺麟先生认为，在原始儒家的理论中，"不"包括"应不"和"是不"两方面的含义。"这些人伦关

---

① 所以，孟子的思想并不具备与自然法相联系的、西方意义上的"民主"意涵。

第八章 礼治：中国式"政治宗教"

系都是相对的、无常的，如此则人伦的关系，社会的基础，仍不稳定，变乱随时可能发生。"①

历史上，孔子处于春秋时代，那时"礼崩乐坏"，天下大乱。孔子讲仁述义，试图恢复周礼之秩序，但仍以"五常伦"为济世基础。孟子处于战国时代，天下纷争，莫衷一是。国家政治处于兼并、融合的过程之中。此时孟子讲"戮暴君"，复仁义，是可以理解的。但到了秦统一六国，实现"大一统"后，再讲孔孟之原始儒学则与政治发展趋势相悖逆，于是由董仲舒以阴阳学说为依据，首倡"三纲"学说。

首先，董仲舒从"凡物必有合"这一抽象定理出发，举上下、左右、前后、表里、美恶、顺逆、喜怒、寒暑、昼夜等经验常识现象，再由此推导出"三纲之合"的必然性。他说："阴者阳之合，妻者夫之合，子者父之合，臣者君之合。物莫无合，而合有阴阳。阳兼于阴，阴兼于阳。夫兼于妻，妻兼于夫。父兼于子，子兼于父。君兼于臣，臣兼于君。"②

其次，他从两个层面说明，由于阴、阳二者具有不同的性质和功能，因而就处于不同的地位。第一，"阴道无所独行，其始也不得专起，其终也不得分功，有所兼之义。是故，臣兼功于君，子兼功于父，妻兼功于夫。阴兼功于阳，地兼功于

---

① 贺麟：《五伦观念的新检讨》，见胡晓明、傅杰主编：《释中国》第二卷，上海文艺出版社1998年版，第1214页。
② 《春秋繁露·基义》。

天"①。这就是说，阳主阴辅，从而区别了先后秩序。第二，"阳之出也，常悬于前而任事；阴之出也，常悬于后而守空处。此见天之亲阳而疏阴"②。"礼者，继天地，体阴阳，而慎主客，序尊卑、贵贱、大小之位，而差外内、远近、新故之级者也。"③ 这样，他又从"天"之亲疏的角度做出了阳"重"而阴"轻"的结论。

需要指出的是，发端于远古而形成于汉代的"天人合一"思想，具有独特的辩证思维特征。其最明显的表现就是：对"自然的宇宙系统"与"人类的伦理系统"，既不进行"外在的客观事实"与"内在的主观规定"的二分法区别，同时也不认为它们二者可以彼此混同、合而为一。一方面，具有"阴"和"阳"不同性质的角色并不构成绝对对立的关系，而是相反相成，"阴阳合德而成一物"；另一方面，在阴阳系统的整体中，二者的功能及其地位又不能完全相等，而是亲而有礼，爱而有别。所以在"君仁臣忠""父慈子孝""夫义妇听"等关系中，实际上存在着"宇宙"与"人伦"两个视角之间双重互动的影响关系，在"宇宙"的意义上"阴"与"阳"相互依赖，在"人伦"的意义上"阳"则成为"阴"的依据，既用前者解释后者，又用后者支撑前者。有学者认为，正是这种独特而奇妙的"天人关系"思维，才使得儒家理论能够"将有限的感性生命和

---

① 《春秋繁露·基义》。
② 《春秋繁露·基义》。
③ 《春秋繁露·奉本》。

第八章 礼治:中国式"政治宗教"

无限的社会群体联系起来,以补偿华夏先民渴望宗教的孤独感,从而逐步建立起了崇经重史、厚爱人伦的古代世俗文明"。"汉代的董仲舒自觉地利用'阴阳五行'的思维模式而进一步将儒家的'人人之和'与道家的'天人之和'融为一个体系。……建构起一个天人合一、天人合德的宇宙模式,使'王道之三纲,可求于天',从而为产生于亲子血缘关系基础之上的儒家伦理找到更为广阔的理论基础,为不曾建立起宗教信仰的华夏民族寻找到更为可靠的精神寄托。"[①] 此后,"三纲"思想在《礼记》等儒家经典中一直被反复提及和解释:

> 凡礼之大本,体天地,法四时,则阴阳,顺人情……吉凶异道,不得相干,取之阴阳也;丧有四制,变而从宜,取之四时也,有恩、有理、有节、有权,取之人情也。[②]

> 君臣、父子、夫妇,六人也,所以称三纲何?一阴一阳之谓道,阳得阴而成,阴得阳而序,刚柔相配,故六人为纲。

> 三纲法天地人,六纪法六合。君臣法天,取象日月屈信,归功天也。父子法地,取象五行转相生也。夫妇法人,

[①] 陈炎:《多维视野中的儒家文化》,中国人民大学出版社1997年版,第103—105页。

[②] 《礼记·丧服四制》。

取象人合阴阳，有施化端也。①

从"五常伦"向"三纲"的思想转变具有重要的政治意义。根据阴阳理论，"三纲"学说的基本精髓在于所有君臣、父子、夫妇六方，均以前者为本质和动力，要求后方绝对地遵守其位份，履行片面之义务。这样，即使君不君，臣也不能不臣；父不父，子也不能不子；夫不夫，妇也不能不妇。通过这样的方式，避免社会政治关系陷入相对的、循环的和讨价还价的失序（disorder）状态中。由此可见，中国政治思想上的这个重要的转变，本质上是以臣尽忠、子尽孝、妇尽贞单方面绝对的道德义务为代价，替代"五常伦"理论之全面但不稳定的政治关系，从而换取某种稳定的政治均衡。这里，所谓的"道德之绝对义务"是指无论外界条件发生了怎样的变化，理想性的永恒规范都必须遵守。也就是说，不论对方生死离合，不论对方智贤不肖，道德主体总要绝对守住自己的位份，履行自己应尽的义务。当这种"义务"观被上升为某种"绝对原则"和"超越理念"时，"五常伦"就转变成了"五常德"："仁、义、礼、智、信五常之道，王者所当修饬也。五者修饬，故受天之佑，而享鬼神之灵，德施于方外，延及群生也。"② 可以说，"五常德"是一种绝对的、超越的、无条件的道德律令。

---

① 《白虎通义·三纲六纪》。
② 《汉书·董仲舒卷》。

第八章　礼治：中国式"政治宗教"

应当强调指出的是，具有浓厚日常生活色彩的"五常伦"理念，"须以等差之爱为准"，带有更为明显的人性"自然的正常情绪"。"说人应履行等差之爱，无非是说我们爱他人，要爱得近人情，让自己的爱的情绪顺着自然发泄罢了。"① 它所面对的问题仍限制在具体的人、事、物方面。但是，"五常德"理念所体现的问题意识则变得更为抽象，它为道德主体设定了更为广阔的理解空间。例如，在"君为臣纲"中，这个"君"既可以理解为具体的当朝君主，也可以理解为与"臣"这个角色相对应的"君位"。这样，"君位"角色就不再仅仅指代具体的某位君主，而是在说一个"政治权威"存在物的"理"。正是这个"政治权威"存在物的"理"，成为臣这个职位的"纲纪"，成为其必须效忠的对象。说君不仁臣不可不忠，其意思是作为臣以至履行臣这种角色的主体，必须无条件地尊重"君"所体现的政治权威，亦即他所忠的不是具体的"人"而是抽象的"理"。在纯粹理论的意义上，这个"抽象"意味着，"臣"应当且必须对"理念"尽职，向"绝对道德"效忠。显然为暴政昏君效犬马之劳，不仅与儒学政治理论的旨趣风马牛不相及，而且恰恰被"士可杀而不可辱"的理念所鄙视、不齿和否定。从上述董仲舒依据阴阳理论的解释来看，君—臣位份的对应关系是第一位的，而君—臣位份的统属关系则是第二位的，因为失去"对

---

① 贺麟：《五伦观念的新检讨》，见胡晓明、傅杰主编：《释中国》第二卷，上海文艺出版社1998年版，第1215页。

应关系"何来"统属关系"？更严格地说，"五常德"所体现的是对立双方无论哪一方都应遵守的规范，具有一定的普遍意义，而不是"受制"一方应遵守，而"施制"一方可以为所欲为。在孔子关于"夫妇别、父子亲、君臣严，三者正则庶物从之矣"①的命题中，"受制"与"施制"双方必须具有一个同样的道德基础。正如贺麟先生指出的："五伦观念在中国礼教中权威之大、影响之大、支配道德生活之普遍与深刻，亦以三纲说为最。三纲说实为五伦观念之核心，离开三纲言五伦，则五伦说只是将人与人的关系，方便分为五种，比较注重人生、社会和等差之爱的伦理学说，并无传统或正统礼教之权威性与束缚性。"②正如《礼记》所说："圣人之所以治人七情（喜、怒、哀、惧、爱、恶、欲），修十义（父慈、子孝、兄良、弟悌、夫义、妇听、长惠、幼顺、君仁、臣忠），讲信修睦，尚辞让，去争夺，舍礼何以治之？"③

简而言之，"夫妇、父子、君臣"关系，是指三种最基本的人际关系（男—女）；最基本的社会关系（父—子）；最基本的政治关系（君—臣）。以这三种最基本的关系为象征，董仲舒似乎试图说明，任何现实的成对的关系（形而下），实际都受着一种更为基本的但却是看不见的关系（形而上）所支配，这种形

---

① 《礼记·哀公问》。
② 贺麟：《五伦观念的新检讨》，见胡晓明、傅杰主编：《释中国》第二卷，上海文艺出版社1998年版，第1218页。
③ 《礼记·礼运》。

第八章　礼治：中国式"政治宗教"

而上的关系就是"阴—阳"关系。如前所述，依据中国传统文化的原理，在"阴—阳"关系中，"阳"处于主动地位，而"阴"则处于辅助地位，二者结合才能合为一"物"。因此，"形而下"的三种最基本的关系也应体现"形而上"的"阴—阳"原则，这样就形成了"夫为妻纲、父为子纲、君为臣纲"的社会政治规则。"原则"决定"规则"，"规则"体现"原则"。所以，根据凡事必有"合"，而且阴阳双方必有先后、轻重的立论，董仲舒说，"天为君而覆露之，地为臣而持载之；阳为夫而生之，阴为妇而助之；春为父而生之，夏为子而养之……"，"王道之三纲，可求于天"。① 这是非常有逻辑的理性思考。所以说，"三纲"学说，是儒学政治原则的重要规定，它是"五常"政治伦理的最高形态。陈寅恪先生曾就王国维先生投湖殉道一事，论及中国儒学"三纲"的理性超越性原则，他认为："吾中国文化之定义，具于白虎通三纲六纪之说，其意义为抽象理想最高之境，犹希腊柏拉图所谓 Idea 者。若以君臣之纲言之，君为李煜亦期之以刘秀；以朋友之纪言之，友为郦寄亦待之以鲍叔。其所殉之道与所成之仁，均为抽象理想之通性，而非具体之一人一事。"② 在经新文化运动洗礼后的 1927 年，陈先生能有如此一番语重心长的议论，实在值得后来学子反复深思。据此，钱穆不仅把"礼"提高到中国传统政治哲学的本体

---

① 《春秋繁露·基义》。
② 陈寅恪：《王观堂先生挽词》，见《陈寅恪集·诗集》，生活·读书·新知三联书店 2009 年版，第 180 页。

论的高度,甚至把它直接指认为一种世俗宗教:

> 中国人的宗教观念,很早便为政治观念所包围而消化了……此即中国此下传统的所谓"礼治"。礼治只是政治对宗教吸收融合以后所产生的一种治体。
>
> ……我们若说中国古代的政治观念吸收融和了宗教观念,我们也可以说,中国古代的人道观念,也已同样的吸收融合了政治观念。我们也可以说,中国宗教是一种浑全的"大群教",而非个别的小我教。当知个人小我可以有罪恶,大群全体则无所谓罪恶,因此中国宗教里并无罪恶观念……
>
> 中国宗教很富于现实性。……中国人的现实,只是"浑全一整体",他看"宇宙"与"人生"都融成一片了。融成一片,则并无"内外",并无"彼我",因此也并无所谓"出世与入世"。此即中国人所谓"天人合一"。上帝与人类全体大群之合一……①

第二,德治之途径。

儒家以"礼"作为行为之规范,作为维持社会秩序的工具,然而以何种力量推行"礼"并维持"礼",则需要从"教化"

---

① 钱穆:《中国文化史导论》(修订本),商务印书馆1994年版,第46—47页。

第八章 礼治：中国式"政治宗教"

"正名"和"人治"三个方面，专门进行讨论。可以说，这三方面的内容就是儒家实际治理政治社会的三套控制机制。

其一，教化。

如前所述，"礼"的理论基础是"缘人情而制礼，依人性而作仪"①，就是顺着人与人关系的自然状态走。人之大情曰"心"，它是人之所以为人而区别于禽兽的根本。所以，儒家的观念中道德教化在社会政治秩序中的功能就显得非常重要，甚至把"治心"看成是"治世"的根本。因为"教化"可以在非暴力的前提下，通过潜移默化的影响，改变习俗，更新观念，变换心理，使人在价值上知廉耻而禁邪恶，人心趋善。据此，儒家把"礼教"放在一个极高的统治层次，认为"法能刑人而不能使人廉，能杀人而不能使人仁"②。法律惩戒只能消极地禁止人为恶，却不具备导人向善的功能。所以"礼者禁于将然之前，而法者则禁于已然之后"③。一为事前预防，一为事后补救，二者之价值上的重要性不可同日而语。

孔子说："道之以政，齐之以刑，民免而无耻。道之以德，齐之以礼，有耻且格。"④ 礼教之可贵就在于"绝恶于未萌，而起敬于微眇，使民日徙善远罪而不自知"⑤。所谓"教"是指道

---

① 《史记·礼书》。
② 《盐铁论·申韩》。
③ 《大戴礼记·礼察》。
④ 《论语·为政》。
⑤ 《礼记·经解》。

德规范，所谓"化"是指熟悉到忘却的程度。所以，"教化"就是把认识上的道德规范转化为行为上的无意识。儒家的"治世"思路不是设立制度以防止人们作恶，而是试图从更根本的意义上消除人们作恶的动机。这样就必须净化风气，培养情操，在耳闻目染的熏陶中，使"礼"融化为日常生活的一举一动，一言一行，甚至一思一念。这就是孔子把"兴于诗，立于礼，成于乐"①看成是"治世"不可缺少的条件。这样的道德感召工作一直要达到"百姓日用而不知"的程度。王符说："民亲爱则无相害伤之意，动思义则无奸邪之心。夫若此者非法律之所使也，非威刑所强也，此乃教化之所致也。"②

汉初，贾谊总结秦代两世而亡的教训，着重阐发了实行"德化"的长远功效，指出：周朝之所以实施稳固的统治达600余年，正是由于汤、武二帝"广大其德行"，"置天下于仁义礼乐，而德泽洽，禽兽草木广裕，德被蛮貊四夷，累子孙十余世"。而秦二世十五载而亡，是由于他们"置天下于法令刑罚，德泽亡一有，而怨毒盈于世，下憎恶之如仇，祸几及身，子孙诛绝"。③董仲舒也说：三代圣王"教化已明，习俗已成，子孙循之，行五六百岁，尚未败也"，"道者，所繇适于治之路也，仁义礼乐皆其具也。故圣王已没而子孙长久安宁数百岁，皆礼

---

① 《论语·泰伯》。
② 《潜夫论·德化》。
③ 《汉书·贾谊传》。

第八章 礼治：中国式"政治宗教"

乐教化之功也"。①

所以在儒家看来，虽然教化需要相当时日，并非一日之功，但一旦教化普及，人心已正，则必蔚然成风，社会安定将一劳永逸，垂之久远。孔子曾期望用五年时间重建风气，说："苟有用我者，期月而已可也，三年有成"②；西汉名臣公孙弘说："周公旦治天下，期年而变三年而化，五年而定"③。甚至百姓有过，儒家也认为其过在上不在下，原因在于教化未施或施而未彻底的结果。所以孔子主张"不教而杀谓之虐，不戒视成谓之暴"④。所以有学者认为，"尊德礼而卑刑罚，是儒家一致的信仰"⑤。

当然，儒家也并不绝对禁止使用刑罚，只是说在"礼"与"刑"的比较中，儒家更强调前者罢了。汉代著名法律专家陈宠，虽然其本人深受儒家教育并职为理官，但认为"礼""刑"二者其实是相互平衡的。"礼之所去，刑之所取。失礼则入刑，相为表里也。"⑥ 在"礼"与"刑"的关系问题上，著名中国法律思想史家瞿同祖先生似乎对儒家更有一点理解性祖护。他说：

---

① 《汉书·董仲舒传》。
② 《论语·子路》。
③ 《汉书·公孙弘传》。
④ 《论语·尧曰》。
⑤ 瞿同祖：《中国的法律与社会》，中华书局1981年版，第289页。
⑥ 《汉书·陈宠传》。

儒家固主张以德治、人治方式来推行礼,但如以法律制裁的力量来推行礼,自无损与礼之精神及其存在,其目的仍可同样达到。儒家并未绝对排斥法律及刑罚,(只是)对于礼的维护始终不肯放弃。……所谓法律儒家化表面上为明刑弼教,骨子里则为了以礼入法,怎样将礼的精神和内容窜入法家所拟订的法律里的问题。换一句话来说,也就是怎样使同一性法律成为有差别性的法律问题。①

其二,正名。

儒家十分强调"正名"在政治控制中的重要性。孔子说过一段人所共知的名言:"名不正,则言不顺;言不顺,则事不成;事不成,则礼乐不兴;礼乐不兴,则刑罚不中;刑罚不中,则民无所措手足。"② 从"正名"到"控制"之间的过程是如何联系在一起的呢?这又涉及儒家政治理论的另一项核心内容。在儒家看来,用"礼"来调整社会行为时,外在的暴力惩戒实在是不得已而为之的"下策",高明的统治应专注于"攻心",在于建构良心谴责的心理痛苦机制,以羞辱代替刑罚。也就是说,首先要营造社会价值取向的大氛围,然后通过把"身份地位"与"荣辱心理"直接、紧密地联系在一起的机制,使人迫于舆论压力而不敢为所欲为。应当在赋予人们不同"身份"的

---

① 瞿同祖:《中国的法律与社会》,中华书局1981年版,第329页。
② 《论语·子路》。

第八章 礼治：中国式"政治宗教"

前提下，通过价值导向，按照不同的标准对他们进行评价、约束和监测。其重要方法就是强化"身份"的标准角色内涵，以至于达到偏离这种内涵就会遭到社会歧视的地步。

显然，这种控制机制的侧重点，不是通过制度（institution）设计外在地明确实施，而是通过符号（symbolic）设计内在地暗中控制。[①] 因而"良知"就成为政治统治所关注的焦点。例如，孔子讲"刑不上大夫，礼不下庶人"，就是在"正名"的语境中对"礼治"的具体运用进行的阐释。因为在儒家的思想框架下，"大夫"是贵族中的成员，是有教养的群体，他们知书达礼，认同主流意识形态和价值观。这样，当他们出错时，就不应当用"刑"予以处罚，而应当以"礼"进行羞辱。因为在

[①] 著名象征人类学家特纳（Victor Turner）在研究仪式时曾提出过著名的"阈门"（Liminal）理论，他认为在宗教领域中，要跨越一个新境界一定要经过一项仪式，这个仪式就像一道阈门，通过后就能达到一个新的境界。特纳认为戏剧和仪式同样含有这种意义，可称之为"类阈门"（Liminoid）。戏剧及其类似的仪式，通过自身的表演性，给予参与者一个中介历程的阶段，借表演比喻人生，使参与者和表演者都由此而投入新的境界，其引导和转移的力量，往往超出想象之外，特纳称为"神汇"（Commiunitas）。信仰的确是一种象征系统，人们借此表达他们对社会生活、人生存在的理念和理想，并借助这种抽象的理念，肯定社会的秩序和安慰个人的心理。在宗教领域里，经常包含两个范畴：一方面是对超自然存在以至于宇宙存在的信念假设部分，亦即信仰；另一方面则是表达甚至实践这些信仰的行为，亦即仪式。仪式是用来表达、实践，以至于肯定信仰的行动，但信仰又反过来加强仪式，使行动更富意义，因此信仰和仪式二者经常纠缠在一起。"仪式"一词来自英文"Ritual"，其原意是指"手段与目的并非直接相关的一套标准化行为"，也就是说，仪式中所表现的行为经常是另有更深远的目的和企图，这也就表明了其象征性而非实用性的意义。（参见李亦园：《人类的视野》，上海文艺出版社1996年版，第180—182、293、305—306页。）

"大夫"群体中,自己以及联系上至祖宗下至子孙的家族"名誉",永远比他个人的生命更加重要。而"庶人"则由于并不视名誉重于生活和生命,所以不在"礼"的范围之内,羞辱自然不会产生政治控制功能。就孔子本人而言是想建立一整套具有普遍性的道德机制,但是,对"君子"和对"小人"的惩戒方式仍然有着本质的区别。

在终极目的的意义上,惩戒不外乎是通过超常规的手段强化人们的痛苦记忆。无论这种痛苦记忆是来自心灵的还是来自肉体的,它都必须达到"刻骨铭心"的程度才有意义,才有效果。因此,对"大夫"的痛苦记忆是刺其"心",毁其"名",让他时时受到良心谴责,并为社会所不齿;而对于"庶人"的痛苦记忆则是刺其身,痛其体,使他一见刑具就产生强烈痛苦的联想,从而不敢作恶。所以,"毁誉"与"刑罚"两种惩戒方式虽然大相径庭,但其目的则是完全一样的。这样我们就可以理解,为什么帝王对大臣的最重惩戒是"赐死",而不是"斩首"。因为"赐死"的真实内涵是:首先通过"赐死"与"斩首"的区别,将被处罚者置于优势的社会群体中,只有这个群体可以领受圣上"赐"予的殊荣。圣上所"赐"之物都是荣誉的象征,至于所"赐"之物的具体内容并不重要,重要的是馈赠主体来源的道德与政治的正当性。既然"死"也是由圣上所"赐"的,它就意味着庶人所享受不到的至上特权。对于一个不可能最终摆脱死亡的人来说,"赐死"不能不是保留"体面"的最佳死法之一。所以,对这种所"赐"之物不仅不应

第八章 礼治：中国式"政治宗教"

抱怨，反而必须"谢恩"。这就是以"名"杀人的经典逻辑。这里对于"死"的不同评价，就是一种"正名"的体现。用现代学术术语表达，就是在"符号"中建构意义。

其三，人治。

既然"教化"在社会整合和政治控制中占有如此重要的位置，那么，施教的主体就相应显得更为关键，因为儒家的理论假定人的道德禀赋天生就具有差别。显而易见，"人治"必然成为实施社会政治教化的前提条件。儒家坚定地认为，教化之实施和普及都有赖于君子、圣人，确信他们的人格与品质具有巨大的感召力量。孔子认为，如果君子、圣人之人格、品质一旦被全国上下所钦仰，他们的行为一旦被全国上下所效法，那么就可以使"德"之精神蔚然成风：

> 君子之德风，小人之德草，草上之风必偃。①

> 为人君者谨其所好恶而已矣。君好之，则臣为之；上行之，则民从之。②

> 陈之以德义而民与行，示之以好恶而民知禁。③

---

① 《论语·颜渊》。
② 《礼记·乐记》。
③ 《孝经》。

上好礼则民莫敬不敬，上好义则民莫敢不服，上好信则民莫敢不用情。①

这样，君上对于臣下，好像"仪之于影，源之于流。仪正则影正，源清则流清"②。可以说，孔、孟、荀等先秦儒家的一个共同思想重心，就是强调"人心""君德"在政治统治中的重要性，认为避免不仁之仁踞其位，便可以保证不致灭种亡国，反之，有了明君贤相，便不愁风俗不淳，家国不治。质言之，国家兴衰，皆系于得人失人。由此便有了《礼记·中庸》中著名的"其人存则其政举，其人亡则其政亡"之说：

有乱君，无乱国，有治人，无治法。……法不能独立，类不能自行，得其人则存，失其人则亡。法者治之端也，君子者法之原也。故有君子，则法虽省，足以遍矣；无君子，则法虽具，失先后之施，不能应事之变，足以乱矣……③

故有良法而乱者，有之矣；有君子而乱者，自古及今未尝闻也。《传》曰："治生乎君子，乱生乎小人"。此之

---

① 《论语·子路》。
② 《荀子·君道》。
③ 《荀子·君道》。

谓也。①

第三，内圣外王。

圣人治世原理的基础在于"治心"，是从道德义务的角度出发，而强调社会伦理整合的优先性和持久性。所以，儒家政治理论必然表现为明显的"内在超越"倾向。这就是所谓"内圣而外王"的思想体系。著名的《礼记·大学》对此做了详细的论证和说明。

所谓"大学"是与专事文字训诂的"小学"而言，意指治理国家的宏观学问。专家研究认为，《大学》一篇，前半部分是由孔子讲述，由其弟子曾子记录而成，而后半部分则是曾子本人的撰著，或由其弟子整理而成。所以，从内容上看，前半部分具有更为重要的理论意义。另外，自宋儒朱熹将《大学》和《中庸》两篇从《礼记》中抽出，重新整理为"四书五经"中的重要内容，并作为科举考试的教科书以后，《大学》和《中庸》就成为"经中之经""典中重典"了。它对传统中国政治理论的实践化，产生了非同小可的影响。一般而言，"大学之道"可以简称为"三纲领八条目"。其具体内容可以浓缩如下：

> 大学之道，在明明德，在亲民，在止于至善。

---

① 《荀子·致士》。

知止而后有定，定而后能静，静而后能安，按而后能虑，虑而后能得。

物有本末，事有始终，知先后，则近道矣。

古之欲明明德于天下者，先治其国；欲治其国者，先齐其家；欲齐其家者，先修其身；欲修其身者，先正其心；欲正其心者，先诚其意；欲诚其意者，先至其知；至知在格物。（"格物"的意思是探究事物之原理。格：推究、理解、掌握。）格物而后知至，知至而后意诚，意诚而后心正，心正而后身修，身修而后家齐，家齐而后国治，国治而后天下平。

自天子以至庶人，壹是以修身为本。其本乱而末治者，否矣。其所厚者薄，而所薄者厚，未之有也。此谓知本，此谓知之至也。① （今译："正如我所厚待人，人反而薄待我；我所薄待人，人反而厚待我，这是不可能的事情。"）

关于儒家"内圣外王"的论述已经十分丰富，此处无须赘言。笔者认为，现代人戴季陶（传贤）的解说，今天看来还是比较全面的。戴季陶将"礼"三部分分为八大类，他说：

---

① 《四书集注·大学》。

第八章　礼治：中国式"政治宗教"

立礼之体，大要有三：一曰民礼；二曰国礼；三曰国际礼。民礼者，民间通用之礼仪；国礼者，国家之礼制，政府所行之节仪；国际礼者，国与国间往来之礼，政府所行仪节用于国际间者也。……邦国之礼、国际礼也，其用主和；统百官者，国礼也，其用重统；谐万民者，民礼也，其用重谐。……此三大礼别之约为八类，属于民礼者五，属于国礼者二，属于国际礼者一。

一、男女之礼，重别尚平；

二、家族之礼，重孝尚亲；

三、乡里之礼，重德尚齿；

四、学校之礼，重贤尚知；

五、社会之礼，重信尚俭；

六、军队之礼，重命尚任；

七、政府之礼，重能尚位；

八、国际之礼，重和尚同。

戴季陶将《国民守则十二条》与传统价值相比较，其结论为：一、忠勇为爱国之本；二、孝顺为齐家之本；三、仁爱为接物之本；四、仁义为立业之本；五、和平为处世之本；六、礼节为治事之本；七、服从为负责之本；八、勤俭为服务之本；九、整洁为强身之本；十、助人为快乐之本；十一、学问为济世之本；十二、有恒为成功之本。第一至五条为"忠孝仁爱信义和平"，实为"八德"之转化；第六至九条为"礼义廉耻"，实为"四维"之转化;第十至十二条为"仁智勇",实为"三达德"之转化。①

以下两图具体说明了如何从"内圣"转化为"外王"的逻辑途径。

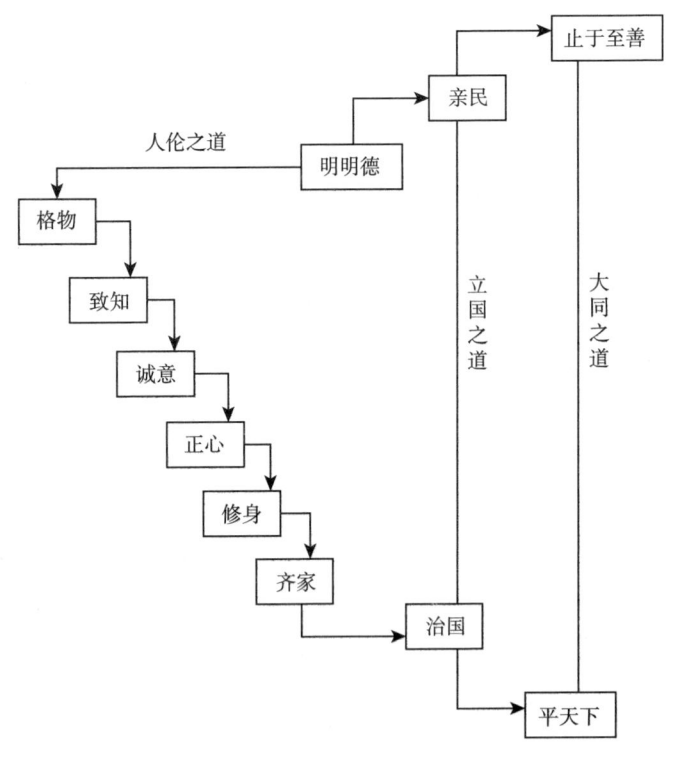

大学之道总纲

---

① 戴传贤:《学礼录》卷一,正中书局1945年版,第11—13页。

第八章 礼治：中国式"政治宗教"

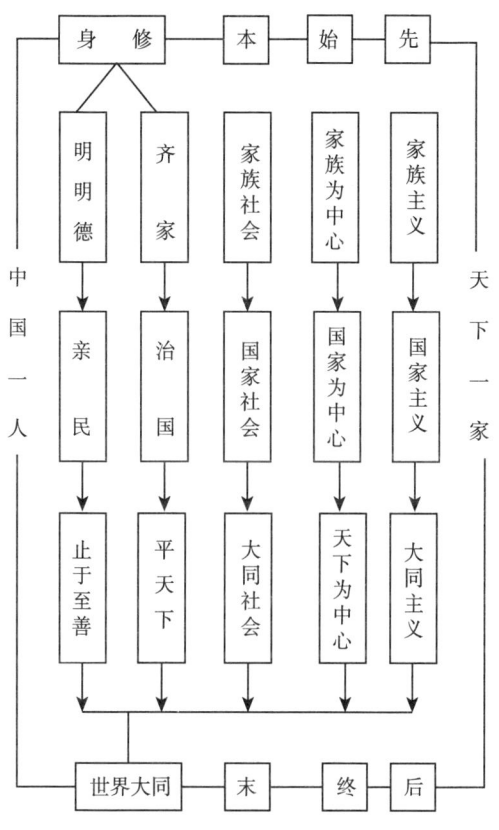

大学之道发展图

这样，"礼"就不仅是一种理论、信念和方法了，它在一定意义上说，可以直接地导入社会政治生活。所以，"礼"打破了"理论—实践"和"神圣—世俗"这一双重的二重性，使"思想"与"社会"、"生活"与"政治"合为一体了。正如黄仁宇先生所说："朝廷上的政事千头万绪，而其要点则不出于礼仪和人事两项。仅以礼仪而言，它体现了尊卑等级并维护了国家体制。我们的帝国，以文人管理为数至千万、万万的农民，如果对全部实际问题都要在朝廷上和盘托出，拿来检讨分析，自然是办不到的。所以我们的祖先就抓住了礼仪这个要点，要求大小官员按部就班，上下他序，以此作为全国的榜样。"①

---

① 黄仁宇：《万历十五年》，中华书局1981年版，第3页。

结　语

"研究笔记"行文至此,我们有必要返回原初问题,检验设问:这项研究究竟是在做什么?原初问题得到了多大程度的解释?这里,我们姑且给出某种独白式的自问自答。

第一,"默会知识"的呈现。

笔者在阅读原始文献并讲授中国传统政治思想时,或许正由于自身中国古代知识常识的缺乏,所以没有先入为主的积累负担,反而强烈地感觉到,在中国传统政治思想之中所运行的一整套思维规则与笔者所已接受的知识训练,不尽一致,甚至完全不同;进一步,这种感觉又引导笔者发现,由于运思规则的不同,直接导致古今之人面对同一个世界时的"问题意识"不尽相同,甚至大相径庭;继续追问就产生了新的好奇:一层是古人为什么提这些问题,而不是提那些问题?(Why do someone ask questions about these, not those?)另一层是他们为什么这样提问题,而不是那样提问题?(Why do someone ask questions this way and not that way?)

出于这样的"问题意识",经由粗糙的爬梳,本书试图提炼和还原"中国思维"的某些思维规则的根系性原理,以此呈现"中国之所以为中国"的思想史"问题意识"之由来,并以此作为对话古代思想精英和解读古典文献的前提路径之一。

但这样提问的时候,实际上我们已经预设,在我们的日常思维过程的内核里,存在着某种"默会知识"(tacit knowledge)。这种自以为知的"无知",在我们举手投足之间都伴随甚至支配着我们,在一定程度上,这些"无知"已渗透进我们的血液和灵魂,我们对这些知识太熟悉了,以至于"已熟悉到遗忘的程度"。比如,不惜血本,"望子成龙",但只问成绩,不问"问题"①的教育理念,实际上折射出的是"光宗耀祖"这一古老家族文化之根深蒂固的价值信仰根基。

出于上述考虑,笔者提出关于中国思维之"史问论域"和"认知论域"这样冒失的大胆划分,并认为对于前者而言,后者其实充当着一定程度上"默会知识"的角色,发挥着隐性的支配作用。正如本书书名所示,这些似乎远离社会政治现实的"知识论",所呈现的恰恰是"中国思维的根系"。

这里需要说明的是,我们这样的知识划分无意忽略"中国思想"在数千年历史时间内的重大变迁,而只是想在这些变迁中抽象出若干原则性道理,也就是明晰故人所谓"天不变,道亦不变"中的"道"究竟指的是什么。所以,本书显然不是一部史学著述,甚至也不是通常的思想史著述,而是试图突破学

---

① 有学者早就提醒,虽然中国人与犹太人都极其重视后代的教育问题,但当关注孩子的教育效果时,中国父母总是问考试得了多少分?在各种排名中占什么位置?而犹太父母则特别关心孩子在课堂上是否提出了好问题?这些问题为什么是深刻的?这些问题的意义是什么?

结 语

科界限而设问,呈现"显性知识"背后之"默会知识"这样一种"知识之知识"的尝试。

第二,中国传统中原始"理性"的现代意义。

中国传统知识观是一种由完整"形而上技术要素"支撑的中国式"理性"体系,尽管这一理性体系与我们今天所更加熟悉的理性体系不属于一种类型。中国传统知识的数理基础之所以有意义,就在于在其之上所形成的价值系统由此获得了合法性证明。正如中国经典所言:"观天之神道,而四时不忒,圣人以神道设教,而天下服矣!"[①]

在中国传统的知识系统中,这种"证明"虽然显示出鲜明的人文主义的性质,但却无疑具有了某些征服人心的"客观依据"。如前所述,中国传统文化以"人"为中心,客观世界只是其主观"期望"的投影,但这种主观的"想象"也并非空穴来风。一方面,它是人类以数十万年计的时间代价和以生命毁灭为实验参照所获得的知识结果,它产生出强大的实用经验效应;另一方面,这一结果竟在两百余年的短暂时间里被另一种全新的现代知识体系所替代,在意识层面成为陪衬"科学"理性的"负担"。在这个"数十万年"与"数百余年"的悬殊比较中,似乎隐藏着人类知识进化的诸多秘密信息。列维-斯特劳斯把这些不可思议的"秘密信息"称为"新石器时代的悖论"(paradoxe néolithique),并建议不要把"前科学"和"科学"两种知识系

---

① 《周易·观卦》。

统对立起来,"而应把它们比作获得知识的两种平行的方式,……与其说二者在性质上不同,不如说它们只是适用不同种类的现象"。①列维-斯特劳斯的深刻之处当然不在于浅薄的伤感主义伦理感慨,而在于通过分析这一悖论的逻辑内涵,为今人理解古人,为重新显现和再认识那些已被我们"误读"但却仍然在深层次支配我们思维的"知识内核",提供可操作的方法论途径。在理论上,我们实在找不出用今天的"逻辑的概念"(conception)去蔑视和否定昨天的"感觉的洞察"(perception)的任何理由,因为现代知识论已确切地证明,perception 毫无疑问的是 conception 的先在基础。

在中国文化传统的整个结构中,各种表达形式都被囊括其中,也就是说,所有这些不同的表达形式可以用同一种技术进行解释,其理论基础具有文化意义上的自洽性和一致性。这样,在纷繁复杂的中国文化系统中就具有了相互之间可能互换的通约性。这一现实从反面表明这一整体性系统是不可分割的,它不是机械的组合而是有机的整体。这一具有整体特征的知识系统已渗透到中国传统文化的方方面面,在农时、婚姻、饮食、生殖、历法、仪式、军事、宗教以及政治都得到具体体现。

一方面,如我们在书中一再提及的张东荪的高论:"中国可以说只有四部门,一曰宇宙观,而曰道德论,三曰社会论,四

---

① [法]列维-斯特劳斯:《野性的思维》,李幼蒸译,商务印书馆1987年版,第18—19页。

曰政治论。这四门完全不分开，且没有分界，乃是浑然在一起而成一个实际的系统的。中国是以一个宇宙观而紧接着就是一个社会观论，这个社会论中包含公的方面是政治，私的方面是修养的道德。显然是以宇宙秩序比拟社会组织，以社会组织决定个人地位。故中国人的修养论依然是具有政治性质的。……总而言之，中国思想是把宇宙、社会、道德等各方面合在一起来讲，而形成一个各部分相互紧密衔接的统系（closed system）。决不能单独抽出其一点来讲。倘不明此理，而以其中某某点拿出来与西方思想比较其相同处，则必定有误解。因为抽出来的便会失了其原义。"①这种"神秘的整体论"（mystic integralism）呈现出某种难以分而析之的可能性，因为一旦进入"分析"，那个"整体"就将整全地消失了。其实这正是心理学上不可分割的"格式塔"原理。

另一方面，这套中国思维体系又呈弥散状态，它渗透在中国传统日常生活的方方面面，时时处处支配着上至天子下至布衣的精神、血液和灵魂，以至于达到"日用而不知"的潜意识程度。因此，这套中国思维形态，不仅是"智性的"（intellectual），更是"心性的"（mentality）；不仅是"思想"（thought），更是"情态"（mind）。离开或抛弃了这些弥散性元素，中国则无以为中国。

由于上述两方面的因素，导致了许多中国文化的费解之谜。

---

① 张东荪：《知识与文化》，商务印书馆1946年版，第101页。

如按实证史学的标准,数千年来,中国没有哪一朝哪一代真正地"一统"过,"统"是形态,"散"是实态,可在这片广袤的地域上,却始终没有形成欧洲式的分散版图;以自利著称的"中国式自我意识"也难得结出参与和崇尚公共生活的积极硕果。这些特质不仅使马克思在总体完成了自己宏大的历史哲学体系之后,不得不留下一个"亚细亚生产方式"的"例外"尾巴,也逼着像魏特夫(Karl A. Wittfogel))和白鲁恂(Lucian W. Pye)这样的大学者们,给出诸如"东方治水专制主义"①和"中国是一个伪装成国家的文明"(China as a civilization pretending to be a [nation－] state.)②一类令人惊奇且耐人寻味的著名论断。不管人们对于类似论断赞成与否,既有的学术脉络和问题意识都仍在期待更加令人信服的深刻的解释性研究的产生。

第三,"共时性"俯瞰描述与比较文化方法。

人们观察过往走过的思想痕迹,原则上可以有"历史的"和"结构的"两种不同方式,换言之,研究者的透视视角和关照心态可分为"历时性"(diachronic)分析和"共时性"(synchronic)描述。当涉及诸如"传统""文化"和"思想"这样的整体性议

---

① 参见[美]卡尔.A. 魏特夫:《东方专制主义:对于极权力量的比较研究》,徐式谷等译,中国社会科学出版社 1989 年版。

② 参见 Lucian W. Pye, *The Spirit of Chinese Politics*, Harvard University Press, 1992, p. 235. 后来,亨廷顿在《文明的冲突和世界秩序的重建》、基辛格在《论中国》之中,都一再重申这一论断。

题时,"历时性"连续性的断代史论,必须与"共时性"的俯瞰式关照相互参照,才能反映出过往遗痕的全貌。

思想和文化的根基性问题必须有整体性的关照,舍此似无他途。

最后,时至今日,人们之所以还对以往的传统感兴趣,在很大的程度上是由于人们无法回避传统惯性与现代性状况的冲突与融合,这正是大文化系统之间比较研究的意义所在。要进行这样的比较,"共时性"描述就不可或缺。如若要考察巴黎、华盛顿特区和北京的城市文化设计和建筑的差异,除了须厘清它们各自的历史发展渊源,站在空中俯瞰其各自的整体性布局,无疑会大大刺激和深化对它们深层理念的视觉感受,即使此时人们对卢浮宫、国会大厦和紫禁城的细部特征还一无所知。

综上而论,"共时性"描述既不是以发现"规律"和证明真理而抽象历史的所谓"宏大叙事",也不是以抓到历史"钥匙"而一劳永逸地实现解释意图的本质主义,而仅仅是一个有用的观察视角,一种便捷的透视工具,一项分析过往的认知取向。

这些就是这本研究笔记的初衷和目的。

附录1：中国思想研究的独特视角
——从《知识与文化》看"中国思想"研究之方法论问题[*]

张东荪先生是现代中国最具独创性的哲学家之一，尤其在中、西文化比较研究方面，更显示出特别的穿透力。他早年翻译过柏拉图、休谟、柏格森和弗洛伊德等人的一批西方文化的奠基性著作，被称为"输入西洋哲学，方面最广，影响最大"的学者。[①] 20世纪30—40年代，像维特根斯坦（L. Wittgenstein）、帕累托（V. Pareto）这些即使在当时西方思想界也并非震耳欲聋的名字，就已经常出现在张东荪先生的著述之中了。他对"中国思想"的论述虽不可谓之多，但对于先秦百家要旨的领悟及其比较，特别是对宋学本质的圈点批评，却又都是那样的特色鲜明。这些足见他知识涉猎的广度和思想洞察的敏锐。1946年由商务印书馆出版发行的《知识与文化》一书，是他思想力作四部曲中的第一部[②]，其中若干论文发表于20世纪30年代中期。该书具有相对完整的论说体系："第一编：从知识而说到文

---

[*] 本文原载《开放时代》2003年第4期，此处略有改动。
[①] 郭湛波：《近五十年中国思想史》，北平人文书店1936年版，第183页。
[②] 其他三部为《思想与社会》《理性与民主》和《民主主义与社会主义》。

化（关于知识的性质）"，"第二编：从文化而说到知识（关于知识的制限）"，"第三编：中国思想之特征"。学者们一般都把第一、二编视为全书的立论核心，而仅把第三编当成这一论证核心的经验验证。正是出于这样的逻辑考虑，人们对"第三编"的研究投入相对薄弱。① 但笔者则以为，如果以"不可替代性"为衡量准则，那么，张东荪先生对于"中国思想"自身特性的剖析，无疑是具有方法论意义的一个独立篇章，而不仅是其知识论研究的派生部分。今天重读这些论述，仍然会被其中那种表面上似乎漫不经心，实际上却深思熟虑的论说所深深吸引，并不得不寻着那些力透纸背的深刻"问题"，试图在一个新的方向上展开另一条路径的探讨。

一、在"知识差异"的比较中"发现"中国

通常所说的"思想分析"，面对的并不是事物和行为本身，而是解释致使这些事物和行为成为可能的理由。当关照这些"理由"时就会发现，我们实际上必然要借助于某些"概念"去思想，而且这些"概念"也必然在某种"框架"之中运行。我

---

① 目前国内张东荪思想研究专家主要有张耀南和左玉河两位教授。其研究成果有：张耀南：《张东荪知识论研究》，（台湾）洪业文化出版事业公司1995年版；《张东荪对冯友兰的超越》，见《原道》第2辑，团结出版社1995年版；《张东荪》，（台湾）东大图书公司1998年版。左玉河：《张东荪传》，山东人民出版社1998年版；《张东荪文化思想研究》，中国社会科学出版社1998年版；《张东荪学术思想评传》，北京图书馆出版社1999年版。张汝伦：《中国现代哲学史上的张东荪》，见张汝伦：《现代中国思想研究》，上海人民出版社2001年版，第481—501页。

们的思考已经受到先在的"概念"和"框架"的约束和支配了。换言之，思想是由概念和范畴所组成的，思想活跃于由概念和范畴所编织的指涉和表达的网络之中。事物和行为只有在这个网络关系中才能显示出意义。而这个"由概念和范畴编织而成的指涉和表达网络"就是所谓的"知识系统"。① 有什么样的"知识系统"，人们就会赋予事物和行为以什么样的意义，从而就形成了不同的思想体系。专家们比较这些不同的思想体系，研究它们在知识进步中的位置和贡献，就成为"思想史"。即使是福柯（Michel Foucault）意义上的"非观念史的思想史"也不能根本摆脱这种认知的约束。在这个意义上可以说，思想史研究就是"知识体系"之间差异性的比较。

以上概述并非笔者的创造，而是对张东荪先生思想史观念的简要概述。基于中、西方哲学的双重理解，张东荪先生认为，要评价某种思想体系，必须首先考察其"知识体系"的性质与格局，这与其说是思想研究的必要深入，不如说是对它的基础还原。所以在阐发"中国思想之特征"这一论题时，他把中、西方"知识体系"的比较放到了极其重要的位置上。张东荪先生指出，所谓"知识体系"可以从"文化轨型"（cultural pattern）和"思想轨型"（thinking pattern）两个角度考察，社会学研究侧重于

---

① 在《知识与文化》的"附录"中，张东荪先生收录了自己《从中国言语构造上看中国哲学》和《思想言语与文化》两文，对语言与思想和文化的关系做了详尽的专门阐述。严格地说，语言分析是知识分析不可逾越的路径，尤其是思想和文化研究不可或缺的环节。但由于本文目的的限制，这里一概省略。

附录1：中国思想研究的独特视角

前者，而思想史分析则侧重于后者。如果说"文化轨型"关涉的是行为（activity），是如何"把行为变为习惯"，使"行为之轨道化"，那么，"在思想上这些轨道却就是概念。详言之，即是用作左右其他思想时的概念。这些概念在人们心中潜伏着。其潜伏是由于习惯与社会熏染。人们作思想时其潜伏的格局便起来，作为轨型，使思想在其中进行着。这些概念即上文所谓等于尺度的，专用以衡量其他"①。这也就是说，有什么样的范畴建构，就会产生什么样的思想格局。如果说，思想史研究并不仅是前人"事件评论"的言论汇编，而且更是某种概括"意义世界"的视角与方法，那么，概念和范畴本身以及它们之间的联系方式，就将成为思想史研究的重要方面。通过这些不同概念和范畴的比较，才能展现出各种思想体系之间的差别。而这些"差别"正是某种思想体系的特色之所在。

在宏观的角度上，中、西方思想的差别要比中国思想内部的差别大得多，所以在张东荪先生看来，进行中、西方思想的比较就成为判断中国思想之性质的第一步。他指出，西方文明是主智的文明（intellectual civilization），这种文明的特征是要追问终极实在，本质上是一种物理学，探讨自然界的物之内在法则，目的在于理解和支配自然。这"既满足了智性探索的欲望，也满足了为人所用的功能"；中国文明则以人事（homocentric）和道德（ethicocentric）为中心，其突出特征是强调人类自身的状况

---

① 张东荪：《知识与文化》，商务印书馆1946年版，第125页。

和人际差属的关系。历史文化的高度发达,本身就极其明显地透露出这种特质的信息。叙述历史上的故事,整理先人们的事迹,言说以往的记忆,其目的"并不在于求真,其真实的功能乃是在于垂训","所以中国人的历史学在其初只是伦理学的应用方面"。① "以易、书、诗、礼、乐、春秋而言,书是文告,春秋是纪事,二者皆属于历史范围,而诗是歌谣,一半属于乐,一半仍是史。礼是风俗仪式。独有易有些关于宇宙的组织。"② "中国思想"的设置格局之所以如此,在知识论方面的原因则是概念与范畴的建构有所不同。

为了比较中、西方思想的这些差别,张东荪先生归纳出"西方思想"的 55 对范畴和"中国思想"的 20 对范畴。

西方思想 55 对常用范畴表

singular(单一的)/plural(复数的)	independent(独立的)/dependent(依赖的)
positive(积极的)/negative(消极的)	determinate(断然的)/arbitrary(无常的)
subjective(主观的)/objective(客观的)	causal(因果的)/reciprocal(交互的)
partial(部分的)/total(整体的)	creative(独创的)/given(馈赠的)
extensive(广阔的)/intensive(密集的)	integral(整合的)/divisible(拆分的)

---

① 张东荪:《知识与文化》,商务印书馆 1946 年版,第 104—105 页。
② 张东荪:《知识与文化》,商务印书馆 1946 年版,第 100—101 页。

附录1：中国思想研究的独特视角

(续表)

existential（现存的）/subsistent（固有的）	natural（自然的）/artificial（人为的）
immanent（内在的）/transcendental（直觉的）	structural（结构的）/functional（功能的）
relative（相对的）/absolute（绝对的）	analytical（分析的）/synthetic(al)（综合的）
particular（特殊的）/universal（普遍的）	general（概括的）/conditional（实况的）
abstract（抽象的）/concrete（具体的）	dynamical（动力的）/static（静力的）
formal（形式的）/material（质料的）	simple（单一的）/composite（复合的）
original（本原的）/derivative（派生的）	eternal（永恒的）/temporary（暂时的）
actual（现实的）/potential（潜在的）	identical（同一的）/different（差异的）
real（真实的）/possible（可能的）	conjunctive（结合的）/disjunctive（分离的）
essential（基本的）/accidental（附属的）	constructive（建构的）/destructive（毁坏的）
implicit（含蓄的）/explicit（明确的）	limit（限制的）/unlimit（非限制的）
qualitative（质量的）/quantitative（数量的）	generic（统属的）/specific（具类的）

(续表)

immediate（直接的）/mediate（中间的）	in principle（原则的）/on occasion（殊宜的）
active（主动的）/passive（被动的）	intrinsic（原本的）/extrinsic（附带的）
substantial（实质的）/relational（关系的）	a priori（优先的）/a posteriori（置后的）
homogeneous（同质的）/heterogeneous（异质的）	similar（相似的）/dissimilar（不同的）
necessary（必需的）/contingent（有条件的）	elementary（初步的）/fundamental（根本的）
finite（有限的）/infinite（无限的）	rudimentary（初始的）/final（最终的）
mutual（相互的）/parallel（平行的）	definite（限定的）/indefinite（非限定的）
in itself（自我的）/by other（他者的）	major（主要的）/minor（次要的）
internal（内部的）/external（外部的）	come to be（being）（运动的）/cease to be（non-being）（静止的）
present（在场的）/absent（缺席的）	as means（手段的）/as end（目的）
ideal（理想的）/real（现实的）	

资料来源：张东荪：《知识与文化》，商务印书馆1946年版，第127—128页。资料原文中并没有翻译，中文译文如有错误，由引用者负责。

附录1：中国思想研究的独特视角

中国思想 20 对常用范畴表

有/无	本/末	顺/逆	反/复
阴/阳	实/虚	离/常	正/负
先/后	始/终	同/异	主/从
自/他	分/合（全）	内（中）外	上/下
公/私	治/乱	体/用	能/所

资料来源：张东荪：《知识与文化》，商务印书馆 1946 年版，第 130—131 页。

中、西思想体系之间的明显差异，在于划分范畴的标准有所不同，而其背后则隐藏着两种不同的认知方式。上述所谓"思想轨型"，其实就是指"思想"（借助于语言）被"安排"在这样一个范畴框架之中运行。每一种框架都会产生不同的逻辑，这种特定的逻辑决定了思想的不同性质，但它们之间没有高低之分，也不涉及对错问题。就此而论，中、西思想的差别属于"性质"的不同，而中国思想内部之间的差别则属于"问题"的不同。[①]

为了说明中、西方思想范畴的差异，张东荪先生专门就西方的"本质"（英文 substance，也可译为实质、根据、理由等）与中国的"本"这两种基本范畴进行了比较。

在西方，范畴划分以**"本质"**（substance）为标准。这个

[①] 近期有关的研究成果，参见 E. Nisbett, Kaiping Peng, Incheol Choi and Ara Norenzayan, "Culture and Systems of Thought: Holistic vs Analytic Cognition", *Psychological Review*, Vol. 108 (2), 2001, pp. 291–310.

"本质"是事物与事物相区别的根本依据之所在，或者说，"本质"是该事物之所以成为该事物而不是他事物的理由（reason）。所以在 substance 的词义中本根就内含有"理由"的意思。具有相同"本质"的事物属于"同质"（homo-），具有不同"本质"的事物属于"异质"（hetero-）。不同"本质"的事物被归类在不同"界"（kingdom）的框架之中，它们之间具有明确的界限，不能相互混淆。这就是"范畴"（category，也可译为"分类"）一词的基本含义。如在自然方面，"生物"之中有"植物"和"动物"两"界"；在"植物界"又产生"木本植物"和"草本植物"两"门"……在"动物界"则产生"脊索动物"和"非脊索动物"两"门"；在"脊索动物"门之下再产生"哺乳"和"鱼"两"纲"；在"哺乳"纲下再划分出"食肉""杂食"和"草食"三"目"。这样，一方面，"人"不能在"门"的框架下混同于"植物"；另一方面，"人"仅作为"杂食动物"之一种，其自身也不具备超越其他生物的性质。在哲学方面，事物按不同的"性质"被划分为"客观的"和"主观的"，由于二者"异质"，所以必须区别，不能混淆。这就是所谓的"统属性思维"方式（subordination thinking）。

由于按照"本质"的准则划分世界，其问题指向则是"世界究竟是由什么所构成的"。这种思维取向反映在自然事物方面，就很容易地导出"实数""质量"和"元素"等概念；而反映在政治事物方面，就必然产生"主权"的观念。因为这些东西都是某一事物之所以成为它自身的基本要素，是该事物与他事物区别的原因。所以，没有"主权"的政治，就像没有"实数"的数学，没有"质量"的物理学和没有"元素"的化学一样地不可思议。显然，在这样的思维框架中，"人"只是动物类别中的一种，其本身并不具备任何超越其他事物的理由。换言之，作为一种"特殊动物"的人，其自身并不是创造其他事物的源头，不能被当成判断和决定其他事物的最后依据。① 显而易见，只有具备了"本质之本质"（the substance of substances）性质的东西，才可能拥有终极实在的创始意义。这个具有超越万事万物的创始能量究竟是什么？唯一的答案只能是 God！自然万物，包括"人"在内，只不过是这种终极实在的形象彰显而已。由是，在西方思想体系中，"宗教"又成了一个"绝对必要的领域"。涉及政治方面，作为君主个人，无论其身份多么显贵、权力多么广大、财富多么丰盛，但在理论上都不足以构成产生"政治主权"的终极理由，而这种具有"本质之本质"性质的权力，只能逻辑地归属于"神"了。所以，从基本范畴设定的角度上看问题，在西方思想中，诸如"'科学'与'宗教'在'本质上'具有内在的同一性"；"理论上'君权'不可能是'绝对的'，而必须经由'神授'"；甚至在一定意义上"'神学'（theology）是西方思想的'理论'（theory）基础"等一系列命题，才能被完整地理解。

---

① 显然，笛卡尔著名的"我思故我在"命题是对这种范畴的重大突破，所以我们才称他为"理性主义启蒙哲学"的代表人物。

相对而言，中国人范畴划分则以**"功能"**（function）为标准，而这个"功能"的出发点和归宿点都不是超越之"神"，而是"人"自身。所以，在中国传统政治思想中，所谓"身体政治"极其发达。① 众所周知，汉语中"本"字也是一个基本的范畴，但其含义却与西方的"本质"（substance）截然不同。

明白了中国人设定范畴的原则是"重视事物外在功能、作用和事物运动的形式，从而引出功能原则的倾向"，即"从功能的角度了解其本质"，我们就清晰地看到了关于"越古、越老就越好"的"历史意识"和关于"主—从""顺—逆"这样的伦理和政治秩序的思想根源。我们也就不会觉得从"树根"这样的"图形"推导出"顺民"和"逆臣"这样的政治价值判断，有什么不可思议的逻辑错误了。这样，我们就能确切地理解为什么前汉大儒董仲舒在其皇皇巨著中反复对"人体之上半部分（本）优越于下半部分（末）"进行严肃论证。② 我们也能清楚地说明为什么在中国文化系统中，天文、医学、数学、政治、化学和

---

① 参见黄俊杰：《中国古代思想中的"身体政治学"：特质与涵义》，见《国际汉学》第4辑，大象出版社1999年版，第200—220页。
② 董仲舒云："天地之象，以要为带，颈以上者，精神尊严，明天类之状也；颈而下者，丰厚卑辱，土壤之比也；足布而方，地形之象也。是故礼带置绅，必直其颈，以别心也，带而上者，尽为阳，带而下者，尽为阴，各其分，阳，天气也，阴，地气也，故阴阳之动，使人足病喉痹起，则地气上为云雨，而象亦应之也。天地之符，阴阳之副，常设於身，身犹天也，数与之相参，故命与之相连也。"（《春秋繁露·人副天数》，上海古籍出版社1989年版，第75页。）

附录1：中国思想研究的独特视角

道德都统统被混合在一起。① 最后，我们更能顺畅地接受为什么在中国固有的认知框架中并没有给"神"留下最终判决的绝对位置，而家族中的"祖宗"却充当了一个不可或缺的权威角色。

当把西方范畴中的"本质"（substance）与中国范畴中的"本"作一比较之后，范畴设定对于思想性质的限定意义就突出地显现出来了。我们把张东荪先生的表述整理成表格，中、西思想起码在六项要素上具有差别：

中、西思想方式差别比较表

比较主题	中国思想	西方思想
思想本质	类比论（analogy）	本体论（ontology）
表现形式	符号（symbol）	形式（form）
思维目标	道德历史（moral history）	终极实在（ultimate reality）
终极实在	政治（politics）	宗教（religion）
论证方法	文化解释（interpretation in cultural）	因果分析（analysis in cause）
关照层面	具体（concrete）	抽象（abstract）

资料来源：根据张东荪《知识与文化》，商务印书馆1946年版整理而成。

此种限定意义告诉我们，不同的思想范畴决定了不同的思想性质。粗糙地直接套用西方范畴框架去分析中国思想，存在

---

① ［英］李约瑟：《中国古代科学思想史》，陈立夫主译，江西人民出版社1990年版，特别是"第六章 中国科学之基本观念"。

着相当大的学术风险。很可能由于混淆不同思维范畴而在思想史研究的对象方面"张冠李戴",对于特定思想史内在理路的概括也会"随心所欲"。虽然在表层论说上振振有词,但在深层理路上却是离题万里。比如,用"民本"去比附"民主"就是显著的例证之一。而**有意识地**在中国故有的范畴框架中去解读历史资料,则是避免研究失误的措施之一。

二、在"社会适应"的框架中寻求"理由"

研究经验证明,仅仅从概念和范畴角度去解读思想史是远远不够的,因为那样势必忽略产生思想差别的历史层面的分析,这对于不同民族之间"思想格局"差别的分析尤其如此。作为学贯中西的哲学家,张东荪先生对此非常敏感。他指出:"范畴虽是思想的格局,当然使用起来有左右思想的力量。然而范畴的发生却又由于思想自身的发展。哲学的思想与理论的知识以及观察的态度在此足以改变范畴,用以左右后来的思想。所以范畴是随着文化而发展的。有增加又有改变,并不是一成不变的。"① 这也就是说,某种特定的思想体系是某种特定社会结构的产物。在"社会结构的要求"与"思想体系的回应"之间,构成了某种互动的适应状态,由此使某一社会形态进入一种自然而然的"生活—思想的路径"之中。一种文化之所以能长时期持续性地存在,在很大程度上就依赖着这种"自恰的路径"

---

① 张东荪:《知识与文化》,商务印书馆1946年版,第129页。

(becoming path)。所以,张东荪先生认为,研究"社会需要"的外部情境又是分析"思想格局"内部逻辑必不可少的环节。简而言之,特定思想的根基一定发生于具体社会历史情境(historical context in such society)的土壤之中。

所谓进入历史情境,就是说不能以实际上体现了今人"社会需要"的现代观念去理所当然地推测和评价古人,而要以当时的"社会需要"作为衡量和判断历史思想之本来意图和原始动机的准绳。在这种意义上,愈是在今天的逻辑中显得极不合理,甚至是不可思议的思想,但它们确曾是长期支配过去思想世界的主流意识,它就愈应当引起研究者的重视,就愈是值得去重新发现和仔细分析。这种现象很可能意味着某种具有"特殊性"的思想方式和逻辑结构在发挥着作用。在"今日之非理性"与"历史之理性"的张力之中,可能隐藏着太多的"思想权力"的秘密信息。在一定程度上,我们必须"在思想框架内看思想",这样才能对"思想"进行"释读"。所以,对"历史情境"的高度关怀,就不只是为了准确理解思想原意,而且更是"思想史"研究之根本价值和研究魅力之所在了。

正是在这一思想前提的指导下,张东荪先生对"儒家为什么能成为中国思想的主流"这一问题,做出了不同于前人的独特分析。他指出,在纯粹"思想"的意义上,并不能说儒家就比其他思想流派更为深刻,但在中国家族主义的社会结构中,"人"成为宇宙万物的重心,人们对社会人际关系的解释要远远超越对自然现象的探索。这样,政治和道德问题自然成为思想话语的优势主题。在这一社会情境中，儒家那一整套"忠""孝""仁""义"的政治伦理学说，正好与中国社会结构的需要相符合。而且这套政治伦理，起码在理论创始的原意上，发挥着"平衡与调试"的社会功能。例如，"所谓'忠'完全是社会政治上实际的要求。'忠'与'逢恶'完全不同。例如甲嗜酒，其子苦劝其戒之。甲本人自然是不高兴。但其子却是'孝'。如果用于君臣之间，即为忠臣。反之，每天拿好酒送他吃，则不是孝，不是忠，乃是逢恶。因为饮酒是伤身的。……可见，中国旧式的忠孝，在表面上是顺的（即顺君父之意），而实际上却是逆的（即反乎君父之意）。顺的无需要。只有这个逆的一方面，在社会上政治上有需要"[①]。所以在中国社会早期，儒家倡导的亲、仁、孝、悌等观念并非无的放矢，恰是当时社会需要的反映。当"家族主义"扩张为"天下主义"的社会格局以后，分封建邦被中央集权所替代，中国社会形成了"权力政治的君主制度"。随着政治权力的集中，必然从中产生两种不可避免的后果：一个是君主之个人权力的膨胀与扩张，另一个则是政治权力的迅速腐败，二者相辅相成。因为，政治权力一旦不受限制，个人意志的随意性就会损坏权力的自然平衡，绝对的权力必然走向绝对的腐败。这时抑制腐败的政治因素也就必然同时出现，否则政治系统将由于要素失衡而陷入崩溃。秦王朝的短命就是"绝对权力"迅速走向毁灭的典型范例。张东荪先生说：

[①] 张东荪：《知识与文化》，商务印书馆1946年版，第119页。

附录1：中国思想研究的独特视角

虽然集中权力是统治者所梦寐以求的，但是这对他们来说也有不可避免的副作用。"权力政治总不免于要自身中毒。好像贪吃酒的人，愈吃便中毒很快。但是有吃酒的嗜好的人却是总要吃。不过亦有些人觉得旁人劝他戒酒是好意与爱他。即是中毒便有需要去时时注射血清，纵使不能尽去其毒，却至少可以使其毒不致加速的进展，便可延长寿命。士阶级对于权力政治的君主制度，正好像血清注射之于自身中毒的人。"① "于是乃有士阶级出来，一部分去做官僚，以助帝王经营广大的领土，另一部分却真代表士的使命，专作由下而上的对抗力，以谋政权与人民利益得一个'平衡化'。……士阶级在政治上是好像一个通风穴，一个清血针，比较上近于对抗，不近于维持；而在社会上却正相反，乃是社会的一种维持力。社会上家庭间全靠这种人主持伦常与礼法。"② 所以，"儒士"就在政治和社会的双重角度上发挥着"劝诫"与"维持"这两种相反的功能，实际上起到了延长"权力政治的君主制度"寿命的明显效果。"由于政权如果集中了，（集中）于君主一人之手，自然而然会腐化下去，或流于暴虐，故实际上需要一个救济的办法。这不但社会上需要有此，即君主自身有时亦觉得有此需要。"儒学之所以能超越其他思想流派而长期占有思想上的正统地位，实在与其"用柔软的态度以救济暴政"的功能有关。③ 应当指出，这种特

---

① 张东荪：《知识与文化》，商务印书馆1946年版，第110页。
② 张东荪：《知识与文化》，商务印书馆1946年版，第109—110页。
③ 张东荪：《知识与文化》，商务印书馆1946年版，第110页。

殊的"文化治疗",毋宁说是中国政治结构中诸社会要素适当（suitable）配置的必然结果。其中,各种要素的不可或缺性是一方面,而这些要素的适当组合则又是另一方面,并在此基础上形成了某种地地道道的"中国政治机制",使该结构变得"活"多了,呈现出自我调节和高度适应的有机特征。所以,"儒家之所合乎社会政治所需要的地方却不在于有被利用的可能性。而反在其足以用柔软的态度以救济暴政,致使政治不至于十分趋于暴虐。这种柔软的态度即只是净谏与劝阻,而和反抗不同。故训'儒'为'柔',想来即以此之故"。进一步,既然"儒士"把自我定位在"君师"和"民导"的使命上,那么就"不能不在自身上先有一个根据,就是自己必须有极高度的修养。换言之,即必须把自己先弄得和圣人贤人一样,然后才足以感化他人"。所以,道德问题在儒家那里就显得极为重要和突出了。儒家讲究"达仁","养浩然之气",把"修身"看成"齐家""治国"乃至"平天下"之基本功,道理就在于此。[①]

中国传统政治不仅在组织理念上呈现"思想与社会相适应"的状况,在纯粹的思辨命题方面也反映出这一特征。"人性论"的争论可以算作其中之"最"了。关于"人性"的判断问题,在中国先秦历史上就有孟子"性善论"和荀子"性恶论"两种不同看法。按张东荪先生的看法,所谓"思想研究",首先不是去简单地赞成或反对哪种理论,而是应当对这些理论的历史背

---

① 张东荪:《知识与文化》,商务印书馆1946年版,第109页。

景、逻辑前提和目的动机进行考证。这样做的目的也不是对各家观点本身给出"真与不真""对与不对"或"好与不好"的价值判断，而是"立于旁观地位以看其是否从这些（文化）需要上而推出来的。如果是的，那便可以说是合乎逻辑的"①。

从孟子的情况看，在他生活的那个年代，诸侯争雄，暴政已见。所以孟子就在政治方面强调"仁政"以解时弊。而在思想方面，孟子又提倡"集义"，即通过"礼让""敬长"等修身教育，以维护等级差属的社会秩序。前者强调政治改善，后者提倡个人训育。要把二者贯通一体，于是就有了"人性"论说的思想要求。因为，只有坚持人性本善，把"仁政""集义"说成是人性中固有的要素，才能证明恢复这种固有之物的合理性。这样就形成了"善（固有）→ 恶（变体）→ 善（恢复）"的一套逻辑。荀子的时代已与孟子不完全一样了，他所面临的已不仅是诸侯暴政，而是更进一步的政治纷乱。这时人性恶的方面暴露得更为明显，他要解决的是如何使人不得不安守秩序的问题。安守秩序于何处？约束自我的依据又何在？于是"礼"自然成为他强调的重心。要约束于"礼"就必须在理论上给个理由，只有相信人性本恶，才能解释"人"被"礼"所约束的必要性和恰当性。于是又形成了"恶（固有）→ 善（改良）"的另一套逻辑。孟、荀的区别只是根据论证的自恰要求，预先设定了善、恶在逻辑前提上的先后次序，但在其根本目的方面却

---

① 张东荪：《知识与文化》，商务印书馆 1946 年版，第 111 页。

是完全一致的，都是以最后成善为最终关怀。所以说，虽然二者针对不同的历史条件，提出了实现善的不同方法，但是就其思想性质本身而言，应属于同一类型，在政治思想上并没有发生什么根本的"颠覆"和"革命"。所以，张东荪先生说："故理论知识根本上只是'理由化'（justification）。其作用在于文化，而不在于其对象，亦即使文化上发生变化，而不在于真正说明对象是什么。因为其据点是政治要求和社会要求，在这些据点上架一个桥，把它们连起来，即是理论。所以理论本身亦就是文化的产物。"如果我们脱离历史背景和问题情境，直接面对对象本身，硬要去辩论人性善恶的横竖曲直与真假对错，那么我们就掉进了"伪问题"的陷阱，因为"性善""性恶"本来在各自的思想系统中都有其独立的充分依据，"人性在本质上是不能实证的"。①

所以，张东荪先生的结论是："从文化的观点来看，逻辑、形而上学、道德、政治都在一个需要上打成一片。……表面上是逻辑，暗中只是一种社会思想；表面上是形而上学，而暗中只是一个道德问题；表面上是道德理论，暗中只是一种政治运动。再换言之，即某种政治运动必需要某种道德为基础；某种道德必需要某种形而上学为其保障；某种形而上学必需要某种逻辑为其工具。所以文化是个整个的。"② "理论只是填满文化

---

① 张东荪：《知识与文化》，商务印书馆1946年版，第111页。
② 张东荪：《知识与文化》，商务印书馆1946年版，第222页。

上要求间的空隙，而使各种要求以联络，遂得一满足。"① 换言之，所谓政治理论，即是"对于社会秩序作一个'合理的辩护'（rational justification），以便容易使人们相信。其实以人之有君臣父子等于宇宙之乾坤坎兑，乃是一种'比附'（analogy）"。由于比附方法具有极大的暗示力（suggestive power），所以它在思想上的功用是最大的。实现了这一"满足"与否，应成为判断某种思想体系，特别是政治思想体系的客观标准。② 至于历史上某种思想体系是否符合今天的社会需要，则是应另当别论的一个问题。

三、凸显"中国思想"之特质

在把中国文化与西方文化做了一番分析比较，再把传统思想置入历史语境中进行解释之后，张东荪先生概括出了"中国思想"的若干鲜明的特征。简要来说就是："中国思想"是没有"本体"的"整体主义"体系。由于这一因素的影响，在政治思想方面，中国传统中不仅绝无"民主"理念可言，而且也不可能产生绝对独裁的理论体系。

张东荪先生说，在西方思想中所谓"本体"（即本质），是指万事万物的那个"底子"，即宇宙的原材料（ultimate stuff or substratum），所以其思想的重心就放在"质料"方面。因此对

---

① 张东荪：《知识与文化》，商务印书馆1946年版，第111页。
② 张东荪：《知识与文化》，商务印书馆1946年版，第100页。

于物理的考察就成为自然而然的事情了。而"中国人却始终只有'整体'（integral whole）的思想，即主张万物一体。我们不可把'整体'即认为是'本体'"。《周易》中虽然没有"本体"思想，但其形式却是一种典型的"有机哲学"（organismic philosophy），其中的"太极""太一"被当成了宇宙的原始，由"一"而"化"（becoming）出了万事万物。"整体"就是把宇宙当成"一个"，即所谓"万物一体"是也。因此就极容易把"材料本身"与"材料所造者"混为一谈。最典型的例子是，"生"在中国文化中占有极其重要的地位，但中国人从不问"生是什么"（材料本身），而只是关心"如何以生"（材料所造者）。这种"问题意识"的特征证明："不注重'本体'的倾向已经成为中国思维的一种心理习惯了。"[①] "因此我们中国人所追求者不是万物的根底，而是部分对于整体的适应。这就是所谓天与人的关系。""所谓适应即是天人通。中国思想自始至终可以用'天人关系'四字概括其问题。"落实到社会政治层面上，"中国人的'君''臣''父''子''夫''妻'完全是一个'函数'或'司职'，由其互相关系，以实现社会全体。故君必仁，臣必忠，父必慈，子必孝。如君不仁，则君不君；臣不忠，则臣不臣；父不慈，则父不父；子不孝，则子不子。等于目不能视便是盲，目盲便不能再成为目；耳不能听便是聋，耳聋便不能再成为耳。此种君臣父子的职司是等于乾、坤、巽、离、坎、兑、震、艮，

---

① 张东荪：《知识与文化》，商务印书馆1946年版，第101页。

在宇宙上各有定位一样。这便是以宇宙观直接应用于社会与政治。大概古代人们所以需要宇宙观之故乃是目的在于确定社会秩序"①。

所以，如果说"中国思想"有什么最为突出的特征的话，那么，"整体性思维"无疑最突出："于是中国（思想）可以说只有四部门，一曰宇宙观，二曰道德论，三曰社会论，四曰政治论。这四部门完全不分开，且没有分界，乃是浑然连在一起而成一个实际的系统的。中国是以一个宇宙观而紧接着一个社会论，这个社会论中包含着公的方面是政治，私的方面是修养的道德。显然是以宇宙秩序比拟社会组织，以社会组织决定个人地位。故中国人的修养论依然是具有政治性质的。……总而言之，中国思想是把宇宙、社会、道德、政治等各方面会合在一起来讲，而形成一个各个部分互相紧密衔接的统系（closed system）。决不能单独抽出其一点来讲。尚不明白此理，而以其中某某点拿来与西方思想比较其相同处，则必定有误解。因为抽出来的便会失了其原意。"② "中国的思想始终不离所谓整体主义，即把宇宙当作一个有机体。……这个整体思想在表面是讲宇宙，实际上却是暗指社会。即把社会当作一个有机体，个人纯是为社会服务，所谓尽性，所谓知命，都是指此。"③ "若中国的旧有名词来表达之，则于社会的秩序名曰'人伦'

---

① 张东荪：《知识与文化》，商务印书馆1946年版，第102页。
② 张东荪：《知识与文化》，商务印书馆1946年版，第101页。
③ 张东荪：《知识与文化》，商务印书馆1946年版，第99—100页。

(Human order);于自然的秩序名曰'物则'(Natural order);于神的秩序名曰'天理'(Divine order)。而所谓混合的秩序即是人伦、物则、天理之合一。"构成了一个"神秘的整体论"(mystic integralism)。①

同时,由于在这个混合的思维系统中,"主观"(subjective)与"客观"(objective)并无严格的区分,"只是想以整体思想作为个人在社会上尽其职能的形而上理论依据而已。这种形而上学乃是为了社会上的作用而起的",所以,"个体"从"总体"中分离出来的意识就不很发达。② 而从这个思想格局中衍生出来的"空间",就只能是整体之中各因素之间的"关系","空间"只是物与物之间相对位置的等级秩序(relative positions in hierarchical order);而"时间"也就不会被认为是一直流淌着的无限矢量,而必然是流动于整体内部之中的周期循环秩序(periodical order)了。"这些都与社会政治有直接关系。前者足以助社会之有阶级与身份,后者足以解释政权之代替(即革命)。故严格讲来,中国思想上只有'转换'(alternation)而没有'变化'(change)。"③ 由于在万物整体框架中,"空间"只是"等级",反映在"家族"(社会)中是"父—子",反映在"家国"(政治)则是"君—臣";"时间"只是"循环",反映在"人"是代际接替,反映在"族"则是种姓繁衍。显

---

① 张东荪:《思想与社会》,商务印书馆1946年版,第181页。
② 张东荪:《知识与文化》,商务印书馆1946年版,第117—118页。
③ 张东荪:《知识与文化》,商务印书馆1946年版,第102页。

附录1：中国思想研究的独特视角

然，在这个"等级的空间"与"循环的时间"完全重叠交错的结构之中，不可能生长出"个体的人"（person），至于"个人主义"（individualism）的社会价值就更是无从谈起了。而缺乏独立的"个体"观念，就绝不可能理解"自由"究竟为何物。① 这样我们就很容易地理解，传统中国中"士"的阶级虽然具有政治教化的使命，但决不会采取西式的功利主义方式，因为功利主义是以个人为出发点的。② 熟悉西学理路的张东荪先生指出，"凡以个人本位的反可因各个人相同而趋于共利。有共利则彼此而相安。中国没有功利主义，每一个士皆自以为替天行道。于是你一个道，我一个道，反而有互相冲突情形发生了"③。这是说，"整体主义"的认知方式只能得到"分散的社会"，而

---

① 哈耶克在《个人主义：真与伪》一文中，对"个人主义"与"自由"的关系做出了相当精彩的论证。参见［奥地利］哈耶克：《个人主义与经济秩序》，贾湛等译，北京经济学院出版社1989年版，第1—31页；另外参见［英］史蒂文·卢克斯：《个人主义》，阎克文译，江苏人民出版社2001年版。

② 张东荪先生是在西方伦理学体系的框架下使用"功利主义"（utilitarianism）概念的。这一思想强调"道德"与"利益"之间的相关性，而把实现"最大多数人的最大幸福"作为解决道德纷争的根本原则。在这个意义上，"功利主义"与"快乐主义"不同，它不再强调个人的满足与幸福，而是"社会的普遍利益"。这个"社会的普遍利益"是一个整体，一个总额。评价一个社会是否道德，就看这个"总额的数量"是否有所增加。但是"功利主义"不仅不否定"个人利益"，而且毋宁说是"个人利益"的扩大和延伸。因为"个人拥有获利的权利必须以尊重别人也拥有同样的权利为前提"是"功利主义"的理论准则。所以我们就不难理解，为什么著名的"功利主义"理论家边沁、密尔、西季维克无一例外的都是公民自由和政治自由的坚决捍卫者。参见何怀宏：《公平的正义》，山东人民出版社2002年版，第60—70页。

③ 张东荪：《知识与文化》，商务印书馆1946年版，第111页。

"个体认知"的理论前提则反可得到"公共的社会"的道理。

在《知识与文化》一书中,张东荪先生最具有冲击力的论点应当是"中国自始至终无民主主义的政治,同时亦决无赞成专制或独裁的政治理论"[①]的说法。乍听起来,这一结论的后半部分近乎痴语。但张东荪先生自有其论说的依据和道理。在肯定了"中国思想"具有"整体性结构"的前提之后,张东荪先生接着推论,如果说中国政治只是一个绝对专政的体系,那么就会形成"君→民"这样支配与被支配不可逆的关系。但实际上,中国政治思想的结构却是"天←→君←→民←→天"的循环圈。在这其中"天"这个因素发挥着重要的政治作用。"'天'有二个意义:一是等于西方的'nature';一是等于西方的'God'。会合起来却颇似中世纪学者的'natura naturans'。有时就代表那个整体,即人亦包括在内。有时却只代表人以外的其他宇宙部分,用以表明人必与其他相适应。总之是由于整体作背景,则'天'方起作用。天之起作用于社会政治上更是显然的。中国人论到政治的好坏问题,无不把天视为标准。其于治者与被治者之关系中,亦必以天为第三者插入其间。……治者在一方面是统治人民,在他方面却须被指示于天,即由天所指示。人民在一方面须受统治于治者,在他方面即其好的方面则民意即等于天意。故天、治者与人民,三者是互相关系的。即治者承天命而治人民;人民被治于治者而又自代表天意。这种三角关系可以成为

---

① 张东荪:《知识与文化》,商务印书馆1946年版,第103页。

循环。在这一点上先秦各派却是共同的,他们都是取法于天。"①

当然张东荪先生的洞察还不止于此,因为作为一位信仰民主主义的严谨哲学家,他所说"专制或独裁的政治理论"完全是在近代政治思想的意义上使用的。他在别处曾反复指出,所谓政治上的"绝对主义"(absolutism)体制,只是近代西方民族国家兴起以后的产物,是"国家主权"(sovereignty by the nation-state)理论替代"神授主权"(sovereignty by the divinity)理论的必然延伸。对"神授主权"论展开批判的理论基础是"自然法"和"契约论",即政治社会是人与人之间冲突与协商的一个结果,它在本质上与"神"无涉。这就是启蒙学派对"君权神授"的否定。但否定"神权"的绝对性并不等于就可直接推论出"民主"理论。因为在世俗意义上,"民权"和"君权"都属于"人权"。虽然二者不同,但在否定"神权"的意义上则有共同之处。简言之,启蒙学派即是"人民主权观"的思想来源,也是"君主主权观"的理论依据。显然,被张东荪先生名之为"权力政治的君主制度"的传统中国政治,就其性质而言,并不具备西方意义上民主理论的特征,即与"人民主权观"无缘;同时也不是马基雅维利,特别是霍布斯基于"契约论"而建构起来的"君主主权观",所以也产生不了从其理论体系中派生出来的"绝对君主主义"(absolute monarchism)。这样,被张东荪先生名之为"权力政治的君主制度",只是在中国特殊历史环

---

① 张东荪:《知识与文化》,商务印书馆 1946 年版,第 103 页。

境（包括地理、人口、文化、制度和社会诸多因素）中土生土长的独特政治产物。不能简单地与西方近代政治体系中的"绝对君主主义"相混淆。①

张东荪先生此意的深刻之处在于：中国政治的脉络必须从中国的逻辑出发，特别应从中国固有的知识体系的建构原意中去寻求解答途径。"中国政治"实是一种"类型学"意义上的、在本质上有别于西方经典理论的思想和体制，有待于学者深入探讨。张东荪先生的论证之所以与众不同，就在于它摆脱了"既非民主的必为专制的"的简单二分法（dichotomy）

---

① 关于"政治专制主义"的论证已超出了本文的范围，但在这里又是一个回避不了的问题，故请参阅［英］昆廷·斯金纳：《近代政治思想的基础·下卷：宗教改革》，奚瑞森、亚方译，商务印书馆 2002 年版；［英］安东尼·吉登斯：《民族－国家与暴力》，胡宗泽、赵力涛译，生活·读书·新知三联书店 1998 年版；［英］佩里·安德森：《绝对主义国家的系谱》，刘北成、龚晓庄译，上海人民出版社 2001 年版，特别需要参考的是该书"亚细亚生产方式"一章，见第 494—590 页。另外，美国芝加哥大学已故政治学教授邹谠先生，1986 年受聘于北京大学名誉教授致辞时提出了 20 世纪中国政治属于"全能主义"。他说："'全能主义'（totalism）的概念与三十年代中国和西方当前一般理论家所使用的'极权主义'（totalitarianism）不同。它指的是一种指导思想，即政治机构的权力可以随时地、无限制地侵入和控制社会每一个阶层和每一个领域。'全能主义政治'则是以这个指导思想为基础的政治社会，但仅限于表达政治与社会关系的某一种特定形式，并不涉及该社会中的政治制度和组织形式，至于中国传统的君主专制可称为'权威主义政治'，但它们与德意志、意大利在三四十年代的'极权主义政治'、个人独裁，在理论和实践上也不同。"（参见：《光明日报》，1986 年 8 月 11 日；邹谠：《二十世纪中国政治》，牛津大学出版社（香港）1994 年版，第 1—10、69—72 页。）

思维模式，体现出了某种提炼"特殊政治类型"的明显意图。①
张东荪先生明确指出"逻辑是人类思想上的普遍规则"，但"逻辑是由文化的需要而逼迫出来的，（逻辑）跟着哲学走。这就是说，逻辑不是普遍的或根本的，并且没有'唯一的逻辑'（logic as such），而只有各种不同的逻辑"②。所以，"物则""人伦""天理"合为一体的中国文化，就有可能成为世界各文明类型中一种别具一格的"单元"，对它的分析也相应地应有一套独特的方法。诸如像"民主—专制""自由—约束""文明—野蛮""国家—社会"等一系列概念，其实在其表层之下均有一整套思想体系的历史支撑。当把这套概念当作分析"中国思想"的工具时，应当首先"对分析工具进行分析"，理解分析工具自身的基础原理，进而判断这种工具的适用性和可能性。如果先入为主地把源于西方历史文化的某些价值体系和分析工具，不加修正地直接作为分析"中国思想"的潜在的评价体系，那么我们就免不了陷入自我矛盾的焦虑之中：如果认为"中国思想"已经死了，那就意味着我们的批判是多余的；如果认为它至今还支配着社会，那又证明了它仍有强大的生命力。

---

① 美国著名解释人类学家吉尔兹（Clifford Geertz）专著《巴厘岛：19世纪的剧场国家》一书（上海人民出版社2000年版，中译本），已用田野调查的实证分析，证实迥异于欧美政治模式的国家形态的确存在。但他的这一研究是否适用于古代中国政治则存在争议。参见 James Laidlaw, *On Theatre and Theory: Reflections on Ritual in Imperial Chinese Politics*, Cambridge University Press, 1999, pp.400－406.

② 张东荪：《知识与文化》，商务印书馆1946年版，第198—199页。

究竟如何摆脱这个学术判断的死结，可能还得退回到那个最基本的问题上去。这个问题就是：中国到底是一种怎样的文化，一个怎样的社会？

附录2:"知识论"在"中国思维"研究中的意义*

本文试图说明,在中国政治思想史研究中,"知识论"的探究应当被置于一个重要的位置上。面对相同的历史"事实",学者们之所以会给出不同的解释,在很大程度上可能与"故人"与"今人"(可延伸至"今人"与"今人"之间)持有不同的知识系统有关。这里的"知识系统"一般是指建构问题的视角、抽象概念的方式、价值关怀的取向、逻辑推理的形式,甚至据以言说的语言等诸多因素。正是由于研究者与被研究者(反映在历史研究中就是"今人"与"故人")持有不同的知识系统,所以,他们之间的交流才可能产生歧义、障碍和"误读"。由于"故人"已失去了当场辩论的机会,那么,我们如何保证"今人"的阅读理解对于制造它们的"故人"来说也同样是真实和有效的呢?我们依据什么判定古今知识系统哪一种更具有优越性和优先性呢?究竟谁才有资格主持这种单方面的缺席裁决呢?显然,这些问题都是历史研究,特别是思辨倾向更为明显的思

---

* 本文是《为什么需要对中国政治传统做"知识的拷问"?》的一部分,原文载《湖南科技大学学报(社会科学版)》2005年第3期。此处略有改动。

想史研究不能省略的前提。笔者认为,探讨甚至部分重构"故人"所持知识系统的要素、结构和性质,由"知识系统"自身去阐述这些疑惑,或许是解释上述问题的可能途径之一。

一、"知识是什么"的追问

研究政治思想史,**应当**首先对"思想"做出界定。究竟什么可以叫做"思想"而什么则不是,起码需要有某种"默会知识"的支撑。所有已说出的"话"不能叫"思想",任何没有说出的"话"也不能叫"思想"。而只有形成系统的连续性思考,才可称之为"思想"。而我们通常把具有这样一种性质的事物叫做"知识"。正是在"知识"中,隐藏着"思想的语法"。这样,我们就不可避免地进入关于"知识"的讨论之中。

既然把"知识论"放在如此重要的位置上,那么进一步的问题则是:究竟什么是"知识"?就像政治家说不清"政治"一样,知识分子也往往说不清"知识"。其原因在于我们对"知识"太熟悉了,以至于达到了"忘却"的程度,就像我们时时在使用汉语,却把它的语法和构词规则"忘"得一干二净一样。但是值得提起注意的是,在"熟悉性遗忘"机制的背后,隐藏着的却是两种不容乐观的后果:其一是对"并非所知"而"自以为是"的习惯因素;其二是我们已被自己已有的"知识"彻底地支配和吞噬,以至丧失了反思能力。我们把前者称为现代人的"解释霸权主义",而把后者称为自

附录2:"知识论"在"中国思维"研究中的意义

己的"思维帝国主义"。对于"知识"的"无知"就是显例。

知识论(epistemology/theory of knowledge)是哲学研究中的一个重要的基础问题,本文不能深入探讨。至于"知识是什么"也存在着众多不同流派。① 出于表达的需要,这里姑且以法国思想家米歇尔·福柯(Michel Foucault)的分析作为我们论说的前提和起点。

在一个最一般的角度上,"知识"可以被视为维持"传统"之社会再生产的"文化基因"(the gene as the culture in society)。这种"基因"的本质内涵是人们(主体)对外在事实(客体)创造性的理解与解释。通过理解与解释,联结起"人"与"物"之间的沟通桥梁。韦伯曾有句名言:"人是悬在由他自己所编织的意义之网中的动物。"美国著名人类学家吉尔兹(C. Geertz)借用这一思想进一步说:"所谓文化就是这样一些由人自己编织的意义之网。"② "文化基因"被不断地复制、遗传和扩散,它是一个被称为"后天性获得"(acquirement)的"集体行为"(collective action)过程。因此,社会学家曼海姆(K. Mannheim)说:"我们属于一个群体,并不仅仅因为我们生于其中,不仅仅因为我们承认属于它,最后也不因为我们把

---

① 参见陈嘉明:《知识与确证:当代知识论引论》,上海人民出版社2003年版。

② C. Geertz, *The Interpretation of Cultures*, New York: Basic Books, Inc. Publishers, 1973, p.5. 中文版为[美]克利福德·格尔兹:《文化的解释》,纳日碧力戈等译,上海人民出版社1999年版。

我们的忠诚和依附给予它，而是因为我们用世界以及世界上的某些事物的存在方式来看待它们。在每一个观念中，在每一个具体的含义中，都含有某一群体的经验结晶。"这样，当一个群体称"国王"时，这个"国王"的含义其实有着自己独特的内容，而对于另一个群体来说，"国王"只不过是指一个组织，就好像与邮政系统一样的行政组织。"我们给流动中的事物命名，不可避免地含有某种朝着集体行动的路线方向的稳定性。我们的含义的产生使事物的一个方面变得突出和稳定，这个方面与行动有关，并且为了集体行动而掩盖了构成一切事物基础的永恒的流动过程。"① 我们可以从三个角度进行考察：第一，从"文化"的角度看，"知识"具有"同一性"（identity）的特征。换言之，有资格称为一种"文化"的系统，必定会有某种独特、恒久的精神气质贯穿其中。② 第二，从"基因"的角度看，"知识"包括语言、认知、习惯、技术等方面的内容。它是在特定群体内数代遗传的具体行为。第三，"知识"还有一套系统的"编码规则"，形成自己特有的逻辑推理机制。由于"基因"具有本质的属性（不可再分性，但可以重组），因此虽然它可以变

---

① ［德］卡尔·曼海姆：《意识形态与乌托邦》，黎明译，商务印书馆2000年版，第23页。

② ［美］克利福德·格尔兹：《文化的解释》，纳日碧力戈等译，上海人民出版社1999年版，第148页。关于"精神气质"（Ethos），吉尔兹做过清晰的解说："一个民族的精神气质是生活的格调、特征和品质，它的道德、审美风格和情绪；它是一种潜在的态度，朝向自身和生活反映世界。"

附录2:"知识论"在"中国思维"研究中的意义

异,但其本质属性仍发挥着主导性的作用。"知识"对思维方式和社会行为有着隐性的支配功能。也就是说,人们具有什么样的"知识模式"(intellectual pattern),他们就会怎样地看待世界,就会赋予世界什么意义,就形成某种吉尔兹意义上的"世界观"(world view)。①

在汉语中,"知"与"识"被区分为两个不同的指涉单元。所谓"知"具有普遍而浅显的意思,而"识"则有专业和深度的内涵。与此类似,当代法国著名思想家米歇尔·福柯在其名著《知识考古学》中,分别使用法语的两个词表达"知识"的内涵。他用connaissance一词表达"既定的形式知识"(类似于"识"),通俗的理解就是"技术知识"。如,临床医学就是一种connaissance,它发展出一套特殊的规则。他用sazoir一词表达"实践知识和日常知识"(类似于"知"),通俗的理解就是毋庸置疑的"一般性常识"。如,对中国人而言"子女孝敬父母"是一种不证自明的"道理"。福柯认为,这后一种"知识"具有更广阔的指涉和更概括性的特征。Sazoir是知识的总和,包括但又不限于connaissance,它是"技术知识"之所以成立的理由。而正是这种"知识"对人有一种潜移默化的、无形的支配力量。例如,当你真正沉醉于传统"京剧"的语境中,那么,就避免

---

① 在吉尔兹的论证脉络中,"世界观"是指一个民族的"认知的、存在的方面",是该民族"对实在物的描述,对自然、自身和社会的概念。它包容了其最全面的秩序观念"。简单地说,如果说"精神气质"是审美的,那么"世界观"则是认知的。

不了诸如"明君良臣""仁义礼智信"和"青天意识"等中国传统政治的价值理念和道德准则的渗透与影响，就会不自觉地受其支配。再如，数字"1"和"2"，在古希腊的"知识"中，可能就意味着某种实体的个数。从这种"知识"出发，就会发生数与数之间的量变关系，从而总结出一套数理逻辑；但同样的"一"和"二"，在中国《周易》的"知识"中，就可能象征着"阴"和"阳"、"天"和"地"以及"男"和"女"、"君"和"臣"等等。从这种"知识"出发，不可能看到数与数之间的量变逻辑关系，而只能从中衍生出一套政治道德秩序。

从"知识考古"的角度出发，福柯的研究并不是为"知识"而"知识"。我们之所以说他的思想深刻、敏锐的原因之一，就是他创造了著名的"权力—知识"（Power-Knowledge）的分析性概念，认为"知识"是"权力"**之所以得以如此运行**的前提条件，并具体描绘了"知识"对"权力"的支配过程。概括而言，福柯的"权力—知识"理论可以从两方面理解：其一，"知识"为"权力"运作提供了某种明确的思维框架，"权力"正是依据它给出的理论和逻辑去思考、推理和判断，进而形成价值准则。这就是所谓的"知识政治"（Politics of Knowledge）。以后我们会看到，从中国传统的知识框架中不可能推导出西方以个人主义为基础的"自由主义"理念。其二，或许更为重要的是，这种类似"传统"的"知识"，还在潜意识层面强制性地建立了某种**自明性**，把某种"权力"运作看成是毋庸置疑的"理

附录2:"知识论"在"中国思维"研究中的意义

所当然"。这时,人们其实对"知识"具有某种盲目的信仰,换言之,他不仅已失去了对其进行审视与批评的能力,而且在根本上被窒息了这种欲望。福柯认为,这种"理所当然"性,甚至成为现代权力合法性的重要根源。①

如此冗长地界定"知识",一方面试图说明,"传统"对今人为什么仍然具有支配力,无论这种支配是显现的还是潜在的,就是因为抽象的"传统"实际上是靠具体"知识"(sazoir)支撑的。就是"知识"所具有的"基础性"(positivite)和"历史先在性"(a priori historique)功能,不可抑制地发挥着作用。所以,不仅对"传统"的无知不能证明已摆脱了"传统"的支配;相反,只有对"传统"有意识的"陌生化"(即搁置"先知"强加给我们的认识和判断),恰恰成为我们真正认识"传统"和反思现在的机会。另一方面也试图使"知识"成为一种思路或视角,把它作为一种方法论基础,为我们的研究提供方向与框架。

按照这一思路,我们对传统中国政治的探讨,就不是陈述历史文献的表层语言符码在"说什么",而是要考察人们依据什么非"这样说"而不"那样说"。用福柯的语言表达,就是试图发掘支配、控制传统中国人思维、创制和行为的"话语结构"。论及具体问题,面对传统中国政治系统(包括思想、制度和行

---

① 参见李猛:《福柯》,见杨善华主编:《当代西方社会学理论》,北京大学出版社1999年版,第393页。

为）中的现实，知识论取向所关注的问题焦点可能是：一个其内部具有高度异质性要素但却活跃了数千年的政治共同体，是如何被有效组织并持续性巩固下去的？而对具体思想内容和价值的直接评述，则可能要被置于另外的一个层次。

二、以"方法论"替代"知识论"的误区

从一个广泛的角度看，目前中国学术界似乎隐约地存在着某种"方法论至上主义"的倾向。[①] 换言之，就是研究者潜在地认为，只要有能力发现深层次的"真问题"，并且使用了适当的分析工具，那么，进一步的研究工作就只剩下论证的精致化了。研究者之所以会确立方法论的优先地位，可能是基于两点考虑：其一，一种能称得上是"理论"的东西，就已合理地具备了超越的"普遍主义"性质，因而它有能力涵括任何"特殊问题"；其二，"理论"工具由一整套理路、术语和逻辑所组成，这就决定了它的工作就必然是分析性的，而不是描述性的。质言之，"普遍主义"和"分析取向"，成为"方法论至上主义"的核心根据。毋庸置疑，与在自然科学领域一样，"方法论至上主义"也在社会科学领域取得了巨大成功。但我们也不得不承认，越接近与"文化"相关的人文学科领域，"方法论至上主义"的有效性就越呈现递减趋势。出现这种现象的可能原因大

---

① 这里的"方法论"已内涵了"预设问题"的内容，即是说，它具有"分析工具"和"理论框架"的双重含义。

附录2:"知识论"在"中国思维"研究中的意义

致有两方面:在时间维度上,所谓"普遍主义"总体上说就是"现代主义"的代名词;在空间维度上,所谓"分析取向"并不检验对其分析对象可能的"误读"。从时间维度方面看,现代学者往往是站在"现代主义"的立场上观察和判断历史,这个过程一般来说是隐性的,观察和判断者本人并不觉察。我们在阅读"文本"前,一般要审查它的真实性,但是这种真实性往往并不是指所引资料本身是否"做伪",而是指研究者("读者")如何理解资料("作者")的"本意",以及从中"读"出了什么"意义"。仅就作者"本意"而言,如果"读者"偏离了"作者"的"本意",那么,无论其解释如何精致,我们都可以把它认作"误读"。① 起码在历史学的规范上,"误读"出的研究结论,其有效性就值得大大质疑了。这就是说,当我们承认克罗齐"一切真历史都是当代史"② 的论断时,并不等于说可以用今人之心度古人之怀。恰恰相反,由于历史变迁的缘故,古人与今人之间在问题关怀、社会认知、知识结构和情感价值等方面都将自然和必然地显示出差别。研究者在很大的程度上只有"体验"

---

① 当然,从作者"文本"中"读"出作者本人也没想过的"意义",即所谓超越"文本"的意义,是常有的现象。如从《红楼梦》中"读"出"阶级斗争"理论,就是"读者"超越"作者"的典型体现。作为文学解释学,"读者"超越"作者"仿佛是分内之事,但这却是"作者本意"的外延和影响。对于这个问题的讨论已超出了本文论题的范围,可参阅有关解理论的深入研究。

② B. Croce, *History: It's Theory and Practice*, D. Ainslie (trans.), New York: Russell, 1960, p. 12. 此处 contemporary 一词具有"同时的"之意,所以此话也可译为"一切真历史都是同时代史"。

古人生活的具体历史语境，设身处地地观察历史当事人所切实面临的难局，从而尽可能理解其最终结局的内在（也可能属于特殊的）逻辑，才能有效地实现"古今对话"。显然，如何避免"误读"古人，仅靠一种新的研究方法是解决不了问题的。例如，在知识分类上，现代人持"统属性思维"（subordination thinking），而中国古人则持"关联性思维"（correlative thinking）。[①] 这些认知（cognitive）上的差别，显然不是"方法论"所能解决的。

"读者"的"预设问题"以及研究问题时所使用的分析工具也十分重要。在什么样的理论框架下叙述什么样的问题，显然与"读者"自身的兴趣、关怀、素养、价值，甚至信仰直接相关。即使在排除了意识形态偏见的前提下，面对同样一段资料，"解读"同样的一个"文本"，研究者也往往会得出不同甚至相反的结论。也就是说对同样一段资料，研究者会"读"出不同的"意义"。其中的差异可以说主要来源于他们不同的"问题意识"，不同的"问题意识"又自然要求研究者选择不同的分析工具。而每一个特定的"理路"，其论证都可以自圆其说。因此，激烈的学术论争往往是关于"分析工具"优劣比较的另一种表达。[②] 选择什么样的"分析工具"，在很大程度上取决于研究者所认同的价值立场，这就更超出了研究方法的范围。

---

① ［英］李约瑟：《中国古代科学思想史》，陈立夫主译，江西人民出版社1990年版，第374—375页。

② 参见张静：《雷格瑞事件所引出的知识论问题》，未刊稿。感谢张静教授赐赠大作，使读者受益匪浅。

附录2:"知识论"在"中国思维"研究中的意义

　　由此可见,"预设问题"和"选择方法"还不是保证研究结论有效性的关键。研究者可以有意识地检验"问题"的意义深度,也可以事先对"分析工具"的合理性进行分析,但是人们容易忽略的恰恰是一个更为浅显也更为基本的问题:古人究竟在"想什么",他们为什么"这样想"而不"那样想"?这里需要说明的是,"想什么"与"说什么"具有不同的意义。"说出来的"固然必须以"如何想"为基础,但是我们不能用"说出来的"这样的结果去推断"如何想"那样的原因。因为,结论的一致性并不能作为前提一致性的证明。例如,中国古代的历法与西方现代的历法在数据结论方面可能非常接近,但前者持"地心说",后者持"日心说",可谓大相径庭。所以,"说什么"并不完全等于"想什么"。我们强调这一观点,用意在于说明,当研究者把思维的注意力聚焦在建构问题和寻求方法的时候,他实际上就已经假定古人"说什么"就等于古人"想什么"了,进一步的推断必然是,研究者在"想什么"就等于古人在"想什么",所以理解古人自当不成问题。换言之,这时研究者实际上就已不证自明地肯定自己的"知识系统"就等于,甚至高于古人的"知识系统"。但是一个明显的事实却是:由于现代研究者的教育背景和知识训练已与古代"知识系统"相互隔离,在一定的意义上,我们的思维方式已与古人相距甚远,用一句极不严谨的玩笑话说,我们已经变成了一群"用汉语思维陈述西方观念的知识杂交物种"。因此,我们所关心和建构的"问题",在古人很可能压根就不曾设想过;我们认定的逻辑合理性,在古人看来也很可能只是一种"奇谈怪论",就像我们在一段时期内把纬书神话看作"病态冥想"一样;同样,古人为之所百般焦虑和异常困惑的难题,在我们可能压根就不以为是,甚至麻木不仁,因为这些"敏感"已被现代的学科建构和知识训练彻底淡化了,例如我们再也不会为出现"日食"而感到震惊和诧异。我们可以设问:在《史记》这样的古典"文本"中,难道可以"读"出"思想史与社会史之间关系"这样的现代问题吗?我们是否能真正分清《礼记》究竟属于"思想文本"还是属于"行为规范"?回答之所以可能是否定的,是因为在古人那里压根就没有"思想史"与"社会史"这样的分类范畴,压根就没有对"思想"和"行为"(在一定角度上"制度"只是"行为"规范的积淀)进行二分的意识。我们今天遇到的困惑,很可能正是我们"误读"古人所产生出的直接结果;我们之所以会提出这样的"问题",实际上体现的是我们对自己割裂历史所产生后果的迷惑、警觉、省察和检讨。说得更直接一些,它可能只是由于我们"不懂古人而强以为懂"而不自知所形成的无目标的潜意识忏悔。所以,我们的"问题"是我们与古人之间"知识差异"的隐喻显现,我们的"困惑"也是由于自己"误读"历史所受到的警示和惩罚。

这里举一个关于如何解释"天圆地方"的例子。据《大戴礼记·天圆篇》记载:单居离对"天圆地方"的宇宙模式不理解,便问孔子之徒曾参:按"天圆地方"说,"天"(圆)如何才能盖住"地"(方)的四个角呢?曾参解释说:如果把"天圆

附录2:"知识论"在"中国思维"研究中的意义

地方"理解为"天**是**圆的,地**是**方的",那么,就是不懂孔子的学问。而按孔子思想的真意,所谓"天圆地方"是指"天道**象**是圆的,而地道**象**是方的"。换言之,天道是按照"圆"的特性和原则运行,而地道则按照"方"的特性和原则运行。"圆"是"圆通""通融"之意,而"方"则为"规则""限制"之意。所以,"君"就应像"圆"一样,具有无所阻碍地协调与沟通上下左右的能力,而"臣"则应像"方"一样,具备恪守规则,事必躬亲的政德。

这样,如果依据科学主义的形式逻辑原则,当把中国传统"盖天说"的"天圆地方"论纳入现代天文学系统中去分析,得出"混乱的假设"和"荒谬的想象"的结论,是自然而然的事;但如果像曾子一样在中国固有文化的思想脉络中对此命题进行说明,那么,人们可能会对中国思维以及中国政治产生另外的理解。

在"天圆地方"的命题中,我们看到了两种完全不同的解读方式,进而得到两种完全不同的研究结论。但这个结果既不能证明任何一方的研究者自身缺乏思想的洞察能力,甚至也与其所使用的分析工具无甚相关,因为我们面对的是两种不同的"思维方式"。进一步追究,导致不同思维方式得以形成的原因,又是基于两种不同的"知识建构",有什么样的"知识建构"就必然形成什么样的"思维方式"。由此可见,"知识建构"与"解释技术"根本不是一个质量层次上的问题,甚至它也大大超越了一般方法论的范围。1931年,陈寅恪先生孜孜告诫说:

"凡著中国古代哲学史者,其对于古人之学说,应具了解之同情,方可下笔。盖古人著书立说,皆有所为而发。故其所处之环境,所受之背景,非完全明了,则其学说不易评论,而古代哲学家去今数千年,其时代之真相极难推之。吾人今日可依据之材料,仅当时所遗存最小之一部,欲藉此残余片断,以窥测其全部结构,必须备艺术家欣赏古代绘画雕刻之眼光之精神,然后古人立说之用意与对象,始可以真了解。所谓真了解者,必神游冥想,与立说之古人,处同一境界,而对于其持论所以不得。不如此苦心孤诣,表一种之同情,始能批评其学说之是非得失,而无隔阂肤之论。"[①]

基于上述分析,我们认为,在理论上明确区分古人(故人)"言说了些什么"和他们"究竟如何建构问题"是中国传统政治思想史研究的前提之一。通俗地讲,在中国政治思想的"语法"研究中,理解古人"想什么"和"如何想",在其重要性方面,要优先于他们"说什么"和"如何说"。因为,"知识"是"问题"的基础,"理解"是"批判"的前提。

---

① 陈寅恪:《冯友兰〈中国哲学史〉上册审查报告》,载《学衡》1931年第74期。

附录3：汉语与"中国思维"之社会认知功能的随笔*

"语言"与"认知"的密切关系历来受到政治学家的关注。① 中国传统政治思想也无出其外。《易》曰："鼓天下之动者存乎辞。"② 《说文》则更明确认为："盖文字者，经艺之本，王政之始，前人所以垂后，后人所以识古。故曰：'立本而道生'，知天下之至赜而不可乱也。"③ 为了强调文字对于社会政治生活的重要意义，古人甚至宣传说："昔者仓颉作书而天雨粟，鬼夜哭。"④ 汉字是目前人类遗留下来的少数象形语言之

---

* 由于语言文字与认知这个题目对于本书相当重要，故原构想此"随笔"为全书的第一章。但鉴于此一议题是个超大的精细工程，须做全面分析和考量，故只能把思路大意陈列于此，以待大面积补充和论证。

① 参见洪涛：《语言与权力》，载《学术月刊》1997年10月号；韦森：《语言与秩序：经济学的语言与制度的语言之维》，商务印书馆2014年版；许章润：《汉语法学论纲》，广西师范大学出版社2014年版。

② 《周易·系辞上》。

③ 许慎：《说文解字·序》。

④ 《淮南子·本经》。

一,并且持续数千年从未中断。① 正是在这种相对拼音文字系统独一无二特性的诱惑和刺激下,汉语研究成为国际语言学界探索的"神秘领域"。② 作为目前世界上少有的古老象形文字,汉字从甲骨文一直活跃到今天而其基本字形保持不变,这是人类的伟大奇迹之一。这给后人研究历史与思想提供了广阔的空间和众多的机会。

在认知功能的角度上,我们说体现"知识"最彰显的是语言,而最隐蔽的还是语言。所谓"彰显"是说系统的"明确知识"必须以语言为依托;而所谓"隐蔽"是指语言对于使用者来说,已经升华为某种"百姓日用而不知"的"默会的状态"。某种语言体系,其词汇结构、语法秩序和发音系统,实际上预设和透视着某种"知识"的深层向度。在洪堡特(Karl Willhelm von Humboldt)及其追随者的框架里,语言与思维是互为主体性的关系,"民族的语言即是民族的精神,民族的精神即民

---

① 当然,汉语系统在现代曾经历了两次重大转变。一是"五四"时期的"白话文运动",它使汉语的语法结构发生了重要变化;二是 1949 年以后的"文字改革运动",简化字使汉语的字形结构发生了重要变化。这样,由于"语法"和"字形"两个层面都发生了改变,从而使"古代汉语"与"现代汉语"可谓面目全非,形成明显的"文化断层"。但涉及所谓"文化连续性"的宏观问题,则是一个值得重视的研究课题。参见祖光:《中共建国初期语言计划的政治社会意涵》,载(台北)《东亚季刊》2000 年第 31 卷第 1 期。Michael Schoenhals, *Doing Things with Words in Chinese Politics: Five Studies*, The Regents of the University of California, 1992.

② 由于以象形为基础的汉语体系与以拼音为基础的西方体系之间存在着诸多明显差异,所以两种异质语言系统的深层对话和互译才显得困难重重而富有意义。严格地说,困难其实来自不同"知识"的异质性。

附录3：汉语与"中国思维"之社会认知功能的随笔

族的语言。二者的同一程度超过人们的任何想象"①。赫德（J. G. Herder）更明白地说："一个民族怎样思维，就怎样说话，反之，怎样说话，就怎样思维。"② 这样，我们就可以在几个层次上理解语言的真正性质。其一，由于人不依靠语言就可以思考是不可思议的事情。因此，在很大程度上，与其把语言看成人类相互交往的工具，不如更深刻地把它定义为人类思想的存在形式。没有思维就没有"知识"，语言与人类的思维方式始终保持着内在同一性的特征，使它必然地成为"知识"的本质要素。其二，语言和思维都是社会的产物，也就是说，一个人的"独白"是不需要语法的，离开了人际交往就不会产生超越的规则，所以，语言没有缔造者和创始人，它是一种"集体意识"，甚至已积淀为"集体无意识"。其三，更进一步讲，不同的人群，使用不同的语言，这本身就是在说他们具有了不同的"知识"。简而言之，你每时每刻都离不开的东西，就是每时每刻都在支配你的东西③；语言是一只看不见的思维之手，潜在地支配着我们的同样是看不见的思维之脑。它是一种名副其实、不折不扣和无所不在的"日常知识"。

与西方拼音文字不同，汉语是目前人类遗留下来的少数象

---

① [德]洪堡特：《论人类语言结构的差异及其对人类精神发展的影响》，见胡明扬主编：《西方语言学名著选读》，中国人民大学出版社1999年版，第29页。

② [德]洪堡特：《论人类语言结构的差异及其对人类精神发展的影响》，见胡明扬主编：《西方语言学名著选读》，中国人民大学出版社1999年版，第29页。

③ 参见张东荪：《知识与文化》，商务印书馆1946年版，第45—55页。

形语言,并且持续数千年从未中断。这给后人研究历史与思想提供了广阔的空间和众多的机会。讨论"知识"与汉语问题,起码要涉及构词法和语法,但由于篇幅所限,这里只以举例的形式简示汉字构词的意义。文字学家姜亮夫说:

> 整个汉字的精神,是从人(更确切一点说,是人的身体全部)出发的。一切物质的存在,是从人的眼所见、耳所闻、手所触、鼻所嗅、舌所尝出的(尤以"见"为重要)。故表声以箫管,表闻以耳(听、闻、聪等),表高为上视,表低以下视,画一个物也以人所感受的大小轻重为判断。牛羊虎以头,人所易知也;龙凤最祥,人所崇敬也。总之,它是从人看事物,从人的官能看事物。①

这样,"叩"是趴在地上的人,"匕"是跪在地上的人,"长(長)"是长着长发的人,"身"是有大肚子的人,"戍"是拿着长戈的人,"伐"是用戈砍人,"弃(棄)"是把人(孩子)放在筐里扔出去,"字"是把孩子留在家里养。画一只眼睛表示人在看(相),画一张嘴巴表示人在说(问),画一只脚象征人在走(趋),等等。总之,从汉字的造字和使用的内在精神中,我们不难看到,人(更确切地说是"身体")成为先人观察世界、界定客体的参照基点,是从"人"的感官赋

---

① 姜亮夫:《古文字学》,浙江人民出版社1984年版,第69页。

附录3：汉语与"中国思维"之社会认知功能的随笔

予外界以意义。所以，先人们不会以"鹰"的形象造"眼"字，也不会以"虎"的形象造"嘴"字，尽管前者的眼睛和后者的嘴巴都显得极其突出。[①] 即所谓许慎所说："古者庖牺氏之王天下也，仰则观象于天，俯则观法于地，视鸟兽之文与地之宜，近取诸身，远（遠）取诸物，于是始作《易》八卦，以垂宪象。及神农氏结绳为治而统其事，庶业其繁，饰伪萌生。黄帝之史仓颉见鸟兽蹄（夯）之迹，知分理之可相别异也，初造书契。百工以（治），万品以察，盖取诸。"[②] 这里，无论"仰"还是"俯"，也无论"远（遠）"还是"近"，其中心和坐标系都是"人"，它们都是"人"所发出的动作。在这个意义上，"物象"只是结果，而"人象"才是原因。据分类统计，在所有甲骨文中，"人"本身占了极大的比重。我们可以猜测，如果细致研究，其他各项都是为"人"，动植物、自然现象、文化设施均如此。中国传统政治思想其实就隐藏在这个以"人"为中心的同心圆之中。

甲骨文分类统计

序号	类别	主题	比重
1	人类	人类自身及其周围人群	20%
2	动物	禽、兽、虫、渔猎、畜牧	17%
3	植物	谷、木、土田、农具、丰收、食物	15%
4	天象	日月星辰、气象风雨、朝暮旬夕	9%

---

① 申小龙：《汉字人文精神论》，江西教育出版社1995年版，第96—97页。
② 《说文解字·序》。

(续表)

序号	类别	主题	比重
5	战争	兵器、方国、俘虏、囚杀	8%
6	地理	山岳、河川、方位、陟（志）降	7%
7	居所	宫室高京城池	6%
8	行动	舟车往来之行走	3.6%
9	宗教	鬼祟祝祀	3.6%
10	数目、性质	大小智敏	3.6%
11	服饰	衣带裘帛	1.7%
12	娱乐	鼓磬喜乐	1.7%
13	教化	典册教学	1.4%

资料来源：根据申小龙《汉字人文精神论》，江西教育出版社1995年版，第98页整理。

相对西方语言，汉语里某些词话极其发达，而某些词汇又相对贫乏。这些现象实际体现了不同文化的知识建构的不同倾向。这里仅以"女"部和"示"部为例。

在汉字体系中，"女"字系列与繁殖、复制"身体"的内在冲动直接相关，由于她与社会共同体的繁衍、扩大和发展密切相关，所以"女"旁也成为汉字中发达的一支，孳乳现象繁茂。以下为"女"字部首字：

女、奴、奵、奶、奸、妅、她、妢、妏、妊、好、灿、妐、改、如、妃、妾、虹、妆、婦、妊、妺、姘、妍、娇、妏、妏、妑、妓、妧、妐、妖、妗、妘、妙、妚、妾、妞、旻、妠、妡、妣、妤、妥、娃、妧、妨、嫵、嫗、鵉、妬、妰、妮、妯、妱、妲、妳、妶、妷、妸、妹、妻、妼、妽、

附录 3：汉语与"中国思维"之社会认知功能的随笔

妾、妸、契、妖、妚、妌、妮、妌、姆、妥、妗、姉、姊、
始、姗、姗、姎、姅、姐、姑、姒、姓、委、奜、妵、姸、
妊、姚、姛、姝、姞、姟、婀、姡、姢、姣、姤、姥、姦、
奸、姨、妌、姪、姬、姫、婆、姮、姚、姁、姱、姲、姶、
娳、娜、婏、姘、姻、姼、婏、姾、姿、娍、娂、威、娃、
妻、娆、娇、娉、娈、娉、娊、娌、娋、娍、娎、娏、姇、
娑、娒、娓、娔、娕、娗、娘、娙、娚、娛、娜、娝、娞、
娟、娠、娠、娡、娢、娣、娤、娥、娦、娧、娨、娩、娪、
娫、娬、娭、娮、娯、娰、娲、娱、娳、嫡、嫩、娶、娷、
娸、娹、娺、娻、娼、娽、娾、婴、婀、婂、婃、婄、婅、
婆、婇、婈、婉、婊、婋、婌、婍、婎、婏、婐、婑、
婓、婔、婕、婖、婗、婘、婚、婛、娶、婝、婞、婣、
婤、婥、婢、婤、婥、婧、婨、婩、婪、婫、婬、婭、
婮、婯、婰、婱、婲、婳、婷、婸、婹、婺、婻、婼、
婽、婾、婿、媀、媁、媂、媃、媄、媅、媆、媇、媈、
媉、媊、媋、媌、媍、媎、媏、媐、媑、媒、媓、媔、
婚、媖、媚、媛、媜、媝、媞、媟、媠、媚、媢、媣、
媥、媦、媧、媨、媩、媪、媬、媭、媮、媯、媰、媱、
媳、媴、媵、媶、媷、媸、媹、媺、媻、媼、媽、媾、媿、
嫀、嫁、嫂、嫃、嫄、嫅、嫆、嫇、嫈、嫉、嫊、嫋、
嫌、嫍、嫎、嫏、嫐、嫑、嫒、嫓、嫔、嫕、嫖、嫗、嫘、
嫙、嫚、嫛、嫜、嫝、嫞、嫟、嫠、嫡、嫢、嫣、嫤、嫥、
嫦、嫧、嫨、嫩、嫪、嫫、嫬、嫭、嫮、嫯、嫰、
嫱、嫲、嫳、嫴、嫵、嫶、嫷、嫸、嫹、嫺、嫻、嫼、嫽、嫾、嫿、

嬖、嬧、嬰、嬲、嬳、嬴、嬶、嬸、嬺、嬽、嬾、孅、孆、孇、孈、孉、孊、孋、孌、孍、孎、孏。

再看"示"部。"示"之本义是祭祀祖先的牌位，凡有"礻"旁者均与祭祀相关①。其字也很发达：

示、礻、禮、礽、社、礿、祀、祁、祂、祃、祄、祅、祆、祇、祈、祉、祊、祋、神、祏、禈、祐、祐、祑、祒、祓、祔、祕、祖、祗、祘、祙、祚、祛、祜、祝、神、祟、祠、祡、祢、祣、祥、祥、祧、票、祩、祪、祫、祬、祭、祮、祯、祰、祱、祲、祳、祴、祵、祶、祷、祸、祹、祺、祻、祼、祽、祾、祿、稟、禁、禂、禃、禄、禅、禆、褚、禈、禉、禊、禋、禌、禍、福、禐、禑、禒、禓、禔、禕、禖、禗、禘、禙、禚、禛、禜、禝、禞、禟、禠、禡、禢、禣、禤、禥、禦、禧、禨、禩、禪、禫、檜、禭、禮、禯、禰、禱、禲、禳、禴、禵。

创字的多寡，包含着对某类事物关注或淡漠程度的信息。用字越多说明人们对此类事物的细部区别要求越高，这也就表明此类事物的社会文化含量就越重。从字义角度讲，"女"意味

---

① 关于《说文》"示部"的意义研究，参见雷汉卿：《〈说文〉"示部"字与神灵祭祀考》，巴蜀书社 2000 年版。

附录3：汉语与"中国思维"之社会认知功能的随笔

着"生"，"示"标志着"死"，在中国文化中，这是"阴—阳"两极的"红—白"喜事。从上述的字群中，我们可以"读"一个"人群"，一种对"社会共同体"生死攸关的关注。如果我们不排除对"社会共同体"生死攸关的关注就是"政治"问题的话，那么，这些"沉默"的汉字不是已经向我们倾诉了许多关于古代政治思想的信息了吗？饶宗颐教授在比较了苏美尔人、埃及人和汉人的三种早期图形文字后，指出三种文字实际上服务于三种不同的目的：苏美尔人的文字最具实用性，往往与经济交换、计算工具和财产记录和奴隶人数有关；埃及人的文字则用于年历计时、咒符等，意味着与另一个世界的神明相通，大都与死后的境界有关；而汉人的早期文字则主要用于记名，书以"记姓名"，并将主名（族姓）与山川（地域）结合在一起。与苏美尔和埃及的早期文字比较，汉字的突出特点在于：它是一形一音。殷代虽无部首之名但有部首之实。甲骨文（《新甲骨文编》[①]）收字4692个单字，见于《说文》的便有941字，目前可辨认的不超过1500字。……殷代契文有370字为人名、地名、庙名、神名、时间气象占卜成语数名和牲畜名。殷卜辞的"国"字最早为"方"，实指一个部落，计有500个名字之多。……文字的主要作用，在于记名（包括物名、私名和族属之名），在古代汉族圈内，文字的社会功能，不是口头语言，而是书面语言，在这种情况下文字与语言是游离的。"在政治生活

---

① 刘钊、洪飚、张新俊编纂：《新甲骨文编》，福建人民出版社2009年版。

上，文字使用于政令上、礼制上，作为某种信仰的工具，其名字可以识别，简单明了，不必与语言结合，所以我说汉人是用文字来控制语言。"古代方国林立，言语必难沟通，故从'简易'之方，不用语言作传达工具，而是文字表达，使文字能够发挥极大的功能。"① 这也证明宗族在古代社会中具有特殊的意义。

再有关于人际称谓的表达方式，也是通过文字的繁略，划分出了意识的重心。众所周知，汉语中有关亲属的词汇异常发达，中国的称谓要比西方复杂，区分性更为严格，相对而言，西语要简单得多。

田惠刚教授经多年潜心研究，用大量证据说明，无论在"父亲型"还是在"儿子型"的语言称谓中，中国文化的内部结构都要复杂得多。他指出：

> 父亲型语言词类的特点是以"父（亲）"为构词的基点，即在这些语言中只有"父亲"一词，而没有单独的"祖父"一词。需要表达祖父的概念时，则必须对"父亲"一词进行描述。……儿子型语言构词类型的特点是以"儿子"为构词基点，即在这些语言中只有"儿子"一词，需要表达"孙子"的概念时，必须对"儿子"一词进行描述。如：

---

① 饶宗颐：《符号·初文与字母：汉字树》，上海书店出版社2000年版，第182—185页。

附录3：汉语与"中国思维"之社会认知功能的随笔

长辈 { 祖父：paternal grandfather（父系的祖父，即"祖父"）
外祖父：maternal grandfather（母系的祖父，即"外祖父"）

晚辈 { 孙子：paternal grandson（父系的孙子，即"孙子"）
外孙：maternal grandson（母系的孙子，即"外孙"）

从上述区分中可以看出汉语男性直系亲属称谓中的宗法成分，而西方主要语言没有这种显示。[①]

汉语、英语亲属表达词汇比较

汉语	英语	汉语	英语	汉语	英语	汉语	英语
表兄、弟	Cousin	伯父	Uncle	伯母	Aunt	大伯子	?
堂兄、弟		叔父		婶母		小叔子	
表姐、妹		舅父		舅母		大姨子	
堂姐、妹		姑父		姑母		小舅子	
		姨父		姨母			

这种创字频率和称谓体系的详尽区分，无疑体现出中国传统对"血缘关系"的文化偏好。也就是说，人们之所以创造、建构和编织出这样一张"意义之网"，是由于这张网能为人们提供实效，包括利益、安全和心理满足。

---

① 田惠刚：《中西人际称谓系统》，外语教学与研究出版社1998年版，第177—178页。此书全书共522页，涉及英、法、德、俄、瑞典、西班牙、葡萄牙、日本等多国语言。该书第178页附有详细西语和汉语关于人际称谓的比较表，此处未录，但颇值得参考。

与上述情况相同，许多在西方语言中的常用词汇，在古代汉语中并没有对应词汇。在汉语中没有政治哲学意义上的"自由"（Freedom）概念，汉语的"自由"是"由我独自"和"属于我本人"的含义，并隐含着否定。正因如此，中国近代思想家严复在翻译密尔（J. Mill）的名著 On Liberty 时才颇感困惑，以至于"数月踌躇"，最后把该书定名为《群己权界论》。至于像"Individualism"（个人主义）和"Equality of rights"（权利平等）等概念，汉语系统中本来就没有。因为在传统中国人看来，这种概念很奇怪：这个世界上每个人与每个人都不一样，在性别、年龄、相貌、血缘出身和社会地位等方面都显示出差别，怎么可能"平等"呢？如"礼""仁""和""道"等我们称之为抽象的"文化关键"汉字，西语是没有对等词汇的。有些字可以对等翻译，但词义却已转换。如"民""象"等均如是。

笔者非常同意申小龙教授对汉字中蕴含着的文化精神所做的概括，他说：

> "取于身又见其为"，以人的身体肌体和行为通于一切事物，是汉字构形的基本方略。古人将世界结构关系视为人身体的结构关系的延伸，以人的认知图式和行为模式去理解和建立世界图式，这是一种浓郁的人文精神。[1]

---

[1] 申小龙：《汉字人文精神论》，江西教育出版社 1995 年版，第 101 页。

附录3：汉语与"中国思维"之社会认知功能的随笔

那么，这样的汉字构造给我们什么启示呢？对于理解中国传统政治有何意义呢？我们的主要结论是，它规定一套认知上的模式和一套价值上的框架。正如申小龙教授指出的：

> 汉民族的"主体投射"，不是主客体对立的主体投射，而是主客体统一，人与自然合一意义上的主体投射。它不是把自然对象化，在对象认识的基础上反思，而是认为世界内在于人而存在，认识人自身，也就认识了自然界或宇宙的根本意义，于是反身自求，从主体自身寻求人和世界的普遍意义。通过自我反思、自我体验、自我直觉和自我证悟，穷尽人和万物的一切道理。显然，这是一种内向思维，内向型的主体投射，表现在符号上，就仅仅是在语义所指上体现原始思维某些特征的诗性智慧，而在本体论上，即符号结构形态本身，系统、彻底地人化自然，将人的主体意识与自然法则的统一，内化在汉字符号的结构上。[①]

另外，汉字"形—音"的二重性也颇值得重视，因为它在一定意义上成为中国文化认同的一个重要枢纽，一种寓"多元"于"一统"的不可或缺的机制。象形文字与拼音文字最大的不同之一，是即使你不会发音，或读错了音，并不影响你对意义的理解。因为汉字的每一个"字"本质上就是"一幅画"，所谓

---

① 申小龙：《汉字人文精神论》，江西教育出版社1995年版，第103页。

"书画同源"。有专家认为,自秦始皇"同文字"以后,汉语的"形"与"音"相对分离。尽管口语"隔山而异",但书面语却全国统一。这正是像传统中国这样一个内部呈现高度异质性的民族(国家),之所以没有产生严重"认同危机"的原因之一。更为重要的是,通过对某个文字的"考析",我们可能会"读"出某种清晰的历史线索和社会结构的"图形"。在这个意义上,中国文化是个"图像"的文化,其内部隐藏着一个挥之不去的"象征"的世界。美国学者 W. 爱伯哈德所著《中国文化象征词典》的副标题是"隐藏在中国人生活与思想中的象征",其中"隐藏"二字耐人寻味。费迪南德·莱森(Ferdinand Lessing)曾说:"中国人的象征语言,以一种语言的第二种形式,贯穿于中国人的信息交流之中;由于它是第二层的交流。所以它比一般语言有更深入的效果,表达意义的细微差别以及隐含的东西更加丰富。""他们形成了一个象征形式的生活社会。这种表达方式由于习惯而得到加强,并且将个人与公共秩序和道德结合在一起。""中国人是'爱用眼睛的人',对他们来说,每个字是'象征'[①] 而不是声音标记,象征才是书写的基本功能。"因此,中国字可以有两种方式"阅读":一种是字面的语言,另一种是象征的语言。这就是所谓汉字的"双重结构"。

祖宗的"**祖**",左边为"示",就是祭祀的牌位,右边为

[①] C.G. 荣格对"象征"下过一个简短的定义:"如果对某个词或某幅画一瞥,就能从中领会更多的东西,那么它就是象征。"(《人与他的象征物》,伦敦,1964 年。)

附录3：汉语与"中国思维"之社会认知功能的随笔

"且"，原义是男性生殖器的象征。所以，"祖"字的象征意是以男性血缘为中心的种姓遗传。

礼仪的"禮"字，左边为"示"，就是祭祀的牌位，右边上半部为"玉串"，下半部为"土鼓"。意思是伴随鼓声把象征纯粹的玉献给祖先。①

分封建邦的"封"，原字是一株小树。意思是把不同的地块以"树"为标，表示其产权属性。

人民的"民"字，原字则是一根硬物戳向眼睛。其本义为"看不清"，混沌、迷茫等。

---

① 参见王国维：《释礼》，见王国维：《观堂集林》，中华书局1959年版。

圣人的"聖"字，原字是一只硕大的耳朵。强调"听（聽）"的极端重要性。而繁体字"聽"，恰恰就是把"听"与"德"放在一起。①

中国最著名的古代圣君为什么叫"尧"？这种提问方式并非无稽之谈，在知识考古的角度上，它是理解历史的途径之一。众所周知，《尚书》的开篇一章就是《尧典》。中国天文史学家江晓原敏锐地注意到：这篇记叙尧帝事迹的早期文献，是由440字组成的颂歌，其中叙述尧政绩者占了225字。在这225字中，讲述天文事物的内容172字，占76％。这一现象告诉我们，尧这位炎黄子孙的先圣始祖，其最大的政治贡献是最早创立了天文观测的典范。其开篇的52字摘录于下：

帝尧（堯）曰放勋。钦明文安安，允恭克让，光被四表，格于上下。克明俊德，以亲九族；九族既睦，平章百姓；百姓昭明，协和万邦，黎民于变时雍。

我们看到，人们把共同始祖称为"尧"，其实隐藏着另一套话语：尧的本名叫"放勋"。所谓"勋"是光芒的意思，"勋章"即是"闪光的彰显"。"放勋"就是"放射光芒"。所谓"钦明文"之"明"是"照临四方谓之明"，其"文"是"经天纬地谓

---

① 参见顾颉刚：《"圣"、"贤"观念和字义的演变》，见《中国哲学》第1辑，人民出版社1980年版；另见刘翔：《中国传统价值诠释学》，上海三联书店1996年版，刘小枫对此书推崇有嘉，并专门为之撰序介绍。

附录3：汉语与"中国思维"之社会认知功能的随笔

之文"。用现代汉语的话说，"尧"的本职工作就是让阳光照射到大地经纬的东西南北的四个方向上去，他的思考与期待就是通过这样的工作，给人们带来有秩序的生活。接下来，"光被四表，格于上下"是讲尧的工作的结果和目的。其中"表"指用来测量日照晷（音：鬼；意：日景）影的柱子，即天安门前的"华表"。"四表"是指在立杆测影时地平日晷射向东西南北的四个方向上的影子。"格于上下"是指通过这种方法，实现"天"与"人"的沟通。①

据《说文》解："堯（尧）"意为"高"。从字形上看，"堯"由"垚"（音：摇；意：土高）和"兀"（音：物；意：平而高）所组成。马叙伦也说："垚字的样子是土上有土，正合'再成丘'的意义。"②"垚"是"土"字的重叠，意为垒得很高的土柱子；"兀"与"茶几"的"几"相通，意即高高的平台。这样，"堯（尧）"字的潜含义其实是指测量天象的土圭表。

按《周礼》的解释，"土圭之法"，就是立杆测影的圭表：

> 以土圭之法测土深，正日影以求地中。日南则景短，多暑；日北则景长，多寒；日南则景夕，多风；日西则景朝，多阴。日至之景，尺有五寸，谓之地中。天地之所合也，四时之所交也，风雨之所汇也，阴阳之所和也，然则

---

① 参见江晓原：《天学真原》，辽宁教育出版社1991年版，第36—37页。
② 马叙伦：《研究中国古代史的必须了解中国文字》，载《中国建设》1947年第4期。

百物阜安，乃建王国焉。①

半坡遗址的考古资料证实了《周礼》的论述是符合古代社会现实状况的。所以，"尧"字的隐义是观测天象、制定历法、敬授民时。

综上所述，我们说研究古代政治思想，必须探知古人的认知途径。正如文字学家王宁先生通过对小篆的主要载体《说文》之研究后所说，"《说文解字》对汉字形体的解释中，反映了古代生活的方方面面"，并从中研究出汉字字形所反映出的丰富的文化内涵：古代神权思想、古代王权思想、底层奴隶生活、古人的发明权、古代玉文化、古代乐器文化、古代酒文化、古代烹食用字、车部字与古代车辆名词等等。② 如果我们懂得了"民"之本义为"盲"，那么，这句话也可以解释为：人可分为两类，大多数人只关心柴米油盐，只有少数人拥有伟大理想。要想使人人都拥有伟大理想，那将是徒劳的。对于并不"明白"的人，让他们去做实现理想的事就行了，不用花心思做那么多解释。由此，我们就将在孔子政治思想中发现另外一道景观。对于汉字本身的思想建构意义，我们使用汉语的人一般对此已被"默会"了，但非汉语母语的人则反应敏感。美国学者芬诺罗萨（Ernest Fransico Fenollosa）就指出："中国每一字之源

---

① 《周礼·地官司徒·大司徒》。
② 参见王宁：《〈说文解字〉与中国古文化》，辽宁人民出版社2001年版。

流,观此字即知之,虽隔数千载,而其隐喻进展之迹,犹显而易见,且或即存于其字之意义中焉。是故中国字,非若欧字而愈变愈瘪,乃愈积而愈丰,与年并进,用能光芒璀璨,昭映眉宇。凡诸词字,一经其古昔之哲学家、历史家及诗人所用,顿益新义。"故此,他还指出,汉字的"内涵始终与外形相联结,愈变愈丰富。每一个字都有自己的源流史"[①]。

这样,欲明"大学",先通"小学",看来是一句实实在在的名言。

---

① 转引自何九盈:《汉字文化学》,辽宁人民出版社 2000 年版,第 130 页。

参考书目

［英］艾兰（Sarah Allan）：《龟之谜：商代神话、祭祀、艺术和宇宙观研究》，汪涛译，四川人民出版社1992年版。

艾兰、汪涛、范毓周：《中国古代思维模式与阴阳五行说探源》，张海晏等译，江苏古籍出版社1998年版。

［美］S. N. 艾森斯塔得（S. N. Eisenstadt）：《帝国的政治体系》，阎步克译，贵州人民出版社1992年版。

［美］安乐哲（Roger T. Ames）：《主术：中国古代政治艺术之研究》，滕复译，北京大学出版社1995年版。

白钢主编：《中国政治制度通史》（十卷本），人民出版社1997年版。

北野：《中国文明论：中国古代文明的本质与原理》，中国社会科学出版社2001年版。

［加］布鲁斯·炊格尔（Bruce G. Trigger）：《时间与传统》，蒋祖棣、刘英译，生活·读书·新知三联书店1991年版。

陈江风：《天文崇拜与文化交融》，河南大学出版社1994年版。

陈来：《古代宗教与伦理：儒家思想的根源》，生活·读书·新知三联书店1996年版。

陈正炎、林其锬:《中国古代大同思想研究》,上海人民出版社1986年版。

陈启云:《中国古代思想文化的历史论析》,北京大学出版社,2001年版。

杜维明:《道、学、政:论儒家知识分子》,钱文忠、盛勤译,上海人民出版社2000年版。

杜正胜:《古代社会与国家》,台湾允晨文化实业股份有限公司1992年版。

[美]德克·布迪(Derk Bodde)、[美]克拉伦斯·莫里斯(Clarence Morris)::《中华帝国的法律》,朱勇译,江苏人民出版社1995年版。

樊浩:《中国伦理精神的历史建构》,台湾文史哲出版社1994年版。

方朝晖:《"中学"与"西学":重新解读现代中国学术史》,河北大学出版社2002年版。

费成康主编:《中国的家法族规》,上海社会科学院出版社1998年版。

冯时:《中国天文考古学》,社会科学文献出版社2001年版。

冯时:《中国古代的天文与人文》,中国社会科学出版社2006年版。

傅伟勋:《从西方哲学到禅佛教》,生活·读书·新知三联书店1998年版。

甘怀真：《皇权、礼仪与经典诠释：中国古代政治史研究》，华东师范大学出版社 2008 年版。

葛兆光：《七世纪前中国的知识、思想与信仰世界：中国思想史·第一卷》，复旦大学出版社 1998 年版。

葛兆光：《中国经典十种》，上海书店出版社 2002 年版。

［日］沟口雄三：《中国前近代思想之曲折与展开》，陈耀文译，上海人民出版社 1997 年版。

［日］沟口雄三：《中国的思维世界》，刁榴、牟坚等译，生活·读书·新知三联书店 2014 年版。

［日］谷川道雄：《中国中世社会与共同体》，马彪译，中华书局 2002 年版。

顾颉刚：《秦汉的方士与儒生》，上海古籍出版社 1998 年版。

郭沫若：《青铜时代》，人民出版社 1956 年版。

郭沫若：《十批判书》，东方出版社 1996 年版。

［英］葛瑞汉（Angus. C. Graham）：《论道者：中国古代哲学论辩》，张海晏译，中国社会科学出版社 2003 年版。

［美］古德诺（F. J. Goodnow）：《解析中国》，蔡向阳、李茂增译，国际文化出版公司 1998 年版。

［美］克里福德·格尔兹（Clifford Geertz）：《文化的解释》，纳日碧力戈 等译，上海人民出版社 1999 年版。

侯外庐：《中国思想通史》（五卷本），人民出版社 1956 年版。

何怀宏:《世袭社会及其解体:中国历史上的春秋时代》,生活·读书·新知三联书店1996年版。

胡晓明、傅杰主编:《释中国》(四卷本),上海文艺出版社1998年版。

黄进兴:《优入圣域:权力、信仰与正当性》,陕西师范大学出版社1998年版。

黄仁宇:《万历十五年》,商务印书馆1982年版。

[美]郝大维(David L. Hall)、[美]安乐哲(Roger T. Ames):《孔子哲学思微》,蒋弋为、李志林译,江苏人民出版社1996年版。

[美]郝大维(David L. Hall)、[美]安乐哲(Roger T. Ames):《汉哲学思维的文化探源》,施忠连译,江苏人民出版社1999年版。

江晓原:《天学真原》,辽宁教育出版社1991年版。

蒋庆:《公羊学引论》,辽宁教育出版社1997年版。

[日]金谷治:《易的占筮与义理》,于时化译,齐鲁书社1990年版。

雷戈:《秦汉之际的政治思想与皇权主义》,上海古籍出版社2006年版。

雷海宗:《中国文化与中国的兵》,商务印书馆2001年版。

雷汉卿:《〈说文〉"示部"字与神灵祭祀考》,巴蜀书社2000年版。

[奥地利]雷立柏(Leopold Leeb),《圣经的语言和思想》

宗教文化出版社 2000 年版。

冷德熙：《超越神话：纬书政治神话研究》，东方出版社 1996 年版。

李大华：《中国宗教的超越性问题》，四川大学出版社 2015 年版。

李峰：《西周的灭亡：中国早期国家的地理和政治危机》，徐峰译，上海古籍出版社 2007 年版。

李零：《中国方术考》，人民中国出版社 1993 年版。

李申：《易图考》，北京大学出版社 2000 年版。

李向平：《信仰、革命与权力秩序：中国宗教社会学研究》，上海人民出版社 2006 年版。

李学勤：《失落的文明》，上海文艺出版社 1997 年版。

李学勤主编：《中国古代文明与国家形成研究》，云南人民出版社 1997 年版。

李学勤主编：《国际汉学著作提要》，江西教育出版社 1996 年版。

［英］李约瑟（Joseph. Needham）：《中国古代科学思想史》，陈立夫主译，江西人民出版社 1990 年版。

［英］李约瑟（Joseph. Needham）：《李约瑟文集》，陈养正等译，辽宁科学技术出版社 1986 年版。

李泽厚：《中国古代思想史论》，人民出版社 1985 年版。

李泽厚：《己卯五说》，中国电影出版社 1999 年版。

梁启超：《先秦政治思想史》，东方出版社 1996 年版。

梁治平：《寻求自然秩序中的和谐：中国传统法律文化研究》，中国政法大学出版社 1997 年版。

[法] 列维－斯特劳斯（Claude Lévi-Strauss）：《野性的思维》，李幼蒸译，商务印书馆 1987 年版。

[法] 列维－布留尔（Lévy-Bruhl）：《原始思维》，丁由译，商务印书馆 1981 年版。

林安梧：《儒学与中国传统社会之哲学省察：以"血缘性纵贯轴"为核心的理解与诠释》，学林出版社 1998 年版。

林耀华：《义序的宗族研究》，生活·读书·新知三联书店 2000 年版。

刘建军：《中国现代政治的成长：一项对政治知识基础的研究》，天津人民出版社 2002 年版。

刘涛：《文明史演化的逻辑》，上海社会科学院出版社 2002 年版。

刘翔：《中国传统价值观诠释学》，上海三联书店 1996 年版。

刘晓竹：《孔子政治哲学的原理意识：思辨儒学引论》，中国妇女出版社 2003 年版。

刘泽华：《先秦政治思想史》，南开大学出版社 1984 年版。

刘泽华：《中国的王权主义》，上海人民出版社 2000 年版。

刘泽华主编：《中国传统政治哲学与社会整合》，中国社会科学出版社 2000 年版。

刘志成：《文化文字学》，巴蜀书社 2003 年版。

［英］鲁惟一（M. Loewe）主编：《中国古代典籍导读》，李学勤等译，辽宁教育出版社 1997 年版。

吕振羽：《中国政治思想史》（上下册），人民出版社 1949 年版。

马如森：《殷墟甲骨文引论》，东北师范大学出版社 1993 年版。

［英］莫里循（George Ernest Morrison）：《中国风情》，张皓译，国际文化出版公司 1998 年版。

［美］墨子刻（Thomas A. Metzger）：《摆脱困境：新儒学与中国政治文化的演进》，颜世安等译，江苏人民出版社 1990 年版。

纳日碧力戈：《现代背景下的族群建构》，云南教育出版社 2000 年版。

纳日碧力戈：《姓名论》，中央民族大学出版社 2000 年版。

钱穆：《中国文化史导论》，商务印书馆 1994 年版。

钱穆：《国史大纲》（上下册），商务印书馆 1996 年版。

瞿同祖：《中国法律与中国社会》，中华书局 1981 年版。

饶宗颐：《中国史学上之正统论》，上海远东出版社 1996 年版。

萨孟武：《中国政治思想史》，（台湾）三民书局 1980 年版。

［日］三石善吉：《中国的千年王国》，李遇玫译，上海三联书店 1997 年版。

［美］史华兹（B. Schwartz）：《古代中国的思想世界》，程

钢译，江苏人民出版社 2008 年版。

［美］斯蒂文森（C. L. Stevenson）：《伦理学与语言》，姚新中等译，中国社会科学出版社 1997 年版。

宋镇豪：《夏商社会生活史》，中国社会科学出版社 1994 年版。

苏秉琦：《中国文明起源新探》，生活·读书·新知三联书店 1999 年版。

陶希圣：《中国政治思想史》，新生命书局 1936 年版。

田惠刚：《中西人际称谓系统》，外语教学与研究出版社 1998 年版。

王启发：《礼学思想体系探源》，中州古籍出版社 2005 年版。

王文亮：《中国圣人论》，中国社会科学出版社 1993 年版。

王亚南：《中国官僚政治研究》，中国社会科学出版社 1981 年版。

王震中：《中国文明起源的比较研究》，陕西人民出版社 1994 年版。

［德］马克斯·韦伯（Max Weber）：《儒教与道教》，王容芬译，商务印书馆 1995 年版。

韦森：《语言与制序：经济学的语言与制度的语言之维》，商务印书馆 2014 年版。

［德］卫礼贤（Richard Wilhelm）：《中国心灵》，王宇洁等译，国际文化出版公司，1998 年版。

［美］魏特夫（Karl A. Wittfogel）：《东方专制主义：对于极权力量的比较研究》，徐式谷等译，中国社会科学出版社1989年版。

吴桂就：《方位观念与中国文化》，广西教育出版社2000年版。

吴慧颖：《中国数文化》，岳麓书社1996年版。

吴龙辉：《原始儒家考述》，中国社会科学出版社1996年版。

萧公权：《中国政治思想史》（上下册），台湾联经出版事业公司1970年版。

谢松龄：《天人象：阴阳五行学说史导论》，山东文艺出版社1989年版。

谢维扬：《中国早期国家》，浙江人民出版社1995年版。

［日］新城新藏：《中国上古天文》，沈璿译，山西人民出版社2015年版。

徐复观：《中国人性论史·先秦篇》，上海三联书店2001年版。

徐俊：《中国古代王朝和政权名号探源》，华中师范大学出版社2000年版。

许倬云：《西周史》，生活·读书·新知三联书店2012年版。

许章润：《汉语法学论纲》，广西师范大学出版社2014年版。

阎步克：《士大夫政治演生史稿》，北京大学出版社 1996 年版。

杨力：《周易与中医学》，北京科学技术出版社 1989 年版。

杨力：《中医运气学》，北京科学技术出版社 1999 年版。

杨儒宾编：《中国古代思想中的气论与身体观》，台北巨流图书公司 1993 年版。

杨儒宾：《儒家身体观》，台北"中央研究院"中国文哲研究所筹备处，1996 年。

阴法鲁、许树安主编：《中国古代文化史》（三卷本），北京大学出版社 1989 年版。

叶孝信主编：《中国学术名著提要·政治法律卷》，复旦大学出版社 1996 年版。

余英时：《中国思想传统的现代诠释》，江苏人民出版社 1989 年版。

余英时：《钱穆与中国文化》，上海远东出版社 1996 年版。

余治平：《唯天为大：建基于信念本体的董仲舒哲学研究》，商务印书馆 2003 年版。

臧克和：《中国文字与儒学思想》，广西教育出版社 1996 年版。

张光直：《中国考古学论文集》，生活·读书·新知三联书店 1999 年版。

张光直：《中国青铜时代》，生活·读书·新知三联书店 1999 年版。

张光直：《商代文明》，毛小雨译，北京工艺美术出版社1999年版。

张光直：《美术、神话与祭祀》，辽宁教育出版社1988年版。

张光直：《连续与破裂：一个文明起源新说的草稿》，见胡晓明、傅杰主编：《释中国》（第三卷），上海文艺出版社1998年版。

张其成：《东方生命花园：易学与中医》，中国书店1999年版。

张祥龙：《从现象学到孔夫子》，商务印书馆2001年版。

张岩：《从部落文明到礼乐制度》，上海三联书店2004年版。

赵国华：《生殖崇拜文化论》，中国社会科学出版社1990年版。

郑慧生：《甲骨卜辞研究》，河南大学出版社1998年版。

钟肇鹏：《谶纬论略》，辽宁教育出版社1991年版。